全国计算机等级考试

# 历届上机真题详解

## 二级 Visual FoxPro 数据库程序设计

全国计算机等级考试命题研究组　编

南开大学出版社

天　津

# 内容提要

本书提供了全国计算机等级考试二级 Visual FoxPro 数据库程序设计机试试题库,并提供了答案以及详尽准确的分析,指出考核的知识点、重点难点、解题思路、程序流程。

本书配套光盘内容有:(1) Visual FoxPro 上机考试的全真模拟环境,可在此环境中练习上百套试题,并查看评分和详细的解析,进行考前强化训练;(2)本套书所有试题的题目源文件;(3)考试过程的录像动画演示,从登录、答题到交卷,均有指导教师的全程语音讲解。

本书针对参加全国计算机等级考试二级 Visual FoxPro 数据库程序设计的考生,同时也可作为普通高校、大专院校、成人高等教育以及相关培训班的练习题和考试题使用。

**图书在版编目(CIP)数据**

全国计算机等级考试历届上机真题详解:2011版.二级 Visual FoxPro 数据库程序设计 / 全国计算机等级考试命题研究组编.—7版.—天津:南开大学出版社,2010.12
ISBN 978-7-310-02284-7

Ⅰ.全… Ⅱ.全… Ⅲ.①电子计算机—水平考试—解题 ②关系数据库—数据库管理系统,Visual FoxPro—程序设计—水平考试—解题 Ⅳ.TP3-44

中国版本图书馆 CIP 数据核字(2009)第 194403 号

南开大学出版社出版发行
出版人:肖占鹏
地址:天津市南开区卫津路 94 号 邮政编码:300071
营销部电话:(022)23508339 23500755
营销部传真:(022)23508542 邮购部电话:(022)23502200
*
天津泰宇印务有限公司印刷
全国各地新华书店经销
*
2010 年 12 月第 7 版 2010 年 12 月第 7 次印刷
787×1092 毫米 16 开本 20.5 印张 507 千字
定价:37.00 元

如遇图书印装质量问题,请与本社营销部联系调换,电话:(022)23507125

# 编委会

# 前　言

全国计算机等级考试（National Computer Rank Examination，NCRE）是由教育部考试中心主办，用于考查应试人员的计算机应用知识与能力的考试。本考试的证书已经成为许多单位招聘员工的一个必要条件，具有相当的"含金量"。

为了帮助考生更顺利地通过计算机等级考试，我们做了大量市场调查，根据考生的备考体会，以及培训教师的授课经验，推出了《历届上机真题详解——二级 Visual FoxPro 数据库程序设计》。本书的主要组成如下。

## 一、上机考试题库

对于备战等级考试而言，做题，是进行考前冲刺的最佳方式。这是因为它的针对性相当强，考生可以通过实际练习试题，来检验自己是否真正掌握了相关知识点，了解考试重点，并且根据需要再对知识结构的薄弱环节进行强化。

本题库题目典型，题量巨大，涵盖上机考题各方面的知识点。

## 二、详解真题

在每套题的后面，都有针对各个试题的答案和详细分析，在解析中，精解考点，分析题眼，详解重点难点，并给出应试技巧、解题思路和技巧。

## 三、全真模拟环境配套光盘

本书配套光盘物超所值，主要内容有：

- 上机考试的全真模拟环境，用于考前实战训练。本上机系统题量巨大，上百套试题均可在系统中进行训练和判分，以此强化考生的应试能力，其考题类型、出题方式、考场环境和评分方法与实际考试相同，但多了详尽的答案和解析，使考生可掌握解题技巧和思路。
- 上机考试过程的视频录像，从登录、答题到交卷的录像演示，均有指导教师的全程语音讲解。
- 本书所有习题的源文件以及结果文件。

为了保证本书及时面市和内容准确，很多朋友做出了贡献，陈河南、贺民、许伟、侯佳宜、贺军、于樊鹏、戴文雅、戴军、李志云、陈安南、李晓春、王春桥、王雷、韦笑、龚亚萍、冯哲、邓卫、唐玮、魏宇、李强等老师付出了很多辛苦，在此一并表示感谢！

在学习的过程中，您如有问题或建议，请使用电子邮件与我们联系。或登录百分网，在"书友论坛"与我们共同探讨。

电子邮件：book_service@126.com

百分网：　www.baifen100.com

全国计算机等级考试命题研究组

# 配套光盘说明

光盘初始启动界面,可选择安装上机系统、查看上机操作过程、安装源文件

上机操作过程的录像演示,有指导教师的全程语音讲解

单击光盘初始界面的 图标,可进入百分网,您可以在此与我们共同探讨问题

单击光盘初始界面左下角的 图标,您可以给我们发送邮件,提出您的建议和意见

考生登录界面:在此输入准考证号等考生信息

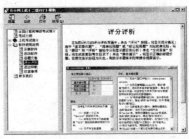

从"开始"菜单可启动帮助系统,在这里可看到考试简介、考试大纲以及详细的软件使用说明

您可以随机抽题,也可以指定固定的题目

浏览题目界面,查看考试题目,单击"考试项目"开始答题

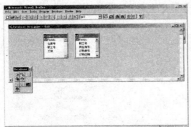

在实际环境中答题,完成后单击工具栏中的"交卷"按钮

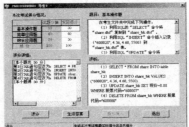

答案和分析界面,查看所考核题目的答案和分析

# 目 录

# 第一部分　基本操作题

基本操作题共 4 小题，第 1 题和第 2 题是 7 分、第 3 题和第 4 题是 8 分。

★★★★★★★★★★★★★★★★★★★★★★★★★★★★★★★★★★★★★★★★★★

## 第 1 题

注意：基本操作题为 4 道 SQL 题，请将每道题的 SQL 命令粘贴到 sqlanswer.txt 文件，每条命令占一行，第 1 道题的命令是第 1 行，第 2 道题的命令是第 2 行，以此类推；如果某道题没有做，相应行为空。

在考生文件夹下完成下列操作：

（1）利用 SQL 的"SELECT"命令将"share.dbf"复制到"share_bk.dbf"。

（2）利用 SQL "INSERT"命令插入记录（"600028",4.36, 4.60, 5500）到"share_bk.dbf"表。

（3）利用 SQL "UPDATE"命令将"share_bk.dbf"表中"股票代码"为"600007 的股票"现价"改为"8.88"。

（4）利用 SQL "DELETE"命令删除"share_bk.dbf"表中"股票代码"为 600000 的记录。

【答案】

（1）SELECT * FROM share INTO Table share_bk

（2）INSERT INTO share_bk VALUES ("600028",4.36, 4.60, 5500)

（3）UPDATE share_bk SET 现价=8.88 WHERE 股票代码="600007"

（4）DELETE FROM share_bk WHERE 股票代码="600000"

【解析】

（1）本题考查了表内容的复制，可使用 SQL 的"Select"语句及 Into Table tablename 来完成。

（2）数据插入的一般 SQL 语句为：
```
Insert Into tablename [(fieldname1[,fieldname2,…])] Values (eExpression[,
eExpression2,…]);
```

（3）数据更新的一般 SQL 语句为：
```
Update[databasename]tablename                                    Set
columnname1=eExpression1[,columnname2=eExpression2…][Where
filtercondition1[and/or filtercondition2…]];
```

（4）数据删除的一般 SQL 语句为：
```
Delete  From  [databeaename]tablename  [Where  filtercondition1[and/or
filtercondition2…]];
```

★★★★★★★★★★★★★★★★★★★★★★★★★★★★★★★★★★★★★★★★★★

**第2题**

（1）创建一个名为"Sproject"的项目文件。

（2）将考生文件夹下的数据库"SDB"添加到新建的项目文件中。

（3）打开学生数据库"SDB"，将考生文件夹下的自由表"TEACHER"添加到"学生"数据库SDB中；为教师表"TEACHER"创建一个索引名和索引表达式均为"教师号"的主索引（升序）。

（4）通过"班级号"字段建立表"CLASS"和表"STUDENT"表间的永久联系。

**【答案】**

（1）在命令窗口中输入：Create Project sproject。

（2）在项目管理器 sproject 中，单击"数据"选项卡，选择列表框中的"数据库"，单击"添加"命令按钮。双击考生文件夹下的"SDB"数据库即将其添加到项目管理器中。如图所示。

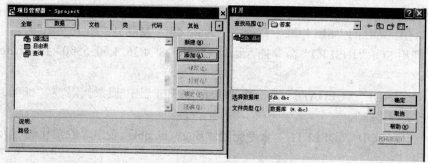

（3）在"项目管理器"窗口中，选中添加的数据库"SDB"，单击"修改"命令按钮，打开"数据库设计器"窗口。

（4）在数据库设计器中，使用右键单击，选择"添加表"，在打开的对话框中选择"teacher"表。使用右键单击"teacher"数据表，选择"修改"菜单命令，单击"索引"选项卡，将"字段索引名"修改为"教师号"，在"索引"下拉框中选择索引类型为"主索引"，将"字段表达式"修改为教师号。用同样的方法为表"CLASS"创建一个索引名和索引表达式均为"班主任号"的普通索引。

（5）在数据库设计器中，将"class"表中班级号索引字段拖到"student"表中的班级号索引字段上。

**【解析】**

本题考查的是项目的建立和项目数据的管理，建立项目的同时将打开项目管理器。数据库的添加在项目管理器中完成；选择项目管理器中的某个数据库，单击"修改"按钮打开数据库设计器。表的添加和数据表之间的关联可在数据库设计器中完成。

★★★★★★★★★★★★★★★★★★★★★★★★★★★★★★★★★★★★★★★★★

**第3题**

（1）为各部门分年度季度销售金额和利润表 S_T 创建一个主索引和普通索引（升序），主索引的索引名为"NO"，索引表达式为"部门号+年度"；普通索引的索引名和索引表达式均为"部门号"。

（2）在S_T表中增加一个名为"说明"的字段，字段数据类型为"字符"，宽度为60。

（3）使用SQL的ALTER TABLE语句将S_T表的"年度"字段的默认值修改为"2003"，并将该SQL语句存储到命令文件"ONE.PRG"中。

（4）通过"部门号"字段建立S_T表和DEPT表间的永久联系，并为该联系设置参照完整性约束：更新规则为"级联"；删除规则为"限制"；插入规则为"忽略"。

【答案】

（1）在数据库设计器中使用右键单击数据库表"s_t"，选择"修改"命令；单击"索引"选项卡，将"字段索引名"修改为"no"，在"索引"下拉框中选择索引类型为"主索引"，字段表达式依次选择"部门号"和"年度"，单击"确定"按钮。用同样的方法为字段"部门号"单独建立一个普通索引。如图所示。

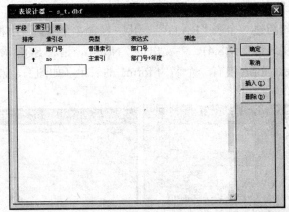

（2）在（1）中打开的表设计器中，在"字段"选项卡列表框内的最后插入一个新的字段。输入新的字段名为"说明"，选择类型为"字符型"，宽度为"60"。

（3）使用到的 SQL 语句为：

```
ALTER TABLE S_T ALTER 年度 SET DEFAULT "2003"
```

（4）在数据库设计器中，将"DEPT"表中"部门号"主索引字段拖到"S_T"表中"部门号"索引字段上。单击菜单命令"数据库"→"清理数据库"，使用右键单击新建立的关联的关系线，选择"编辑参照性关系"，根据题意，在相应的选项卡中逐个设置参照规则。如图所示。

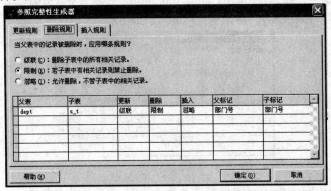

【解析】

本题考查了数据库表的管理。使用 Open Database dbname 打开数据库，使用 Modify database

打开数据库设计器。选择要操作的表，使用右键单击，选择"修改"命令，则打开表设计器。在表结构设计器中为表建立索引和添加字段；在数据库设计器中建立表间关联并设置关联的完整性约束。设置默认值的一般语法为：

```
alter Table tablename alter column Set Default column=value
```

使用 Modify command progname 新建一个程序文件，并且将该 SQL 语句输入到其中。最后，使用 Ctrl+W 键关闭并保存该程序文件。

★★★★★★★★★★★★★★★★★★★★★★★★★★★★★★★★★★★★★★★★★★

## 第 4 题

（1）新建一个名为"外汇"的数据库。

（2）将自由表"外汇汇率"、"外汇账户"、"外汇代码"加入到新建的"外汇"数据库中。

（3）用 SQL 语句新建一个表"RATE"，其中包含 4 个字段"币种 1 代码" C(2)、"币种 2 代码" C(2)、"买入价" N(8,4)、"卖出价" N(8,4)，请将 SQL 语句存储于 rate.txt 中。

（4）表单文件 test_form 中有一个名为 form1 的表单（如图），请将文本框控件 Text1 的设置为只读。

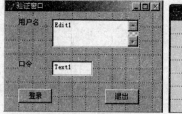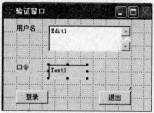

【答案】

（1）在命令窗口中输入：Create Database 外汇，同时打开数据库设计器。

（2）在数据库设计器中使用右键单击，"选择"添加表"命令，双击考生文件夹下的自由表"外汇汇率"、"外汇账户"、"外汇代码"。

（3）使用到的 SQL 语句为：

```
Create Table rate (币种 1 代码 C(2), 币种 2 代码 C(2), 买入价 N(8,4), 卖出价; N(8,4))
```

（4）在命令窗口中输入：Modify Form test_form，打开表单设计器。选择"text1"控件，在属性面板里将其"ReadOnly"属性改为"真"。如图所示。

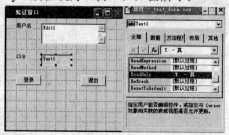

【解析】

使用 Create Database dbname 或使用菜单的"新建"选项可新建数据库，同时打开数据库设计器，在其中完成自由表的添加。

使用 SQL 新建表的语法结构为:

```
Create Table tablename (columns)
```

表单控件属性的修改在属性面板里完成,控制文本框是否为只读的属性为 ReadOnly。

★★★★★★★★★★★★★★★★★★★★★★★★★★★★★★★★★★★★★★

## 第5题

(1)建立项目"超市";并把"商品管理"数据库加入到该项目中。

(2)为"商品表"增加字段:销售价格 N(6,2),该字段允许出现"空"值,默认值为.NULL.。

(3)为"销售价格"字段设置有效性规则:"销售价格>=0";出错提示信息是:"销售价格必须大于等于零"。

(4)使用报表向导为商品表创建报表:报表中包括"商品表"中全部字段,报表样式用"经营式",报表中数据按"商品编码"升序排列,报表文件名report_a.frx。其余按缺省设置。

【答案】

(1)在命令窗口中输入: Create Project 超市,并将"商品管理"数据库加入到项目中。

(2)在"数据库设计器—商品管理"中,使用右键单击"商品"数据表,选择"修改"菜单命令。在"字段"选项卡列表框内的最后插入一个新的字段。输入新的字段名为"销售价格",选择类型为"数值型",宽度为"6",小数位数为"2"。

(3)选择"销售价格"字段,在"字段有效性"设置区域内,输入"规则"文本框中的内容为"销售价格>=0",在"信息"文本框中输入"销售价格必须大于等于零"。如图所示。

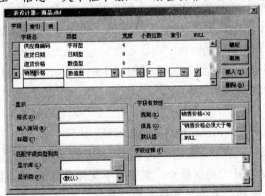

(4)单击"开始"→"新建"→"报表"→"向导"→"报表向导";单击"数据库和表"旁边的按钮,选择"商品"表,可用字段选择全部字段;报表样式选择"经营式";选择索引标志为"商品编码";保存报表,文件名为"report_a"。

【解析】

使用 Create Project projectname 命令建立项目,并打开项目管理器。使用报表向导建立报表只需要按照向导的提示一步步设置题目中的要求即可。

★★★★★★★★★★★★★★★★★★★★★★★★★★★★★★★★★★★★★★

## 第 6 题

（1）为"学生"表在"学号"字段上建立升序主索引，索引名为"学号"。

（2）在"学生"表的"性别"和"年龄"字段之间插入一个"出生年月"字段，数据类型为"日期型"。

（3）用 SQL 的 update 命令将学生"李小珍"的性别改为"男"，并将该语句粘贴到 sqlanswer.txt 文件中（放在第一行，并只占一行，关键字必须拼写完整）。

【答案】

（1）在数据库设计器中使用右键单击数据库表"学生"，选择"修改"命令；单击"索引"选项卡，将字段索引名修改为"学号"；在"索引"下拉框中选择索引类型为"主索引"；将"字段表达式"修改为"学号"，单击"确定"按钮。

（2）选择年龄字段，单击插入按钮，即为表插入一个新的字段。输入新的字段名为"出生年月"，选择类型为"日期型"。

（3）UPDATE 学生 SET 性别="男" WHERE 姓名="李小珍"。

【解析】

在数据库设计器中，使用右键单击表并选择"修改"命令，或在命令窗口中，使用 Modify Structure 命令打开表结构设计器，按照上面的各个选项卡的提示建立表索引或插入字段。

★★★★★★★★★★★★★★★★★★★★★★★★★★★★★★★★★★★★★★★★★★

## 第 7 题

（1）请在考生文件夹下建立一个项目WY。

（2）将考生文件夹下的数据库KS4加入到新建的项目WY中。

（3）利用视图设计器在数据库中建立视图my_VIEW，视图包括hjqk表的全部字段（顺序同表hjqk中的字段）和全部记录。

（4）从表HJQK中查询"奖级"为一等的学生的全部信息(GJHY表的全部字段)，并按"分数"的降序存入存入新表NEW中。

【答案】

（1）在命令窗口中输入：Create Project WY。

（2）在项目管理器中，单击"数据"选项卡，选择列表框中的"数据库"，单击"添加"命令按钮，在系统弹出"打开"对话框中，双击考生文件夹下的 KS4 数据库。

（3）打开数据库设计器，单击工具栏上的"新建"图标，选择"新建视图"。将"hjqk"表添加到视图设计器中；在视图设计器中的"字段"选项卡中，将"可用字段"列表框中的字段全部添加到"选择字段"列表框中。如图所示。

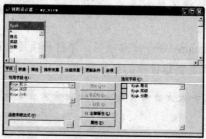

保存视图，文件名为 my view。

（4）使用到的 SQL 语句为 Select * From hjqk Where 奖级="一等" Into Table new。

**【解析】**

使用视图设计器建立视图时，按照设计器上的各个选项上的提示对题目中的要求进行一一设置即可。SQL 语句进行条件查询属于简单查询，查询表的全部字段时，可用*号代替表的这些字段。

★★★★★★★★★★★★★★★★★★★★★★★★★★★★★★★★★★★★★★★★

## 第8题

（1）新建一个名为"供应关系"的项目文件。

（2）将数据库"供应零件"加入到新建的项目文件中。

（3）通过"零件号"字段为"零件"表和"供应"表建立永久联系（"零件"是父表，"供应"是子表）。

（4）为"供应"表的"数量"字段设置有效性规则：数量必须大于 0 并且小于 9999；错误提示信息是"数量超出范围"。

**【答案】**

（1）在命令窗口中输入：Create Project 供应关系。

（2）在项目管理器中，单击"数据"选项卡，选择列表框中的"数据库"，单击"添加"命令按钮，在系统弹出"打开"对话框中，双击考生文件夹下的"供应零件"数据库。

（3）在数据库设计器中，将"零件"表中"零件号"主索引字段拖到"供应"表中"零件号"索引字段上。

（4）选择"数量"字段，在"字段有效性"设置区域内，输入"规则"文本框中的内容为"数量>0 .AND. 数量<9999"，在"信息"文本框中输入""数量超出范围""。

**【解析】**

建立项目后自动打开"项目管理器"，选择"数据"类的"数据库"项，单击"添加"按钮并选择待添加的数据库，将添加数据库到项目中。设置字段的有效性时，输入的提示信息应该用英文的引号引起。

★★★★★★★★★★★★★★★★★★★★★★★★★★★★★★★★★★★★★★★★

## 第9题

（1）请在考生文件夹下建立一个数据库KS4。

（2）将考生文件夹下的自由表STUD、COUR、SCOR加入到数据库KS4中。

（3）为STUD表建立主索引，索引名和索引表达式均为"学号"；为"COUR"表建立主索引，索引名和索引表达式均为"课程编号".为SCOR表建立两个普通索引，其中一个索引名和索引表达式均为"学号"；另一个索引名和索引表达式均为"课程编号"。

（4）在以上建立的各个索引的基础上为三个表建立联系。

**【答案】**

（1）在命令窗口中输入：Create Database KS4，新建数据库，同时，选择"文件"→"打开"→"数据库"命令，打开数据库设计器。

（2）在数据库设计器中使用右键单击，选择"添加表"命令，分别双击考生文件夹下的自由表 STUD、COUR 和 SCOR 将其加入到数据库中。

（3）使用右键单击数据库表 stud；选择"修改"命令；单击"索引"选项卡，将字段索引名修改为"学号"；在"索引"下拉框中选择索引类型为"主索引"；将"字段表达式修改为"学号"，单击"确定"按钮。用同样的方法为其他表建立题目中要求的其他索引。

（4）将 stud 表中"学号"主索引字段拖到"scor"表中"学号"索引字段上。用同样的方法建立 cour 表和 scor 表之间的联系。如图所示。

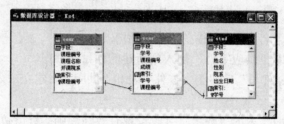

**【解析】**

数据库的建立可使用命令 Create database 来完成；为表建立索引需要在数据库设计器中打开表结构设计器，按照"索引"选项卡的提示设置即可。为建立了主索引和建立了普通索引的两个表建立联系，只需要将主索引标志拖到普通索引标志上。

☆☆☆☆☆☆☆☆☆☆☆☆☆☆☆☆☆☆☆☆☆☆☆☆☆☆☆☆☆☆☆☆☆☆☆☆☆☆☆

## 第 10 题

（1）从数据库 stock 中移去表 stock-fk（不是删除，）

（2）将自由表 stock-name 添加到数据库中。

（3）为表 stock-sl 建立一个普通索引，索引名和索引表达式均为"股票代码"。

（4）为 stock-name 表的股票代码字段设置有效性规则，规则是："left（股票代码,1）="6""，错误提示信息是"股票代码的第一位必须是 6"。

**【答案】**

（1）打开数据库设计器 stock，使用右键单击 stock-fk 表，选择"删除"命令。在弹出的对话框上选择"移去"按钮。如图所示。

（2）在数据库设计器中使用右键单击，选择"添加表"命令，双击考生文件夹下的

"stock-name" 自由表。

（3）在数据库设计器中使用右键单击数据库表 "stock-sl"，选择 "修改" 命令；单击 "索引" 选项卡，将字段索引名修改为 "股票代码"，在 "索引" 下拉框中选择索引类型为 "普通索引"，将 "字段表达式" 修改为 "股票代码"，单击 "确定" 按钮。

（4）在数据库设计器中，使用右键单击 "stock-name" 表，选择 "修改" 菜单命令。选择 "股票代码" 字段，在 "字段有效性" 设置区域内，输入 "规则" 文本框中的内容为 "left（股票代码,1）="6""，在" 信息" 文本框中输入 ""股票代码的第一位必须是6""。

【解析】

从数据库中移出表只是解除了表与数据库的关系，但是在磁盘中保留表。而从数据库中删除表则是解除了表与数据库的关系的同时从磁盘上删除表。

☆☆☆☆☆☆☆☆☆☆☆☆☆☆☆☆☆☆☆☆☆☆☆☆☆☆☆☆☆☆☆

## 第 11 题

（1）建立数据库 books.dbc，将自由表 zo.dbf 和 book.dbf 添加到该数据库中。

（2）为 zo.dbf 表建立主索引，索引名为 "pn"，索引表达式为 "作者号"

（3）为 book.dbf 表分别建立两个普通索引，其一索引名为 "tn"，索引表达式为 "图书编号"；其二索引名和索引表达式均为 "作者号"。

（4）建立 zo.dbf 表和 book.dbf 之间的联系。

【答案】

（1）在命令窗口中输入：Create Database books，新建数据库，同时打开数据库设计器。使用右键单击，选择 "添加表" 命令，双击考生文件夹下的 "zo" 和 "book" 自由表。

（2）在数据库设计器中使用右键单击数据库表 zo，选择 "修改" 命令；单击 "索引" 选项卡，将字段索引名修改为 "pn"，在 "索引" 下拉框中选择索引类型为 "主索引"，将 "字段表达式" 修改为 "作者号"，单击 "确定" 按钮。

（3）用与（2）中相同的方法为表 book 建立普通索引。

（4）在数据库设计器中，将 zo 表中 "作者号" 主索引字段拖到 "book" 表中 "作者号" 索引字段上。

【解析】

本题考查数据库表的管理。使用命令 Create database 新建数据库，同时打开数据库设计器，在数据库设计器中添加表。使用右键单击数据库表选择 "修改" 命令，打开表结构设计器。按表结构设计器中的索引选项卡上的提示设置表索引。

☆☆☆☆☆☆☆☆☆☆☆☆☆☆☆☆☆☆☆☆☆☆☆☆☆☆☆☆☆☆☆

## 第 12 题

（1）根据 soce 数据库，使用查询向导建立一个包含学生 "姓名" 和 "出生日期" 的标准查询 query.qpr。

（2）从 soce 数据库中删除视图 new。

（3）用 SQL 命令向 score 表插入一条记录：学号为 "981020"，课程号为 "1015"，成绩为 78，并将命令保存在考生文件夹 sql.txt 中。

（4）打开表单 jd，向其中添加 一个标题为"关闭"的命令按钮，名称为 command1，单击"关闭"按钮则关闭表单。

**【答案】**

（1）选择 FoxPro 窗口中的"开始"→"新建"菜单命令，选中"查询"选项，单击"向导"→"查询向导"；单击"数据库和表"下拉式列表，选择考生目录下的"student"表；选择字段"姓名"和"出生日期"；单击"下一步"直到第五步，保存查询，文件名为 query。

（2）打开数据库"soce"设计器，使用右键单击视图 new，选择"移去"命令。

（3）在命令窗口中输入：

Insert Into score [学号,课程号,成绩] Values ("981020","1015",78)。

（4）在命令窗口中输入：Modify Form jd 打开表单设计器。单击表单工具栏上的命令按钮后，在表单上绘制添加一个命令按钮；在属性面板里修改其 Caption 属性为"关闭"。双击该按钮，在其 Click 事件中输入：thisform.release。表单运行界面如图所示。

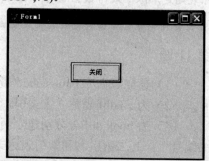

**【解析】**

使用查询向导建立查询，按照查询向导的提示一步步设置即可。在数据库设计器中使用右键单击要删除的视图，选择"删除"命令，并在出现的对话框中选择"移去"按钮可删除视图。SQL 语句的插入记录使用的语法结构为：

```
Insert Into tablename Values(column1,column2…)
```

★★★★★★★★★★★★★★★★★★★★★★★★★★★★★★★★★★★★★★★★★★★★

## 第 13 题

（1）将"销售表"中的在 2000 年 12 月 31 日前（含 2000 年 12 月 31 日）的记录复制到一个新表"销售表 2001.dbf"中

（2）将"销售表"中的日期（日期型字段段）在 2000 年 12 月 31 日前（含 2000 年 12 月 31 日）的记录物理删除。

（3）打开"商品表"使用 BROwse 命令浏览时，使用"文件"菜单中的选项将"商品表"中的记录生成文件名为"商品表.htm"的 html 格式的文件。

（4）为"商品表"创建一个主索引，索引名和索引表达式均是"商品号"，为"销售表"创建一个普通索引（升序），索引名和索引表达式均是"商品号"

**【答案】**

（1）使用到的 SQL 语句为：

```
Select * From 销售表 Where 日期<={^2000-12-31} Into Table 销售表 2001
```

（2）在命令窗口中输入：

```
Delete From 销售表 Where 日期<={^2000-12-31}
pack
```

（3）在命令窗口中输入：

```
use 商品表
```

选择 FoxPro 主菜单"文件"→"另存为 html"命令,单击"确定"按钮。

(4)在数据库设计器中使用右键单击数据库表"商品表",选择"修改"命令;单击"索引"选项卡,将字段索引名修改为"商品号",在"索引"下拉框中选择索引类型为"主索引";将"字段表达式"修改为"商品号",单击"确定"按钮。使用相同的方法为表"销售表"建立普通索引。如图所示。

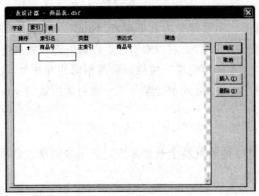

**【解析】**

复制表的一个简单方法是在 select 语句的最后使用 Into Table tablename 子句,则查询的结果直接存入表中。要注意的是 delete 命令只是逻辑删除记录,而逻辑删除之后还要使用 pack 命令才能彻底物理删除记录。

☆☆☆☆☆☆☆☆☆☆☆☆☆☆☆☆☆☆☆☆☆☆☆☆☆☆☆☆☆☆☆☆☆☆☆☆☆☆☆☆☆

## 第 14 题

(1)在考生文件夹下建立数据库 KS7,并将自由表 SCOR 加入数据库中。

(2)按下面给出的表结构。给数据库添加表 STUD。

| 字段 | 字段名 | 类型 | 宽度 | 小数 |
|---|---|---|---|---|
| 1 | 学号 | 字符型 | 2 | |
| 2 | 姓名 | 字符型 | 8 | |
| 3 | 年龄 | 数值型 | 2 | 0 |
| 4 | 性别 | 字符型 | 2 | |
| 5 | 院系号 | 字符型 | 2 | |

(3)为表 STUD 建立主索引,索引名为"学号",索引表达式为"学号"。为表 SCOR 建立普通索引,索引名为"学号",索引表达式为"学号"。

(4)STUD 表和 SCOR 表中必要的索引已建立,为两表建立永久性的联系。

**【答案】**

(1)在命令窗口中输入:Create Database ks7,新建数据库并同时打开数据库设计器。在数据库设计器中使用右键单击,选择"添加表"命令,双击考生文件夹下的"scor"自由表。

(2)在数据库设计器中,使用右键单击,选择"新建表"菜单命令,以"stud"为文件名保存。根据题意,在表设计器中的"字段"选项卡中依次输入每个字段的字段名、类型和宽度。保存表结构时,系统会提问"现在输入记录吗?",单击"否"命令按钮。如图所示。

（3）在数据库设计器中,用右键单击数据库表"stud",选择"修改"命令;单击"索引"选项卡,将字段索引名修改为"学号",在"索引"下拉框中选择索引类型为"主索引",将"字段表达式"修改为"学号",单击"确定"按钮。使用相同的方法为 scor 表建立普通索引。

（4）在数据库设计器中,将 stu 表中"学号"主索引字段拖到 scor 表下面的"学号"索引字段上。

【解析】

在数据库中新建表后建立的表就属于数据库表。使用右键单击数据库设计器,选择"新建表",可在数据库中建立新表。

☆☆☆☆☆☆☆☆☆☆☆☆☆☆☆☆☆☆☆☆☆☆☆☆☆☆☆☆☆☆☆☆☆☆☆☆☆☆

## 第 15 题

（1）打开数据库spxs及数据库设计器,其中的两个表bm和xs的必要的索引已经建立,为这两个表建立永久性联系

（2）设置sp表中"产地"字段的默认值为"广东"。

（3）为dj表增加字段:优惠价格 N(8, 2)。

（4）如果所有商品的优惠价格是在现有单价基础上减少12%,计算所有商品的优惠价格。

【答案】

（1）在命令窗口中输入: Open Database spxs 命令打开数据库,并同时打开数据库设计器。在数据库设计器中,将"bm"表中"部门号"主索引字段拖到"xs"表中"部门号"索引字段上。

（2）在数据库设计器中,使用右键单击"sp"表选择"修改"命令。在"产地"字段的"默认值"框内输入"广东"。

（3）在数据库设计器中,使用右键单击 dj 数据表,选择"修改"菜单命令。在"字段"选项卡列表框内的最后插入一个新的字段。输入新的字段名为"优惠价格",选择类型为"数值型",宽度为 8,小数位数为 2。

（4）命令窗口中输入: Update dj Set  优惠价格=单价*0.88。

【解析】

本题考查数据库表的管理。使用命令 Open Database dbname 打开数据库,并同时打开数据库设计器。在数据库设计器中建立两表的关联。使用右键单击要操作的数据表,选择"修改"命令,打开该表的结构设计器,在其中添加字段和设置默认值。更新表记录的 SQL 语句为: Update tablename Set column = newvalue。

★★★★★★★★★★★★★★★★★★★★★★★★★★★★★★★★★★★★★★★★

### 第16题

（1）新建一个名为"学生"的数据库。

（2）将"学生"、"选课"和"课程"三个自由表添加到新建的数据库"学生"中。

（3）通过"学号"字段为"学生"表和"选课"表建立永久联系。

（4）为上面建立的联系设置参照完整性约束：更新和删除规则为"级联"，插入规则为"限制"。

【答案】

（1）在命令窗口中输入：

Create Database 学生
Modify database

（2）在（1）中打开的数据库设计器中使用右键单击，选择"添加表"命令，分别双击考生文件夹下的"学生"、"选课"和"课程"三个自由表。如图所示。

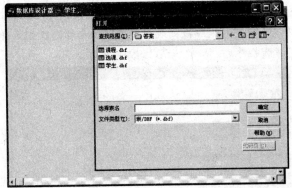

（3）在数据库设计器中使用右键单击数据库表"学生"，选择"修改"命令；单击"索引"选项卡，将字段索引名修改为"学号"，在"索引"下拉框中选择索引类型为"主索引"，将"字段表达式"修改为"学号"，单击"确定"按钮。使用相同的方法为"选课"表在学号字段上建立普通索引。在数据库设计器中，将"学生"表中"学号"主索引字段拖到"选课"表中"学号"索引字段上。

（4）在数据库设计器中，单击菜单命令"数据库"→"清理数据库"，使用右键单击步骤（3）中建立的索引的关系线，选择"编辑参照性关系"，根据题意，在相应的选项卡中逐个设置参照规则。

【解析】

本题考查数据库的建立和数据表的管理。在数据库设计器中可完成这些操作。

注意：使用 Create database 命令并不打开数据库设计器，必须再使用 Modify Database 命令才能打开。也可以直接使用 Modify Database databasename 命令来创建一个新的数据库并打开数据库设计器。

★★★★★★★★★★★★★★★★★★★★★★★★★★★★★★★★★★★★★★★★

## 第 17 题

（1）新建一个名为"图书馆管理"的项目。

（2）在项目中建一个名为"图书"的数据库。

（3）考生文件夹下的自由表 book，borr,loan 添加到图书数据库中。

（4）在项目中建立查 qlx，查询 book 表中价格大于等于 75 的图书的所有信息，查询结果按"价格"降序排序。

【答案】

（1）在命令窗口中输入：Create Project 图书馆管理

（2）在项目管理器中，单击"数据"选项卡，选择列表框中的"数据库"，单击"新建"命令按钮并选择"新建数据库"按钮，输入数据库名"图书"，选择路径单击"保存"按钮。

（3）打开"图书"数据库设计器，在其中使用右键单击，选择"添加表"命令，双击考生文件夹下的自由表 book、borr 和 loan。

（4）在项目管理器中，单击"数据"选项卡，选择列表框中的"查询"，单击"新建"命令按钮并选择"新建查询"按钮。在对话框中选择数据库"图书"及表 book。

（5）在"字段"选项卡中将可用字段列表框中的字段全部添加到选择字段列表框中。单击"筛选"选项卡，设置筛选条件为"价格>=75"。如图所示。

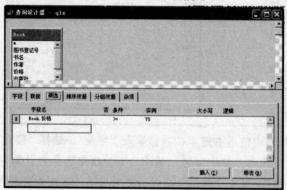

（6）在"排序依据"选项卡中，将选择字段列表框中的"价格"添加到排序条件列表框中（降序）。

（7）保存查询，文件名为 qlx。

【解析】

本题考查项目的建立及项目元素的管理。使用命令 Create Project projectname 新建项目并打开项目管理器。按照项目管理器上的各个选项卡的提示完成题目中的各项目元素的添加和建立。

★★★★★★★★★★★★★★★★★★★★★★★★★★★★★★★★★★★★★★★★★★

## 第 18 题

（1）将考生文件夹下的自由表"积分"添加到数据库"员工管理"中。

（2）将数据库中的表"职称"移出，使之变为自由表。

（3）从数据库中永久性地删除数据库表"员工"，并将其从磁盘上删除。

（4）为数据库中的表"积分"建立候选索引，索引名称和索引表达式均为"姓名"。

【答案】

（1）在"员工管理"数据库设计器中使用右键单击，选择"添加表"命令，双击考生文件夹下的"积分"自由表。

（2）使用右键单击"职称"表，选择"删除"命令。在弹出的对话框上选择"移去"按钮，则从数据库中移去了表。

（3）使用右键单击"员工"表，在选择"删除"命令。在弹出的对话框上选择"删除"按钮，则彻底删除了表"员工"。

（4）在数据库设计器中使用右键单击数据库表"积分"，选择"修改"命令；单击"索引"选项卡，将字段索引名修改为"姓名"；在"索引"下拉框中选择索引类型为"候选索引"，将"字段表达式"修改为"姓名"；单击"确定"按钮。

【解析】

数据库中移去表和删除表是两个不同的概念，移去表只是将表与数据库的关系解脱，但是表仍然在磁盘中，而删除表则是将表从磁盘上删除。表的移出和删除都可在数据库设计器中进行。

★★★★★★★★★★★★★★★★★★★★★★★★★★★★★★★★★★★★★★★★★★★★★★★★★

## 第 19 题

（1）新建一个名为"项目 1"的项目文件。

（2）将数据库"供应产品"加入到新建的"项目 1"项目中。

（3）为"产品"表的数量字段设置有效性规则：数量必须大于 0 并且小于 400；错误提示信息是"数量在范围之外"。

（4）根据"产品编号"字段为"产品"表和"外型"表建立永久联系。

【答案】

（1）在命令窗口中输入：Create Project 项目 1。

（2）在项目管理器项目 1 中，单击"数据"选项卡，选择列表框中的"数据库"，单击"添加"命令按钮，将考生文件夹下的"供应产品"数据库添加到项目管理器中。

（3）在数据库设计器中，使用右键单击"产品"数据表，选择"修改"菜单命令。选择"数量"字段，在"字段有效性"设置区域内，输入"规则"文本框中的内容为"数量>0.AND.数量<400"，在"信息"文本框中输入""数量在范围之外""。如图所示。

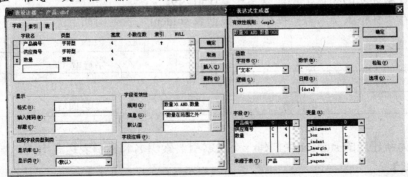

（4）在数据库设计器中，将"外型"表中"产品编号"主索引字段拖到"产品"表中"产

品编号"索引字段上。

**【解析】**

新建项目可以通过菜单命令、工具栏按钮或直接输入命令来建立；数据库的添加在项目管理器中完成；数据库表字段有效性设置在数据表设计器中完成；数据表之间的关联则是在数据库设计器中完成。

★★★★★★★★★★★★★★★★★★★★★★★★★★★★★★★★★★★★★★★★★★

## 第 20 题

（1）在考生文件夹下建立数据库kehudb。

（2）把考生文件夹下的自由表kehu和dinghuo加入到刚建立的数据库中。

（3）为kehu表建立普通索引，索引名和索引表达式均为"客户编号"。

（4）为dinghuo表建立侯选索引，索引名为candi，索引表达式为"订单编号"。

**【答案】**

（1）在命令窗口中输入：Modify Database kuhudb，新建数据库。

（2）在 kehudb 数据库设计器中使用右键单击，选择"添加表"命令，将考生文件夹下的 kehu 和 dinghuo 两个自由表分别添加到数据库 kehudb 中。

（3）在数据库设计器中，使用右键单击数据库表 kehu，选择"修改"菜单命令。单击"索引"选项卡，将字段索引名修改为"客户编号"，在"索引"下拉框中选择索引类型为"普通索引"，将"字段表达式"修改为"客户编号"。

（4）按照第 3 小题的操作步骤，为表 dinghuo 的"定单编号"建立名为"candi"的侯选索引。

**【解析】**

新建数据库可以通过菜单命令、工具栏按钮或直接在命令框里输入命令来建立，添加和修改数据库中的数据表可以通过数据库设计器来完成，建立表索引可以在数据表设计器中完成。

★★★★★★★★★★★★★★★★★★★★★★★★★★★★★★★★★★★★★★★★★★

## 第 21 题

（1）创建一个新的项目"宿舍管理"。

（2）在新建立的项目中创建数据库"住宿人员"。

（3）在"住宿人员"数据库中建立数据表 student，表结构如下：

| 学号 | 字符型（7） |
|---|---|
| 姓名 | 字符型（10） |
| 住宿日期 | 日期型 |

（4）为新建立的 student 表创建一个主索引，索引名和索引表达式均为"学号"。

**【答案】**

（1）在命令窗口中输入：Create Project 宿舍管理。

（2）在项目管理器宿舍管理中，单击"数据"选项卡，选择列表框中的"数据库"，单击"新建"命令按钮。在对话框中单击"新建数据库"图标按钮，在数据库名文本框中输入新的数据库名称"住宿人员"，单击保存按钮。操作结果如图所示。

（3）在数据库设计器中，使用右键单击，选择"新建表"菜单命令，以 student 为文件名保存。根据题意，在表设计器中的"字段"选项卡中依次输入每个字段的字段名、类型和宽度。

（4）在数据库设计器中，使用右键单击数据库表 stuednt，选择"修改"菜单命令。单击"索引"选项卡，将字段索引名修改为"学号"，在"索引"下拉框中选择索引类型为"主索引"，将"字段表达式"修改为"学号"。

【解析】

项目的建立可以通过菜单命令、工具栏按钮或直接在命令框里输入命令来建立，数据库的建立在项目管理器中完成，表的建立在数据库管理器中完成，而索引的建立在表设计器中完成。

★★★★★★★★★★★★★★★★★★★★★★★★★★★★★★★★★★★★★★★★★★★★

## 第22题

（1）打开"学生"数据库（该数据库中已经包含了 student 表），并将自由表 course 添加到该数据库中。

（2）在"学生"数据库中建立表 grade，表结构描述如下：

| 学号 | 字符型（7） |
| --- | --- |
| 课程号 | 字符型（6） |
| 考试成绩 | 整型 |

（3）为新建立的 grade 表建立一个普通索引，索引名和索引表达式均是"学号"。

（4）建立表 student 和表 grade 间的永久联系（通过"学号"字段）。

【答案】

（1）单击菜单栏上的打开图标，在弹出的对话框中选择要打开的"学生"数据库。使用右键单击，选择"添加表"命令，将考生文件夹下的 scource 自由表添加到数据库中

（2）在数据库设计器中，使用右键单击，选择"新建表"菜单命令，以 grad 为文件名保存。根据题意，在表设计器中的"字段"选项卡中依次输入每个字段的字段名、类型和宽度。如图所示。

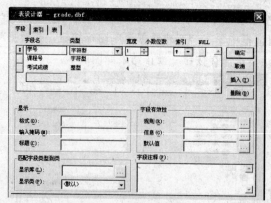

（3）在数据库设计器中，使用右键单击数据库表 grade，选择"修改"菜单命令，单击"索引"选项卡，将字段索引名修改为"学号"，在"索引"下拉框中选择索引类型为"普通索引"，将"字段表达式"修改为"学号"。

（4）在数据库设计器中，将"student"表中"学号"主索引字段拖到"grade"表中"学号"索引字段上。

**【解析】**

本题考查了数据库和数据表的关系、表索引的建立和表间的关联。添加表、新建表和关联表都可在数据库设计器中完成，表索引的建立在数据表设计器中完成。

★★★★★★★★★★★★★★★★★★★★★★★★★★★★★★★★★★★★★★★★★★★

## 第 23 题

（1）打开"学生"数据库，将表 cource 表从数据库中移出，并永久删除。

（2）为表 grade 的考试成绩字段定义默认值为 0。

（3）为表 grade 的考试成绩字段定义约束规则：考试成绩>=0 and 考试成绩<=100，违背规则的提示信息是"考试成绩输入有误"。

（4）为表 student 添加字段"班级"，字段数据类型为字符型（6）。

**【答案】**

（1）打开数据库"学生"设计器，使用右键单击 cource 表，在弹出的快捷菜单上选择"删除"命令。选择"删除"按钮。

（2）在数据库设计器中，使用右键单击 grade 表，选择"修改"菜单命令。选择"考试成绩"字段，在默认值框中输入 0。

（3）在数据库设计器中，右 grade 表，选择"修改"菜单命令。选择"考试成绩"字段，在"字段有效性"设置区域内，输入"规则"文本框中的内容为"考试成绩>=0 and 考试成绩<=100"，在"信息"文本框中输入"考试成绩输入有误"。

（4）在数据库设计器中，使用右键单击 student 数据表，选择"修改"菜单命令。在"字段"选项卡列表框内的"系"字段后插入一个新的字段。输入新的字段名为"班级"，选择类型为"字符型"，宽度选择为 6。

**【解析】**

本题考查了数据库与表的关系（从数据库中删除表）、表结构的修改。从数据库中删除表可以在打开数据库设计器时在其中完成；修改表结构需要在数据库设计器中打开表设计器，在表设计器中完成对表结构的修改。

☆☆☆☆☆☆☆☆☆☆☆☆☆☆☆☆☆☆☆☆☆☆☆☆☆☆☆☆☆☆☆☆☆☆☆☆

## 第 24 题

（1）在考生文件夹下建立项目myproject

（2）把数据库STSC加入到myproject项目中。

（3）从xuesheng表中查询"建筑"系学生信息(xuesheng表全部字段)，按"学号"降序存入新表NEWtable中。

（4）使用视图设计器在数据库中建立视图myVIEW：视图包括xuesheng表全部字段(字段顺序和xuesheng表一样)和全部记录，记录按"学号"降序排序。

【答案】

（1）在命令窗口中输入：Create Project myproject。

（2）在项目管理器 myproject 中，单击"数据"选项卡，选择列表框中的"数据库"，单击"添加"命令按钮，将考生文件夹下的 xuesheng 数据库添加到项目管理器中。

（3）在命令窗口中输入：Select * From xuesheng Where 院系="建筑" order by 学号 Into Table newtable，查询结果自动保存在 newtable 表中。

（4）打开数据库 STSC 设计器，单击主菜单上的"新建"图标，选择"新建视图"。将 xuesheng 表添加到视图设计器中，在视图设计器中的"字段"选项卡中，将"可用字段"列表框中的字段全部添加到"选择字段"列表框中，在"排序依据"选项卡中将"选择字段"列表框中的"xuesheng.学号"添加到"排序条件"中，在"排序选项"中选择"降序"，如图所示。

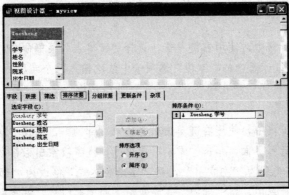

完成视图设计，将视图以 myview 为文件名保存。

【解析】

本题考查的主要是项目管理器中"数据"选项卡里所包含的 3 个重要内容的设计，包括数据库、视图和查询。需要注意的是新建视图文件时，应该先打开数据库，且视图文件在磁盘中是找不到的，直接保存在数据库中。

☆☆☆☆☆☆☆☆☆☆☆☆☆☆☆☆☆☆☆☆☆☆☆☆☆☆☆☆☆☆☆☆☆☆☆☆

## 第 25 题

（1）在数据库 salarydb 中建立表部门，表结构如下：

| 字段名 | 类型 | 宽度 |
|---|---|---|
| 部门号 | 字符型 | 6 |
| 部门名 | 字符型 | 20 |

随后在表中输入 5 条记录，记录内容如下：

| 部门号 | 部门名 |
|---|---|
| 01 | 销售部 |
| 02 | 采购部 |
| 03 | 项目部 |
| 04 | 制造部 |
| 05 | 人事部 |

（2）为"部门"表创建一个主索引（升序），索引名为"dep"，索引表达式为"部门号"。

（3）通过"部门号"字段建立 salarys 表和"部门"表间的永久联系。

（4）为以上建立的联系设置参照完整性约束：更新规则为"限制"；删除规则为"级联"；插入规则为"忽略"。

【答案】

（1）在数据库设计器中，使用右键单击，选择"新建表"菜单命令，以"部门"为文件名保存。根据题意，在表设计器中的"字段"选项卡中依次输入每个字段的字段名、类型和宽度。保存表结构时，系统会提问"现在输入记录吗？"的提示框，单击"是"按钮，进入表记录输入窗口为表添加 5 条记录。

（2）在数据库设计器中，使用右键单击数据库表"部门"，选择"修改"菜单命令，进入"部门"表的数据表设计器界面，单击"索引"选项卡，将字段索引名修改为"部门"，在"索引"下拉框中选择索引类型为"主索引"，将"字段表达式"修改为"部门号"。

（3）在数据库设计器中，将"部门"表中索引下面"部门号"主索引字段拖到"工资"表中"部门号"普通索引字段上。

（4）单击菜单命令"数据库"→"清理数据库"，使用右键单击"部门"表和"工资"表之间的关系线，选择"编辑参照性关系"，弹出参照完整性生成器，根据题意，在相应的选项卡中逐个设置参照规则。

【解析】

本题考察的是数据库表的基本操作，注意每个小题完成操作的环境，建立表之间的级联以及设置参照完整性，都是在数据库环境中完成的。设置参照完整性要先清理数据库，表结构设计器和索引是在表设计器中进行的。

★★★★★★★★★★★★★★★★★★★★★★★★★★★★★★★★★★★★★★★★★★★★★

## 第 26 题

（1）在考生文件夹下建立项目销售。

（2）把考生文件夹中的数据库"客户"加入销售项目中。

（3）为客户数据库中"客户联系"表增加字段：传真C(16)。

（4）为客户数据库中定货表"送货方式"字段默认值设为为"公路"。

【答案】

（1）在命令窗口中输入：Create Project 销售

（2）在项目管理器销售中，单击"数据"选项卡，选择列表框中的"数据库"，单击"添加"命令按钮，将考生文件夹下的客户数据库添加到项目管理器中。

（3）选择"客户"数据库，单击"修改"命令按钮，进入数据库设计器。在数据库设计器中，使用右键单击"客户联系"数据表，选择"修改"菜单命令。系统弹出"客户联系"表的数据表设计器，在"字段"选项卡列表框内的"所在地"字段后插入一个新的字段。输入新的字段名为"传真"，选择类型为"字符型"，宽度选择为16。如图所示。

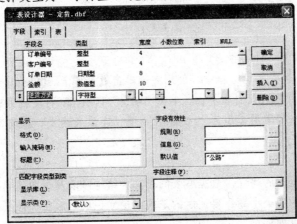

（4）使用右键单击"定货"表，选择"修改"菜单命令。系统弹出"定货"表的数据表设计器。选择"送货方式"字段，在"字段有效性"设置区域内，输入"默认值"为""公路""。

【解析】

在项目设计器中可以完成本题要求的所有要实现的功能。在命令窗口里输入命令 Modify Project projectname 可进入项目设计器，添加项目中的数据库在其中完成，3 和 4 小题在表结构设计器中完成。

★★★★★★★★★★★★★★★★★★★★★★★★★★★★★★★★★★★★★★★★★★★★★

## 第 27 题

（1）在考生文件夹下建立数据库"学籍"。

（2）把自由表STUDENT、SCORE加入到"学籍"数据库中。

（3）在"学籍"数据库中建立一视图myview，要求显示表score中的全部字段（按表score中的顺序）和所有记录。

（4）为STUDENT表建立主索引，索引名和索引表达式均为"学号"。

**【答案】**

（1）在命令窗口中输入：Modify Database 学籍。

（2）在"学籍"数据库设计器中使用右键单击，选择"添加表"命令，将考生文件夹下的 student 和 score 两个自由表分别添加到数据库中。

（3）打开"学籍"数据库设计器，单击主菜单上的"新建"图标，选择"新建视图"。将 score 表添加到视图设计器中，在视图设计器中的"字段"选项卡中，将"可用字段"列表框中的字段全部添加到"选择字段"列表框中，如图所示。

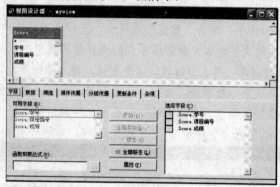

将视图以 myview 为文件名保存。

（4）在"学籍"数据库设计器中，使用右键单击数据库表 student，选择"修改"菜单命令，进入 student 表的数据表设计器界面，单击"索引"选项卡，将字段索引名修改为"学号"，在"索引"下拉框中选择索引类型为"主索引"，将"字段表达式"修改为"学号"，单击"确定"按钮。

**【解析】**

本题考查的是数据库的建立，数据库表的添加和结构修改及视图的建立。在数据库设计器中可以完成上面全部的四个小题。要注意的是视图建立完成之后在文件夹中并不能看到，要到数据库设计器中才能看到。

★★★★★★★★★★★★★★★★★★★★★★★★★★★★★★★★★★★★★★

## 第 28 题

（1）将or_det、or_list和custo表添加到数据库"定货"中。

（2）为or_list表创建一个普通索引，索引名和索引表达式均是"客户号"。

（3）建立表or_list和表custo间的永久联系（通过"客户号"字段）。

（4）为以上建立的联系设置参照完整性约束：更新规则为"限制"，删除规则为"级联"，插入规则为"限制"。

**【答案】**

（1）在定货数据库设计器中使用右键单击，选择"添加表"命令，将考生文件夹下的 or_det、or_list 和 custo 三个自由表分别添加到数据库中。

（2）在数据库设计器中，使用右键单击数据库表 or_list，选择"修改"菜单命令，进入 or_list 表的数据表设计器界面，单击"索引"选项卡，将字段索引名修改为"客户号"，在"索引"下拉框中选择索引类型为"普通索引"，将"字段表达式"修改为"客户号"，单击"确定"按钮。

（3）在数据库设计器中，将"custo"表中"客户号"主索引字段拖到"or_list"表中"客户号"索引字段上。

（4）在数据库设计器中，单击菜单命令"数据库"→"清理数据库"，使用右键单击表 or_list 和 custo 之间的关系线，选择"编辑参照性关系"，弹出参照完整 性生成器，根据题意，逐个按照选项卡中分别设置参照规则。如图所示。

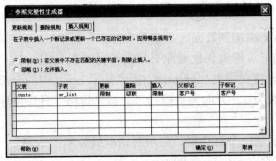

【解析】

本题考查的是数据表与数据库的关系，表索引的建立，表间的关联及关联参照完整性约束的设置。在设置表间关联参照完整性之前要先清理数据库。

☆☆☆☆☆☆☆☆☆☆☆☆☆☆☆☆☆☆☆☆☆☆☆☆☆☆☆☆☆☆☆☆☆☆☆☆☆

## 第 29 题

（1）建立项目 myproject。

（2）将数据库"客户"添加到项目中。

（3）将数据库"客户"中的数据库表"定货"从数据库中移去（注意，不是删除）。

（4）将考生文件夹中的表单 myform 的背景色改为蓝色。

【答案】

（1）在命令窗口中输入：Create Project myproject。

（2）在项目管理器中，单击"数据"选项卡，选择列表框中的"数据库"，单击"添加"命令按钮，双击考生文件夹下的"客户"数据库即将其添加到项目管理器中。

（3）打开数据库设计器，使用右键单击定货表，在弹出的快捷菜单上选择"移去"命令。在弹出的对话框上选择移去按钮。

（4）在命令窗口中输入：Modify Form myform，打开表单设计器。选择表单控件，在属性框内将 backcolor 改为"蓝色"（rgb(0,0,255)）。如图所示。

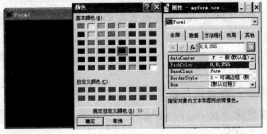

**【解析】**

建立项目可以通过在命令窗口中输入命令和通过菜单栏上的命令按钮等方式。添加数据库在项目设计器中完成，移去表则在数据库设计器中完成。表单属性的修改可在表单设计器中的属性面板里完成。

★★★★★★★★★★★★★★★★★★★★★★★★★★★★★★★★★★★★★★★★★★★★★

### 第 30 题

（1）将自由表 book 添加到数据库"书籍"中。

（2）将 book 中的记录拷贝到数据库书籍中的另一表 books 中。

（3）使用报表向导建立报表 myreport。报表显示 book 中的全部字段，无分组记录，样式为"简报式"，列数为 2，方向为"横向"。按"价格"升序排序，报表标题为"书籍浏览"。

（4）用一句命令显示一个对话框，要求对话框只显示"word"一词，且只含一个"确定"按钮。将该命令保存在 mycomm.txt 中。

**【答案】**

（1）在"书籍"数据库设计器中使用右键单击，选择"添加表"命令，将考生文件夹下 book 自由表分别添加到数据库中。

（2）在命令窗口中输入：

```
use books
Append From book
```

（3）单击"开始"→"新建"→"报表"→"向导"→"报表向导"；单击"数据库和表"旁边的按钮，选择 book 表，"可用字段"选择全部字段；"分组记录"选择"无"；报表样式选择"简报"式，在定义报表布局中，列数选择 2，方向选择"横向"；如图所示。

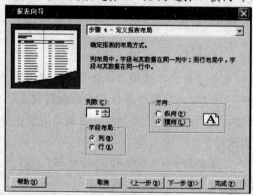

选择索引标志为"价格"（升序）；设置报表标题为"书籍浏览"，单击"完成"按钮。

（4）在考生文件夹下新建一个文本文件 mycomm.txt，在其中输入如下代码：

```
Messagebox("word")．
```

**【解析】**

本题考查了数据库的建立数据表与数据库的关系，表内容的复制，报表的建立及对话框的使用。大量复制表记录要使用 Append From 命令。报表的建立可在向导的提示下一步步设置即可。对话框的生成使用的是函数 messagebox( )。

☆☆☆☆☆☆☆☆☆☆☆☆☆☆☆☆☆☆☆☆☆☆☆☆☆☆☆☆☆☆☆☆☆☆☆☆☆☆☆☆

## 第 31 题

（1）建立项目文件 myproject。

（2）在项目中建立数据库 mydb。

（3）把考生文件夹中的表单 myform 的"退出"按钮标题修改为"选择"。

（4）将 myform 表单添加到项目中。

【答案】

（1）在命令窗口中输入：Create Project myproject。

（2）在项目管理器中，单击"数据"选项卡，选择列表框中的"数据库"，单击"新建"命令按钮，选择"新建数据库"按钮。在弹出的对话框中输入数据库名 mydb，单击"保存"按钮。

（3）命令窗口中输入 Modify Form myform，打开表单设计器。选择命令按钮控件，在属性框内将其 Caption 改为"选择"。如图所示。

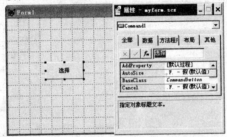

（4）在项目管理器中，单击"文档"选项卡，选择列表框中的"表单"，单击"添加"按钮，双击考生文件夹下的 myform 表单，将其添加到项目管理器中。操作结果如图所示。

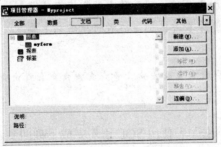

【解析】

本题考查项目的建立、项目中元素的添加及表单控件属性的修改。前两个知识单击可在项目设计器中完成，而最后一个知识单击可在表单设计器中完成，即在属性面板里修改 Caption 属性。

☆☆☆☆☆☆☆☆☆☆☆☆☆☆☆☆☆☆☆☆☆☆☆☆☆☆☆☆☆☆☆☆☆☆☆☆☆☆☆☆

## 第 32 题

（1）将数据库"学籍"添加到项目"项目 1"中。

（2）永久删除数据库中的"课程"表。

（3）将数据库中"选课"表变为自由表。

（4）为表学生建立主索引，索引名和索引表达式均为"学号"。

**【答案】**

（1）在项目管理器中，单击"数据"选项卡，选择列表框中的"数据库"，单击"添加"命令按钮，将考生文件夹下的学籍数据库添加到项目管理器中。

（2）打开数据库学籍设计器，使用右键单击"课程"表，在弹出的快捷菜单上选择"删除"命令。在弹出的对话框上选择"删除"按钮。

（3）打开数据库设计器，使用右键单击"选课"表，在弹出的快捷菜单上选择"移去"命令。在弹出的对话框上选择"移去"按钮。

（4）在数据库设计器中使用右键单击数据库表学生，选择"修改"菜单命令，单击"索引"选项卡，将字段索引名修改为"学号"，在"索引"下拉框中选择索引类型为"主索引"，将"字段表达式"修改为学号，单击"确定"按钮。结果如图所示。

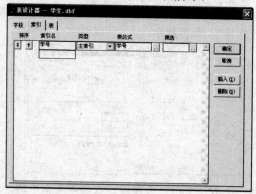

**【解析】**

本题考查项目元素的添加及两种不同的移出数据库表的区别。添加数据库到项目中可在项目设计器中进行。移去表和删除表的区别是后者将从磁盘上删除，而前者还保留在磁盘中，只是不在属于数据库。

★★★★★★★★★★★★★★★★★★★★★★★★★★★★★★★★★★★★★★★★★★★★★★

## 第 33 题

对考生文件夹中的"学生"表使用 SQL 语句完成下列四到题目，并将 SQL 语句保存在 mytxt.txt 中

（1）用 select 语句查询所有住在 2 楼的学生的全部信息（宿舍字段的第一位位楼层号）

（2）用 Inset 语句为学生表插入一条记录（S10，胡飞，男 23，5，402）

（3）用 Delete 语句将学生表总学号为 S7 的学生的记录删除删除

（4）用 Update 语句将所有人的年龄加一岁。

**【答案】**

（1）Select * From 学生 Where allt(subs(宿舍,1,1))="2"

（2）Insert Into 学生 values("S10","胡飞","男",25,"5","402"）

（3）Delete From 学生 Where 学号="S7"

（4）Update 学生 Set 年龄=年龄+1

**【解析】**

本大题主要考查了 SQL 的操作功能，包括表数据的查询（Select）、插入（insert）、更新（Update）和删除（delete）。四种 SQL 命令分别为：

```
Select column From tablename Where condiction
Insert        Into        tablename        [(fieldname1[,fieldname2,…])]        Values
(eExpression[,eExpression2,…]);
Update[databasename]tablename
Set           columnname1=eExpression1[,columnname2=eExpression2…][Where
filtercondition1 [and /or filtercondition2…]];
Delete    From    [databeaename]tablename    [Where    filtercondition1[and/or
filtercondition2…]];
```

在本题中的（1）（2）（3）（4）问中可以套用以上格式写出 SQL 语句。

☆☆☆☆☆☆☆☆☆☆☆☆☆☆☆☆☆☆☆☆☆☆☆☆☆☆☆☆☆☆☆☆☆☆☆☆☆☆☆

## 第 34 题

（1）建立项目文件，名为 proj

（2）将数据库"客户"添加到新建立的项目当中

（3）建立自由表 mytable（不要求输入数据），表结构为

| 考号 | 字符型（7） |
|---|---|
| 考生姓名 | 字符型（8） |
| 考试成绩 | 整型 |

（4）修改表单 myform，将其标题改为"告诉你时间"

**【答案】**

（1）在命令窗口中输入：Create Project porj

（2）在项目管理器中，单击"数据"选项卡，选择列表框中的"数据库"，单击"添加"命令按钮，将考生文件夹下的数据库"客户"添加到项目管理器中。

（3）在命令窗口中输入：Create，弹出"创建"对话框。在其中输入表名和保存路径，单击"确定"按钮进入表设计器。依次输入每个字段的字段名，数据类型和宽度。某些数据类型具有固定的宽度。如图所示。

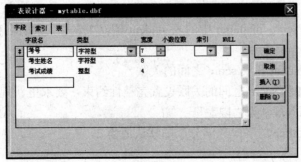

输入完毕单击"确定"按钮，弹出是否输入数据的对话框，单击"否"。

（4）命令窗口中输入 Modify Form myform，打开表单设计器。选择表单控件，在属性框内将其属性 Caption 改为"告诉你时间"。

**【解析】**

新建项目可以通过菜单命令、工具栏按钮或直接输入命令来建立；数据库的添加在项目管理器中完成；表的建立可以在命令窗口中输入：Create，根据题目要求设定表结构即可；表单属性的修改在表单设计器里的属性面板里完成。

☆☆☆☆☆☆☆☆☆☆☆☆☆☆☆☆☆☆☆☆☆☆☆☆☆☆☆☆☆☆☆☆☆☆☆☆☆☆

# 第 35 题

（1）将数据库"学籍"添加到项目文件"项目"中

（2）将自由表 book 添加到"学籍"数据库中

（3）建立数据库表"课程"与"选课"之间的关联（两表的索引已经建立）

（4）为 3 题中的两个表之间的联系设置完整性约束，要求"更新"规则为"忽略"，"删除"规则和"插入"规则均为"限制"。

**【答案】**

（1）在项目管理器中，单击"数据"选项卡，选择列表框中的"数据库"，单击"添加"命令按钮，将考生文件夹下的学籍数据库添加到项目管理器中。

（2）在"学籍"数据库设计器中使用右键单击，选择"添加表"命令，将考生文件夹下 book 自由表分别添加到数据库"学籍"中

（3）在数据库设计器中，将"课程"表中"课程号"主索引字段拖到"选课"表中"课程号"索引字段上。

（4）在数据库设计器中，单击菜单命令"数据库"→"清理数据库"，使用右键单击表"课程"和"选课"之间的关系线，选择"编辑参照性关系"，根据题意，逐个选项卡中分别设置参照规则。

**【解析】**

本题考查项目元素的添加及数据库表的操作。数据库的添加在项目管理器中完成；在数据库设计器中可以添加自由表，及对表结构、表索引和表之间的关联进行操作。

☆☆☆☆☆☆☆☆☆☆☆☆☆☆☆☆☆☆☆☆☆☆☆☆☆☆☆☆☆☆☆☆☆☆☆☆☆☆

# 第 36 题

（1）为数据库 score_manager 中的表 student 建立主索引，索引名称和索引表达式均为"学号"。

（2）建立表 student 和表 score 之间的关联。

（3）为 student 和 score 之间的关联设置完整性约束，要求更新规则为"级联"，删除规则为"忽略"，插入规则为"限制"。

（4）设置表 cource 的字段"学分"的默认值为 2。

**【答案】**

（1）在数据库设计器中使用右键单击数据库表 student，选择"修改"菜单命令，单击"索引"选项卡，将字段索引名修改为"学号"，在"索引"下拉框中选择索引类型为"主索引"，将"字段表达式"修改为"学号"，单击"确定"按钮。

（2）在数据库设计器中，将 student 表中"学号"主索引字段拖到 score 表中"学号"索引字段上。操作结果如图所示。

（3）在数据库设计器中，单击菜单命令"数据库"→"清理数据库"，使用右键单击表 student 和 score 之间的关系线，选择"编辑参照性关系"，根据题意，逐个按照选项卡中设置参照规则。

（4）在数据库设计器中，使用右键单击 cource 表，选择"修改"菜单命令。选择"学分"字段，在默认值框内输入 2。

【解析】

本题考查表结构的设置以及表间关联的建立，这些操作作主要是通过在据库设计器中打开的表结构设计器来完成的。表结构设计器中有 3 个选项卡，分别用于设置字段的属性，索引和表的属性。选择相关的选项卡按照题目中的要求进行设置即可。要注意的是在编辑表间关联的完整性约束时要先清理数据库。

★★★★★★★★★★★★★★★★★★★★★★★★★★★★★★★★★★★★★★★★

## 第 37 题

（1）将考生文件夹下的自由表"商品表"添加到数据库"客户"中。

（2）将表"定货"的记录复制到表"商品"中。

（3）对数据库客户下的表 custo，使用报表向导建立报表 myreport，要求显示表 custo 中的全部记录，无分组，报表样式使用"经营式"，列数为 2，方向为"纵向"，按"定单号"排序，报表标题为"定货浏览"。

（4）对数据库客户下的表"定货"和"客户联系"，使用视图向导建立视图 myview，要求显示出"定货"表中的字段"定货编号"、"客户编号"、"金额"和"客户联系"表中的字段"公司名称"，并按"金额"排序（升序）。

【答案】

（1）在客户数据库设计器中使用右键单击，选择"添加表"命令，双击考生文件夹下 custo 表将其添加到数据库中。

（2）打开表 custo，在命令窗口输入命令：Append From 客户联系。

（3）单击"开始"→"新建"→"报表"→"向导"→"报表向导"，单击"数据库和表"旁边的按钮，选择 custo 表，可用字段选择全部字段；如图所示。

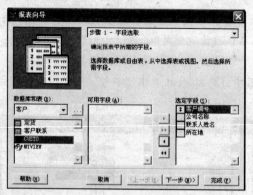

分组记录选择"无";报表样式选择"经营";在定义报表布局中,列数选择 2,方向选择"纵向";设置报表标题为"定货浏览",单击完成按钮。

（4）打开数据库"客户"的数据库设计器,单击主菜单上的"新建"图标,选择"新建视图"。将"客户联系"表和"定货"表添加到视图设计器中,在视图设计器中的"字段"选项卡中,将"可用字段"列表框中的题目中要求显示的字段添加到"选择字段"列表框中,在"排序依据"选项卡中将"选择字段"列表框中的"金额"添加到"排序条件"中,如图所示。

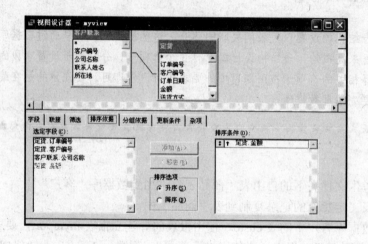

单击"保存",以 myview 保存视图。

【解析】

本题考查的是数据库元素的添加,表记录的大批量拷贝,报表的建立和视图的建立,往数据库中添加自由表可在数据库设计器中完成。表记录的大批量拷贝使用 Append From 命令从某个表中拷贝记录。使用向导和视图建立报表和视图只需按照向导的提示一步步操作完成题目中的设置即可。

☆☆☆☆☆☆☆☆☆☆☆☆☆☆☆☆☆☆☆☆☆☆☆☆☆☆☆☆☆☆☆☆☆☆☆☆☆☆☆☆

## 第 38 题

（1）将数据库"图书借阅"添加到新建立的项目当中。

（2）建立自由表 publisher（不要求输入数据）,表结构为

| 出版社 | 字符型（50） |
|---|---|
| 地址 | 字符型（50） |
| 传真 | 字符型（15） |

（3）将新建立的自由表 publisher 添加到数据库"图书借阅"中。

（4）为数据库图书借阅中的表 borrows 建立唯一索引，索引名称为和索引表达式均为"借书证号"。

**【答案】**

（1）在项目管理器中，单击"数据"选项卡，选择列表框中的"数据库"，单击"添加"命令按钮，双击考生文件夹下的"图书借阅"数据库即将其添加到项目管理器中。

（2）在命令窗口中输入：Creat。输入表名和保存路径，单击"确定"按钮进入表结构设计器窗口。依次输入各个字段的字段名，数据类型和宽度。某些数据类型具有固定的宽度。输入完毕单击"确定"按钮，在弹出"是否输入数据"的对话框中，单击"否"。

（3）在"图书借阅"数据库设计器中使用右键单击，选择"添加表"命令，双击新建立的自由表 publisher。

（4）在数据库设计器中使用右键单击数据库表 borrows，选择"修改"菜单命令，单击"索引"选项卡，将字段索引名修改为"借书证号"，在"索引"下拉框中选择索引类型为"唯一索引"，将"字段表达式"修改为"借书证号"，单击"确定"按钮 。如图所示。

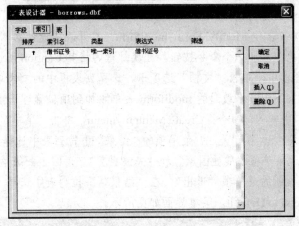

**【解析】**

数据库的添加在项目管理器中完成。表的建立可以在命令窗口中输入 create，根据题目要求设定表结构即可。为表建立索引要注意建立的是哪一类索引，因为不同的索引对表记录的要求是不同的，唯一索引要求建立主索引的字段值必须唯一；还要注意建立的索引名和建立索引的表达式的不同。建立索引的一个简单的方法是在表结构设计器中进行操作。

☆☆☆☆☆☆☆☆☆☆☆☆☆☆☆☆☆☆☆☆☆☆☆☆☆☆☆☆☆☆☆☆☆☆☆☆☆☆

## 第 39 题

（1）对数据库 salarydb 中的表"工资"使用表单向导建立一个简单的表单，要求显示表中的所有的字段，使用"标准"样式，按"部门号"降序排序，标题为"工资浏览"。

（2）修改表 modiform，为其添加一个命令按钮，标题为"修改"。

（3）把修改后的表单 modiform 添加到项目 project 中。

（4）建立简单的菜单 mymenu，要求有两个菜单项："关注"和"退出"。其中"关注"菜单项有子菜单"关注国家"和"关注世界"。"退出"菜单项负责返回到系统菜单，其他菜单项不做要求。

**【答案】**

（1）单击"开始"→"新建"→"表单"→"向导"→"表单向导"；单击"数据库和表"右下边的按钮，选择考生目录下的"工资"表，选择全部字段；单击"下一步"按钮，表单样式设置为"标准"，单击"下一步"按钮，排序字段选择"部门号"（降序），如图所示。

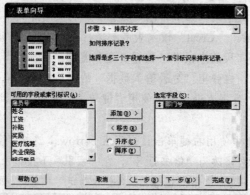

设置表单标题为"工资浏览"。

（2）在命令窗口中输入 Modify Form modiform，打开表单设计器。单击工具栏上的"命令按钮"图标，在表单上添加一个命令按钮，在属性框内将其 Caption 属性改为"修改"。

（3）在项目管理器中，单击"文档"选项卡，选择列表框中的"表单"，单击"添加"命令按钮，将考生文件夹下刚刚修改过的 modiform 表单添加到项目管理器中。

（4）在命令窗口中输入：命令：Create Menu mymenu，单击"菜单"图标按钮。按题目要求输入主菜单名称"关注"。在"关注"菜单项的"结果"下拉列表中选择"子菜单"。单击"创建"按钮，输入两个子菜单项"关注国家"和"关注世界"。返回上一级菜单设计界面，在下面的菜单项编辑框内输入新的菜单项"退出"，在"结果"下拉列表中选择"命令"，在命令编辑框里输入：Set SysMenu to Default。菜单界面如图所示。

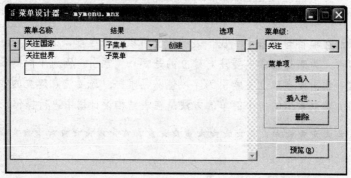

单击菜单命令"菜单"→"生成"。

【解析】

使用表单向导建立表单只需按照向导的提示一步步操作完成题目中的设置即可。向表单添加控件是从控件工具栏里的控件直接拖入表单完成，控件属性的修改在表单设计器里的属性面板里进行操作。可在项目设计器中将表单添加到项目中，建立菜单时要注意菜单项结果中各个选项的区别。

☆☆☆☆☆☆☆☆☆☆☆☆☆☆☆☆☆☆☆☆☆☆☆☆☆☆☆☆☆☆☆☆☆☆☆☆☆☆

## 第 40 题

（1）建立项目文件，文件名为 myproj。

（2）将数据库 student 添加到新建立的项目当中。

（3）从数据库 student 中永久性地删除数据库表"宿舍"，并将其从磁盘上删除。

（4）修改表单 form，将其"name"改为 myform。

【答案】

（1）在命令窗口中输入：Create Project myproj。

（2）在项目管理器中，单击"数据"选项卡，选择列表框中的"数据库"，单击"添加"命令按钮，将考生文件夹下的 student 数据库添加到项目管理器中。

（3）打开数据库 student 设计器，使用右键单击"宿舍"表，在弹出的快捷菜单上选择"删除"命令。在弹出的对话框上选择"删除"按钮。

（4）命令窗口中输入：Modify Form form。选择表单控件，在属性框内将其"name"属性改为 myform。如图所示。

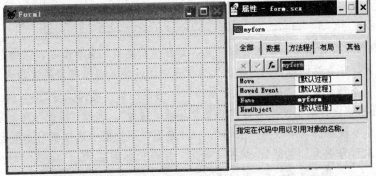

【解析】

新建项目可以通过菜单命令、工具栏按钮或直接输入命令来建立。数据库的添加则是在项目管理器中完成。数据库中移去表和删除表是两个不同的概念，移去表只是将表与数据库的关系解脱，但是表仍然在磁盘中，而删除表则是将表从磁盘上删除。删除表可在数据库设计器中进行。表单属性的修改在表单设计器里的属性面板里完成。注意控件的 name 属性与 Caption 属性的区别。

☆☆☆☆☆☆☆☆☆☆☆☆☆☆☆☆☆☆☆☆☆☆☆☆☆☆☆☆☆☆☆☆☆☆☆☆☆☆

## 第 41 题

（1）将数据库 student 添加到项目 myproject 当中

（2）在数据库 student 中建立数据库表"比赛"，表结构为：

| 场次 | 字符型（20） |
|------|-------------|
| 时间 | 日期型 |
| 裁判 | 字符型（15） |

（3）为数据库 student 中的表"宿舍"建立候选索引，索引名称为和索引表达式均为"电话"。

（4）设置"比赛"表中的"裁判"字段的默认值为"john"。

【答案】

（1）在项目管理器中，单击"数据"选项卡，选择列表框中的"数据库"，单击"添加"命令按钮，双击考生文件夹下的 student 数据库，即将其添加到项目管理器中。操作结果如图所示。

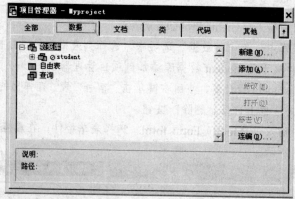

（2）在数据库设计器中，使用右键单击，选择"新建表"菜单命令，以"比赛"为文件名保存。根据题意，在表设计器中的"字段"选项卡中依次输入每个字段的字段名、类型和宽度。保存表结构时，系统会提问"现在输入记录吗？"的提示框，选择"否"。

（3）在数据库设计器中使用右键单击数据库表"宿舍"，选择"修改"菜单命令。单击"索引"选项卡，将字段索引名修改为"电话"，在"索引"下拉框中选择索引类型为"候选索引"，将"字段表达式"修改为"电话"，单击"确定"按钮。如图所示。

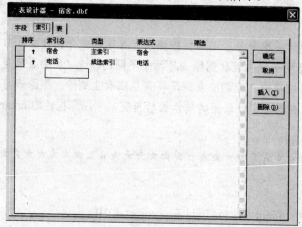

（4）在数据库设计器中，使用右键单击"比赛"表，选择"修改"菜单命令。选择"裁判"字段，在默认值框内输入"john"。

【解析】

　　数据库的添加在项目管理器中完成。新建数据库表可以在数据库设计器中进行，也可以先建立自由表再添加到数据库中。为表建立索引要注意建立的是哪一类索引，因为不同的索引对表记录的要求是不同的；还要注意建立的索引名和建立索引的表达式的不同。建立索引的一个简单的方法是在表结构设计器中进行。在表结构设计器中设置表字段的默认值。

★★★★★★★★★★★★★★★★★★★★★★★★★★★★★★★★★★★★★★★★★

# 第 42 题

　　（1）将表 book 的结构拷贝到新表 newtable 中。

　　（2）将表 book 的记录添加到表 newtable 中。

　　（3）建立简单的菜单 mymenu，要求有 2 个菜单项："查询"和"统计"。其中"查询"菜单项有子菜单"执行查询"和"退出"。"退出"子菜单项负责返回到系统子菜单，其他菜单项不做要求。

　　（4）为表 book 增加字段"封面设计"，类型和宽度为"字符型（8）"。

【答案】

　　（1）打开 book 表，在命令窗口中输入：Copy Structure to　newtable。

　　（2）打开 newtable 表，在命令窗口中输入：　Append From book。

　　（3）在命令窗口中输入：命令：Create Menu mymenu，系统弹出"新建菜单"对话框，在对话框中单击"菜单"图标按钮，进入菜单设计器。按题目要求输入主菜单名称"查询"。在查询菜单项的结果下拉列表中选择"子菜单"。进入"关注"菜单项的子菜单设计器界面。为其输入两个子菜单项"执行查询"和"退出"，在"退出"菜单项的结果下拉列表中选择"命令"，在命令编辑框里输入 Set SysMenu to Default。使用如图所示的方法返回上一级菜单设计界面。

　　在下面的菜单项编辑框内输入新的菜单项"统计"，单击菜单命令"菜单"→"生成"。

　　（4）打开 book 表，在命令窗口中输入：Modify Structure 命令，在"字段"选项卡列表框内的最后插入一个新的字段。输入新的字段名为"封面设计"，选择类型为"字符型"，宽度为8。

【解析】

　　打开被拷贝的表，使用 Copy Structure to 命令可将表结构复制到新的表中。而表内容的拷贝则是打开新的表的情况下使用 Append From 命令。菜单的建立在菜单设计器中完成，需要注意的是菜单项结果的各个选项的区别。在表结构设计器中完成添加表字段，打开表的情况下用命令 Modify Structure 可打开表结构设计器。在数据库设计器中也可打开数据库表结构设计器。

★★★★★★★★★★★★★★★★★★★★★★★★★★★★★★★★★★★★★★★★★★

## 第 43 题

（1）建立项目文件，名为 myproject。

（2）将数据库 rate 添加到新建立的项目当中。

（3）修改表单 myform，将其中的命令按钮删除 。

（4）把表 myform 添加到项目 myproject 中。

【答案】

（1）在命令窗口中输入：Create Project myproject。

（2）在项目管理器中，单击"数据"选项卡，选择列表框中的"数据库"，单击"添加"命令按钮，双击考生文件夹下的 rate 数据库。

（3）命令窗口中输入 Modify Form myform，打开表单设计器。选中 command1 控件，用键盘上的 delete 键将其删除。

（4）在项目管理器中，单击"文档"选项卡，选择列表框中的"表单"，单击"添加"命令按钮，将考生文件夹下的 myform 表单添加到项目管理器中。操作结果如图所示。

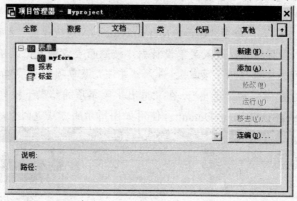

【解析】

　　本题考查的是项目的建立、项目元素的添加和表单元素的移除。新建项目可以通过菜单命令、工具栏按钮或直接输入命令来建立。数据库的添加在项目管理器中完成。删除表单的某一控件可选择该控件后使用 delete 键将其删除。

★★★★★★★★★★★★★★★★★★★★★★★★★★★★★★★★★★★★★★★★★★

## 第 44 题

（1）将数据库"考试成绩"添加到项目 myproject 当中。

（2）对数据库"考试成绩"下的表 student，使用报表向导建立报表 myreport，要求显示表 student 中的全部字段,样式选择为"经营式",列数为3,方向为"纵向",标题为 student。

（3）修改表 sc 的记录，为学号是"S2"的考生的成绩加五分。

（4）修改表单 myform，将其"选项按钮组"中的按钮的个数修改为 3 个。

**【答案】**

（1）在项目管理器中，单击"数据"选项卡，选择列表框中的"数据库"，单击"添加"命令按钮，双击考生文件夹下的 student 数据库，如下图所示。

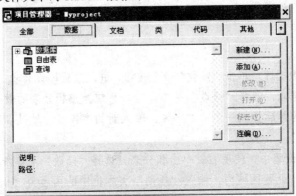

（2）单击"开始"→"新建"→"报表"→"向导"→"报表向导"；单击"数据库和表"旁边的按钮，选择 student 表，可用字段选择全部字段；报表样式选择"经营"式；在定义报表布局中，列数选择 3，方向选择"纵向"；设置报表标题为 student；单击"完成"按钮，以 myreport 为文件名保存报表。

（3）在命令窗口中输入：Update sc Set 成绩=成绩+5 Where 学号="s2"。

（4）命令窗口中输入：Modify Form myform，打开表单设计器。选择 optiongroup1 控件，在属性框内将其 Buttoncount 改为 3。操作界面如图。

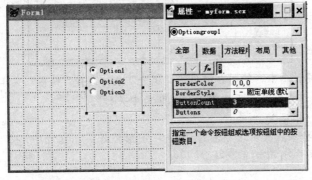

**【解析】**

本题考查的是项目管理器中项目的添加，报表的建立，表记录的更新和表单属性的修改。数据库的添加在项目管理器中完成。使用报表向导建立报表，只需按照向导的提示一步步对题目中的要求一一设置即可。表内容的更新使用 SQL 语句的 update 命令，其语法格式为 Update tablename　Set　columnname =value 。修改表单的属性在表单设计器里的属性面板里完成，控制选项按钮组的按钮个数的属性为 Buttoncount。

★★★★★★★★★★★★★★★★★★★★★★★★★★★★★★★★★★★★★★★★★★★

# 第 45 题

（1）为数据库 mydb 中的表积分增加字段"地址"，类型和宽度为"字符型（50）"。

（2）为表积分的字段"积分"设置有效性规则，要求积分值大于"1000（含1000）"，否则提示信息"输入的积分值太少"。

（3）设置表"积分"中"地址"字段的默认值为"北京市中关村"。

（4）为表积分插入一条记录（张良，1800，服装公司，北京市中关村），并用 Select 语句查询表积分中的"积分"在 1500 以上（含 1500）的记录，将 SQL 语句存入 mytxt.txt 中。

**【答案】**

（1）选择 mydb 数据库，单击"修改"命令按钮，进入数据库设计器。在数据库设计器中，使用右键单击积分数据表，选择"修改"菜单命令。系统弹出积分表的数据表设计器，在"字段"选项卡列表框内的最后插入一个新的字段。输入新的字段名为地址，选择类型为字符型，宽度为 50

（2）在数据库设计器中，使用右键单击积分表，选择"修改"菜单命令。选择"积分"字段，在"字段有效性"设置区域内，输入"规则"文本框中的内容为"积分>=1000"，在"信息"文本框中输入"输入的积分太少"。操作界面如图。

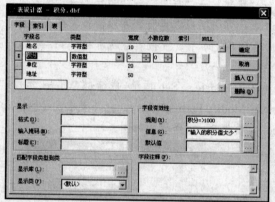

（3）在数据库设计器中，使用右键单击"积分"表，选择"修改"菜单命令。在表设计器中选择"地址"字段，在默认值框内输入"北京市中关村"。

（4）在命令窗口中输入：

```
Inset into 积分 Values （"张良"，1800，"服装公司"，"北京市中关村"）
Select * From 积分 Where 积分>=1500。
```

**【解析】**

在表结构设计器中完成添加表字段，打开表的情况下用命令 Modify Structure 可打开表结构设计器，在数据库设计器中也可打开数据库表结构设计器。在表结构设计器中设置表字段的有效性规则和设置表字段的默认值。可在表打开的情况下使用命令 Append 在表末尾处为表添加一条新的记录，也可以用 SQL 的 Insert 语句插入表记录。

使用 SQL 的表记录的查询操作功能，一般的语句格式为：

```
Select columnname From tablename
```

★★★★★★★★★★★★★★★★★★★★★★★★★★★★★★★★★★★★★★★★★★★

## 第 46 题

（1）建立名为"项目"的项目文件，。

（2）将数据库"书籍"添加到新建立的项目当中。

（3）为数据库中的表 authors 建立主索引，索引名称和索引表达式均为"作者编号"；为 books 建立普通索引，索引名和索引表达式均为"作者编号"

（4）建立表 authors 和表 books 之间的关联。

【答案】

（1）在命令窗口中输入：Create Project 项目。

（2）在项目管理器中，单击"数据"选项卡，选择列表框中的"数据库"，单击"添加"命令按钮，将考生文件夹下的书籍数据库添加到项目管理器中 。

（3）在数据库设计器中，右键单击数据库表 authors，选择"修改"菜单命令，单击"索引"选项卡，将字段索引名修改为"作者编号"，在"索引"下拉框中选择索引类型为"主索引"，将"字段表达式"修改为"作者编号"，单击"确定"按钮。以同样的方法为表 books 建立普通索引。

（4）在数据库设计器中，将 authors 表中"作者编号"主索引字段拖到 books 表中"作者编号"索引字段上。

【解析】

本题考查的是项目的建立，项目元素的添加，表索引的建立及表之间关联的建立。

新建项目可以通过菜单命令、工具栏按钮或直接输入命令来建立。数据库的添加在项目管理器中完成。

为表建立索引要注意建立的是哪一类索引，因为不同的索引对表记录的要求是不同的，主索引要求建立主索引的字段值必须唯一；还要注意建立的索引名和建立索引的表达式的不同。建立索引的一个简单的方法是在表结构设计器中进行。

在数据库设计器中为两个表建立关联，建立关联的两表都要建立索引，将两个索引拖到一起即可。

★★★★★★★★★★★★★★★★★★★★★★★★★★★★★★★★★★★★★★★★★★★

## 第 47 题

（1）将数据库 student 添加到项目 project 中。

（2）修改表单 form1，将其中的标签的字体大小修改为 15 。

（3）把表单 From1 添加到项目 project 中。

（4）为数据库 student 中的表宿舍建立"唯一索引"，索引名称为"telp"，索引表达式为"电话"。

【答案】

（1）在项目管理器中，单击"数据"选项卡，选择列表框中的"数据库"，单击"添加"命令按钮，将考生文件夹下的 student 数据库添加到项目管理器中。

（2）命令窗口中输入 Modify Form form1，打开表单设计器。选择 table1 控件，在属性框内将其"fontsize"属性改为 15。如图所示。

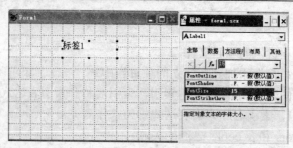

（3）在项目管理器中，单击"文档"选项卡，选择列表框中的"表单"，单击"添加"命令按钮，双击考生文件夹下的 form1 表单。

（4）在数据库设计器中使用右键单击数据库表"宿舍"，选择"修改"菜单命令，进入宿舍表的数据表设计器界面，单击"索引"选项卡，将字段索引名修改为"telp"，在"索引"下拉框中选择索引类型为"唯一索引"，将"字段表达式"修改为"电话"，单击"确定"按钮。

**【解析】**

表单属性的修改在表单设计器里的属性面板里进行操作。在项目设计器中将表单添加到项目中。建立索引的一个简单的方法是在表结构设计器中进行。

★★★★★★★★★★★★★★★★★★★★★★★★★★★★★★★★★★★★★★★

## 第 48 题

（1）建立"定货"表和"客户"表联系之间的关联。

（2）为 1 题中建立的的关联设置完整性约束，要求：更新规则为"级联"，删除规则为"忽略"，插入规则为"限制"。

（3）将"客户"表的结构拷贝到新表 custo 中

（4）把表 custo 添加到项目 proj 中

**【答案】**

（1）在数据库设计器中，将"客户联系"表中"客户编号"主索引字段拖到"定货"表中"客户编号"索引字段上，操作结果如图。

（2）在数据库设计器中，单击菜单命令"数据库"→"清理数据库"，使用右键单击"定货"表和"客户"表关联的关系线，选择"编辑参照性关系"，根据题意，逐个按照选项卡中提示设置参照规则。

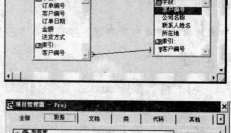

（3）打开表-客户联系，在命令窗口中输入：命令 Copy Structure to custo。

（4）在项目管理器中，单击"数据"选项卡，选择列表框中的"自由表"，单击"添加"命令按钮，双击考生文件夹下的 custo 表。操作结果如图所示。

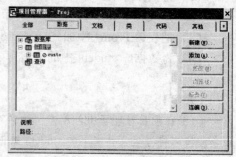

**【解析】**

在数据库设计器中为两个表建立关联，建立关联的两个表要都建立索引。在数据库设计器中设置两表之间的关联，设置前要先对数据库进行清理，使用主菜单上的"数据库—清理数据库"菜单项进行操作 拷贝表结构是先打开被拷贝的表，使用 Copy Structure to 命令。

★★★★★★★★★★★★★★★★★★★★★★★★★★★★★★★★★★★★★★★

## 第 49 题

（1）建立项目文件，文件名为 myproject。

（2）将数据库"职工管理"添加到项目中。

（3）为数据库中的表员工建立"候选索引"，索引名称为和索引表达式均为"职工编码"。

（4）为"员工"表和"职称"表之间的关联设置完整性约束，要求：更新规则为"级联"，删除规则为"限制"，插入规则为"忽略"。

**【答案】**

（1）在命令窗口中输入：Create Project myproject。

（2）在项目管理器中，单击"数据"选项卡，选择列表框中的"数据库"，单击"添加"命令按钮，在"打开"对话框中，双击考生文件夹下的"职工管理"数据库。

（3）在数据库设计器中使用右键单击数据库表"员工"，选择"修改"命令；单击"索引"选项卡，将字段索引名修改为"职工编码"，在"索引"下拉框中选择索引类型为"候选索引"，将"字段表达式"修改为"职工编码"，单击"确定"按钮。

（4）在数据库设计器中，单击菜单命令"数据库"→"清理数据库"；使用右键单击表"员工"和"职称"之间的关系线，选择"编辑参照性关系"，界面如图。

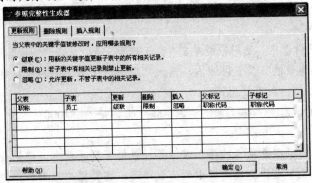

根据题意，在选项卡中分别设置参照规则。

**【解析】**

新建项目可以使用命令 Create Project projectname 来创建。在项目管理器中通过单击数据选项卡的添加按钮添加数据库。建立索引的一个简单的方法是在表结构设计器的"索引"选项卡中进行。在参照完整性设计器中设置两表之间的关联。

★★★★★★★★★★★★★★★★★★★★★★★★★★★★★★★★★★★★★★★

## 第 50 题

（1）将数据库 SJ_YG 添加到项目"项目 1"中。

（2）对数据库 SJ_YG 下的表"出勤情况"，使用视图向导建立视图"视图 1"，要求显示出表"出勤情况"中的记录"姓名","出勤次数"和"迟到次数"。并按"姓名"排序（升序）。

（3）为表"员工档案"的字段"工资"设置有效性规则，要求"工资>=0"，否则提示信息""输入工资出错""。

（4）设置表"员工档案"的字段"工资"的默认值为"1000"。

**【答案】**

（1）在项目管理器中，单击"数据"选项卡，选择列表框中的"数据库"，单击"添加"命令按钮，双击考生文件夹下的"SJ_YG"数据库。

（2）打开数据库"SJ_YG"设计器，单击主菜单上的"新建"图标，选择"新建视图"。将"出勤情况"表添加到视图设计器中，在视图设计器中的"字段"选项卡中，将"可用字段"列表框中的字段"姓名"、"出勤次数"和"迟到次数"添加到"选择字段"列表框中，如图所示。

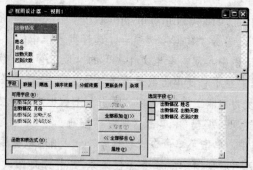

在"排序依据"选项卡中将"选择字段"列表框中的"姓名"添加到"排序条件"中。保存视图。

（3）在数据库设计器中，使用右键单击"员工档案"表，选择"修改"菜单命令。选择"工资"字段，在"字段有效性"设置区域内，输入"规则"文本框中的内容为"工资>=0"，在"信息"文本框中输入""输入工资出错""。

（4）在3小题的信息文本框下面的"默认值"框内输入"1000"。

**【解析】**

单击项目管理器的数据选项卡的添加按钮添加数据库到项目中；使用视图向导建立视图只需按照向导的提示一步步操作完成题目中的设置即可。在数据库设计器中打开表结构设计器，在其中设置表字段的有效性规则和字段的默认值。

★★★★★★★★★★★★★★★★★★★★★★★★★★★★★★★★★★★★★

# 第 51 题

（1）将数据库"医院管理"添加到项目"项目1"中。

（2）从数据库"医院管理"中永久性地删除数据库表"处方"，并将其从磁盘上删除。

（3）将数据库"医院管理"中的表"医生"移出，使之变为自由表。

（4）为数据库中的表"药"建立主索引，索引名称为"ybh"，索引表达式为"药编号"。

**【答案】**

（1）在项目管理器中，单击"数据"选项卡，选择列表框中的"数据库"，单击"添加"命令按钮，在系统弹出"打开"对话框中，双击考生文件夹下的"医院管理"数据库。

（2）打开数据库"医院管理"设计器，使用右键单击"处方"表，选择"删除"命令。单击选择"删除"按钮。

（3）打开数据库设计器，使用右键单击"医生"表，选择"移去"命令，单击"移去"按钮。

（4）在数据库设计器中使用右键单击数据库表"药"，选择"修改"菜单命令，单击"索引"选项卡，将字段索引名修改为"ybh"，在"索引"下拉框中选择索引类型为"主索引"，将"字段表达式"修改为"药编号"，单击"确定"按钮。

【解析】

本题考查的是项目数据的管理。在项目管理器中完成数据库的添加后，在数据库设计器中对后面的3小题进行设置。

★★★★★★★★★★★★★★★★★★★★★★★★★★★★★★★★★★★★★★★★

## 第 52 题

（1）建立项目文件，文件名为 myproject。
（2）将数据库"毕业生管理"添加到项目中。
（3）将考生文件夹下的自由表 add 添加到数据库中。
（4）建立表 add 和表 sco 之间的关联。

【答案】

（1）在命令窗口中输入：Create Project myproject。

（2）在项目管理器中，单击"数据"选项卡，选择列表框中的"数据库"，单击"添加"命令按钮，双击考生文件夹下的"毕业生管理"数据库。

（3）在毕业生数据库设计器中使用右键单击，选择"添加表"命令，双击考生文件夹下的自由表 add。

（4）在数据库设计器中，将 add 表中"姓名"主索引字段拖到 sco 表中"姓名"索引字段上。如图所示。

【解析】

本题考查了项目数据的管理。新建项目可以通过直接输入命令 Create Project projectname来建立。数据库的添加及数据库表的添加和关联的建立均在数据库设计器中完成。

★★★★★★★★★★★★★★★★★★★★★★★★★★★★★★★★★★★★★★★★

## 第 53 题

（1）将数据库"员工管理"添加到项目"项目 1"中。

（2）对数据库"员工管理"下的表"职称"，使用视图向导建立视图"视图 1"，要求显示出表中的全部字段，并按"职称代码"排序（升序）。

（3）将表"员工"中字段"职称代码"的默认值设置为"1"。

（4）为表"员工"的字段"工资"设置有效性规则，要求工资至少在 1000（含）以上，否则提示信息"工资太少了"。

**【答案】**

（1）在项目管理器中，单击"数据"选项卡，选择列表框中的"数据库"，单击"添加"命令按钮，双击考生文件夹下的员工管理数据库。

（2）打开数据库"员工管理"设计器，单击主菜单上的"新建"图标，选择"新建视图"。将"职称"表添加到视图设计器中，在视图设计器中的"字段"选项卡中，将"可用字段"列表框中的全部字段添加到"选择字段"列表框中，在"排序依据"选项卡中将"选择字段"列表框中的"职称代码"添加到"排序条件"中。如图所示。

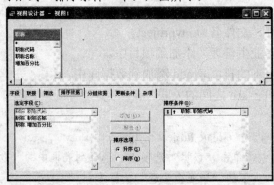

（3）在数据库设计器中，使用右键单击"员工"表，选择"修改"菜单命令。选择"职称代码"字段，在"默认值"框内输入"1"。

（4）选择"工资"字段，在"字段有效性"设置区域内，输入"规则"文本框中的内容为"工资>=1000"，在"信息"文本框中输入""工资太少了""。

**【解析】**

本题考查项目中数据的管理。在项目中添加数据库在项目管理器中完成。使用视图向导建立视图，只需按照向导的提示一步步操作完成题目中的设置即可。在表结构设计器中设置表字段的默认值和字段的有效性规则。使用命令 Modify Structure 打开表结构设计器。

★★★★★★★★★★★★★★★★★★★★★★★★★★★★★★★★★★★★★★★★

## 第 54 题

（1）为数据库"员工管理"中的表"职称"建立主索引，索引名称和索引表达式均为"职称代码"。

（2）为数据库"员工管理"中的表"员工"建立普通索引，索引名称和索引表达式为"职称代码"。

（3）建立表"员工"和表"职称"之间的关联。

（4）为（3）中建立的关联设置完整性约束。

要求：更新规则为"限制"，删除规则为"级联"，插入规则为"忽略"。

**【答案】**

（1）在数据库设计器中使用右键单击数据库表"职称"，选择"修改"命令；单击"索引"选项卡，将字段索引名修改为"职称代码"，在"索引"下拉框中选择索引类型为"主索引"，将"字段表达式"修改为"职称代码"，单击"确定"按钮。

（2）用（1）中的方法建立普通索引"职称代码"。

（3）在数据库设计器中，将"职称"表中"职称代码"主索引字段拖到"员工"表中"职称代码"索引字段上。

（4）在数据库设计器中，单击菜单命令"数据库"→"清理数据库"，使用右键单击表"员工"和"职称"之间的关系线，选择"编辑参照性关系"，根据题意，在相应的选项卡中逐个设置参照规则。如图所示。

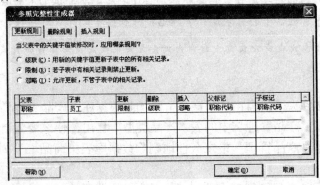

**【解析】**

本题考查了数据库中表索引和关联的建立及关联完整性规则的设置。在数据库设计器中打开表结构设计器，在其中为表建立索引。编辑关联的参照完整性之前要先清理数据库，方法是使用在系统菜单中选择"数据库"→"清理数据库"命令。

★★★★★★★★★★★★★★★★★★★★★★★★★★★★★★★★★★★★★★★★★

## 第 55 题

（1）建立项目文件，文件名为 myproject。

（2）将数据库"员工管理"添加到项目"myproject"中。

（3）将考生文件夹下的自由表"员工"添加到数据库"员工管理"中。

（4）将表"员工"的"工资"字段从表中删除。

**【答案】**

（1）在命令窗口中输入：Create Project myproject。

（2）在项目管理器中，单击"数据"选项卡，选择列表框中的"数据库"，单击"添加"命令按钮，双击考生文件夹下的"员工管理"数据库。

（3）在"员工管理"数据库设计器中使用右键单击，选择"添加表"命令，双击考生文件夹下的"员工"自由表。

（4）在打开的数据库设计器中，使用右键单击"员工"表，选择"修改"菜单命令。选择"工资"字段，单击"删除"按钮，单击"确定"按钮。操作界面如图。

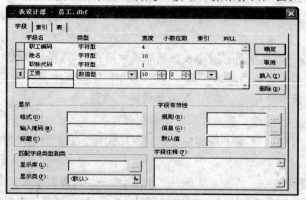

【解析】

本题考查项目数据的管理。在数据库中添加自由表后，所添加的表将具有数据库表的全部属性，可以在数据库管理器中打开表结构管理器，并在其中删除表的字段。

★★★★★★★★★★★★★★★★★★★★★★★★★★★★★★★★★★★★★

# 第 56 题

（1）将考生文件夹下的自由表"产品"添加到数据库"产品管理"中。

（2）将数据库"产品管理"中的表"产品类型"移出，使之变为自由表。

（3）从数据库"产品管理"中永久性地删除数据库表"商品表"，并将其从磁盘上删除。

（4）为数据库"产品管理"中的表"产品"建立候选索引，索引名称为"prod"，索引表达式为"商品编码"。

【答案】

（1）在"产品管理"数据库设计器中使用右键单击，选择"添加表"命令，双击考生文件夹下的"产品"自由表。

（2）打开数据库设计器，使用右键单击"产品类型"表，选择"移去"命令。在弹出的对话框上选择"移去"按钮。操作界面如图。

（3）打开数据库设计器，使用右键单击"商品表"表，在选择"删除"命令。在弹出的对话框上选择"删除"按钮彻底删除该表。

（4）在数据库设计器中使用右键单击数据库表"产品"，选择"修改"命令；单击"索引"选项卡，将字段索引名修改为"prod"，在"索引"下拉框中选择索引类型为"候选索引"，将"字段表达式"修改为"商品编码"，单击"确定"按钮。

【解析】

本题考查了数据库表的管理，表的添加和删除均在数据库设计器中完成，删除表和移去表的区别在于前者从磁盘上删除了表，而后者则仅仅是是表和数据库的关系解脱。

★★★★★★★★★★★★★★★★★★★★★★★★★★★★★★★★★★★★★★★★★

## 第57题

（1）为表"商品表"增加字段"供应商"，类型和宽度为"字符型（30）"。

（2）将表"商品表"的字段"产地"从表中删除。

（3）设置字段"供应商"的的默认值为"海尔"。

（4）建立简单的菜单mymenu，要求有2个菜单项："开始"和"结束"。其中"开始"菜单项有子菜单"计算"和"统计"。"结束"菜单项使用Set SysMenu to Default负责返回到系统菜单。

**【答案】**

（1）在数据库设计器中，使用右键单击"商品表"数据表，选择"修改"菜单命令。在"字段"选项卡列表框内的最后插入一个新的字段。输入新的字段名为"供应商"，选择类型为"字符型"，宽度为"30"。

（2）在（1）中打开的表结构设计器中，选择"产地"字段，单击"删除"按钮，单击"确定"按钮。

（3）在数据库设计器中，使用右键单击"商品表"，选择"修改"菜单命令。选择"供应商"字段，在"默认值"框内输入"海尔"，单击"确定"按钮。

（4）在命令窗口中输入：Create Menu mymenu命令，单击"菜单"图标按钮，按题目要求在菜单设计器中输入主菜单名称"开始"和"结束"，如图所示。

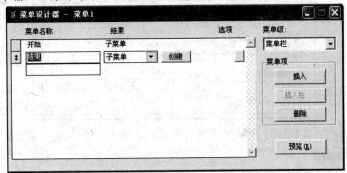

在"结束"菜单项的"结果"下拉列表中选择"命令"，在命令编辑框内输入"Set SysMenu to Default"。在"开始"菜单项的"结果"下拉列表中选择"子菜单"，单击"编辑"按钮，进入子菜单设计器界面，输入两个子菜单项"计算"和"统计"。单击菜单命令"菜单"→"生成"。

**【解析】**

本题考查数据表字段的管理和简单菜单的建立。在数据库设计器中使用右键单击要修改表结构的表，选择"修改"，可打开表结构设计器，在其中可进行表结构的综合设置。菜单的建立可在菜单设计器中进行，在命令窗口中输入：Create Menu menuname即打开菜单设计器。

★★★★★★★★★★★★★★★★★★★★★★★★★★★★★★★★★★★★★★★★★

**第 58 题**

（1）建立项目文件，文件名为"项目 1"。

（2）在项目"项目 1"中建立数据库，文件名为 mydb。

（3）建立自由表"mytable"（不要求输入数据），表结构为：

| 学号 | 字符型（5） |
|---|---|
| 课程号 | 字符型（5） |
| 成绩 | 数值型（5，2） |

（4）将考生文件夹下的自由表"mytable"添加到数据库"mydb"中。

**【答案】**

（1）在命令窗口中输入：Create Project 项目 1。

（2）在项目管理器中，单击"数据"选项卡，选择列表框中的"数据库"，单击"新建"命令按钮并选择"新建数据库"按钮。输入数据库名 mydb，选择路径单击"保存"。

（3）在命令窗口中输入：Create，并输入表名和保存路径，单击"确定"按钮进入表结构设计器。依次输入每个字段的字段名、数据类型和宽度。注意某些数据类型具有固定的宽度。如图所示。

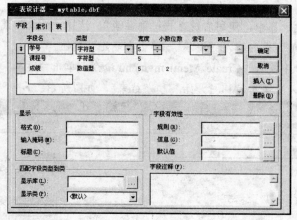

（4）在"mydb"数据库设计器中使用右键单击，选择"添加表"命令，双击考生文件夹下的"mytable"自由表。

**【解析】**

本题考查了项目与其中的数据的关系，以及数据库表的管理。本题要使用到项目管理器和数据库设计器，前者在新建项目时已经打开，后者可在项目管理器中打开。可通过 create 命令新建自由表，并打开表结构设计器。

✫✫✫✫✫✫✫✫✫✫✫✫✫✫✫✫✫✫✫✫✫✫✫✫✫✫✫✫✫✫✫✫✫✫✫✫✫✫✫✫✫✫✫✫

**第 59 题**

（1）将考生文件夹下的自由表"职工"添加到数据库"仓库管理"中。

（2）将数据库"仓库管理"中的表"供应商"移出，使之变为自由表。

（3）为数据库中的表"订单"建立主索引，索引名称为"order"，索引表达式为"订购单号"。

（4）修改表单"myform"，使表单运行时自动位于屏幕中央。

【答案】

（1）在"仓库管理"数据库设计器中使用右键单击，选择"添加表"命令，双击考生文件夹下的"职工"自由表。

（2）打开数据库设计器，使用右键单击"供应商"表，选择"移去"命令。在弹出的对话框上选择"移去"按钮。

（3）在数据库设计器中使用右键单击数据库表"订单"，选择"修改"命令；单击"索引"选项卡，将字段索引名修改为"order"，在"索引"下拉框中选择索引类型为"主索引"，将"字段表达式"修改为"订购单号"，单击"确定"按钮。如图所示。

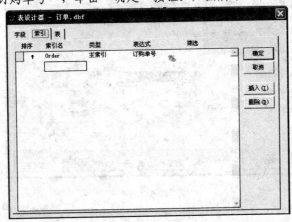

（4）命令窗口中输入：Modify Form myform。选择表单控件，在属性框内将其 AutoCenter 属性改为"true"。

【解析】

本题考查了数据库表的管理和简单表单的修改。打开数据库的同时将打开数据库设计器，在其中添加和移去表。表索引的建立在表结构设计器中完成。表单的简单修改主要是对表单控件属性的修改，选择某个控件，在表单设计器的属性面板里查找到要修改的属性，修改其值即可。使表单运行时位于屏幕中央的属性是 AutoCenter。

✫✫✫✫✫✫✫✫✫✫✫✫✫✫✫✫✫✫✫✫✫✫✫✫✫✫✫✫✫✫✫✫✫✫✫✫✫✫✫✫✫✫✫

## 第 60 题

（1）将数据库医院管理下的表"处方"的结构拷贝到新表"mytable"中。

（2）将表"处方"中的记录添加到表 mytable 中。

（3）对数据库"医院管理"中的表"医生"使用表单向导建立一个简单的表单，文件名为 mytable，要求显示表中的字段"职工号"、"姓名"和"职称"，表单样式为"凹陷式"，按钮类型为"文本按钮"，按"职工号"升序排序，表单标题为"医生浏览"。

（4）把表单"myform"添加到项目"myproj"中。

【答案】

（1）使用 Use 命令打开"处方"表，再输入命令：Copy Structure to mytable。

（2）在命令窗口中输入命令：

```
Use mytable
Append From 处方
```

（3）单击"开始"→"新建"→"表单"→"向导"→"表单向导"，单击"数据库和表"右下边的按钮，选择考生目录下的"医生"表，选择字段"职工号"、"姓名"和"职称"；单击"下一步"按钮，表单样式设置为"凹陷式"，按钮类型为"文本"，如图所示。

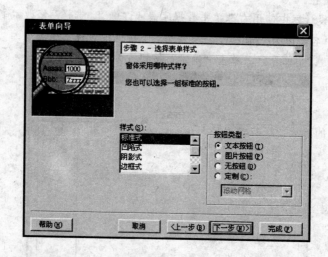

单击"下一步"按钮，排序字段选择"职工号"（升序）；设置表单标题为"医生浏览"。

（4）在项目管理器中，单击"文档"选项卡，选择列表框中的"表单"，单击"添加"命令按钮，双击考生文件夹下的"mytable"表单。

【解析】

本题考查表结构和表记录的复制，表单向导的使用和项目文档的添加。Copy Structure to newtablename 用于将现有的表的结构拷贝到新表，使新表具有现有表的结构。Append From oldtablename 用于从已有表中大批复制表记录到新表中。使用表单向导建立表单，只需按照向导的提示，按照题目中的要求进行设置即可。

★★★★★★★★★★★★★★★★★★★★★★★★★★★★★★★★★★★★★★★★★

# 第 61 题

（1）建立项目文件，文件名为 proj。
（2）在项目中建立数据库，文件名为 db1。
（3）修改表单"form1"，将其标题改为"修改后的表单"。
（4）把表单"form1"添加到项目"proj"中。

【答案】

（1）在命令窗口中输入：Create Project proj。

（2）在项目管理器中，单击"数据"选项卡，选择列表框中的"数据库"，单击"新建"命令按钮并选择"新建数据库"按钮。输入数据库名"db1"，选择路径单击"保存"。如图所示。

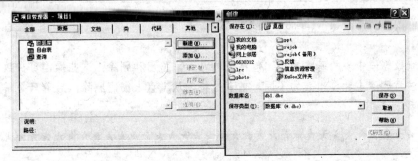

（3）命令窗口中输入：Modify Form form1，打开表单设计器。选择"表单"控件，在属性框内将其"Caption"改为"修改后的表单"。

（4）在项目管理器中，单击"文档"选项卡，选择列表框中的"表单"，单击"添加"命令按钮，双击考生文件夹下的"form1"表单，将其添加到项目管理器中。

**【解析】**

本题考查项目的建立及项目元素的添加。在建立项目的同时会打开项目管理器，可在项目管理器中建立数据库和添加表单，具体操作方法是选择数据类中的数据库项和文档类中的表单项，单击右侧的添加按钮。

☆☆☆☆☆☆☆☆☆☆☆☆☆☆☆☆☆☆☆☆☆☆☆☆☆☆☆☆☆☆☆☆☆☆☆☆☆☆☆

## 第 62 题

（1）将考生文件夹下的自由表"list"添加到数据库"毕业生管理"中。

（2）将数据库"毕业生管理"中的表"add"移出，使之变为自由表。

（3）从数据库"毕业生管理"中永久性地删除数据库表"sco"，并将其从磁盘上删除。

（4）为数据库"毕业生管理"中的表"list"建立普通索引，索引名称为"je"，索引表达式为"总金额"。

**【答案】**

（1）在"毕业生管理"数据库设计器中使用右键单击，选择"添加表"命令，双击考生文件夹下的"list"自由表。结果如图所示。

（2）打开数据库设计器，使用右键单击"add"表，选择"移去"命令。在弹出的对话框上选择"移去"按钮。

（3）打开数据库设计器，使用右键单击"sco"表，在选择"删除"命令。在弹出的对话框上选择"删除"按钮，则彻底删除了表"sco"。

（4）在数据库设计器中使用右键单击数据库表"list"，选择"修改"命令；单击"索引"选项卡，将字段索引名修改为"je"，在"索引"下拉框中选择索引类型为"普通索引"，将"字段表达式"修改为"总金额",单击"确定"按钮。

**【解析】**

本题考查数据库中表的基本操作,包括表的添加、移出和删除。这些操作可在数据库设计器中完成。注意删除表和移出表的不同,前者是将表从磁盘上彻底删除,后着只是解脱了表跟数据库的关系。

★★★★★★★★★★★★★★★★★★★★★★★★★★★★★★★★★★★★★★★

## 第 63 题

（1）用 select 语句查询表"购买"中"会员号"为"C1"的记录。

（2）用 insert 语句为表"购买"插入一条记录（C3,201,2,3600,03/30/03）。

（3）用 delete 将表"购买"中单价在 3000（含）以下的记录删除。

（4）用 update 将"购买"表的字段"日期"加上 7 天。

将以上操作使用的 SQL 语句保存到 mytxt.txt 中。

**【答案】**

（1）Select * From 购买 Where 会员号="C1"。

（2）Insert Into 购买 Values("C3","201",2,3600,{^2003-03-30})。

（3）Delete From 购买 Where 单价<=3000。

（4）Update 购买 Set 日期=日期+7。

**【解析】**

本题考查使用 SQL 语句查询、更新、插入和删除记录。正确掌握 SQL 语句的语法结构和关键字是解决此类问题的关键。题目中插入时间值使用的格式应该是{^yyyy-mm-dd}。

★★★★★★★★★★★★★★★★★★★★★★★★★★★★★★★★★★★★★★★

## 第 64 题

（1）建立项目文件,文件名为项目 1。

（2）在项目"项目 1"中建立数据库,文件名为 database1。

（3）将考生文件夹下的自由表"购买"添加到数据库"database1"中。

（4）为（3）中的表建立候选索引,索引名称和索引表达式均为"商品号"。

**【答案】**

（1）在命令窗口中输入:Create Project 项目 1。

（2）在项目管理器中,单击"数据"选项卡,选择列表框中的"数据库",单击"新建"命令按钮并选择"新建数据库"按钮。输入数据库名 database1,选择路径单击"保存"。

（3）在"database1"数据库设计器中使用右键单击,选择"添加表"命令,双击考生文件夹下的"购买"自由表。

（4）在数据库设计器中使用右键单击数据库表"购买",选择"修改"命令;单击"索引"选项卡,将字段索引名修改为"商品号",在"索引"下拉框中选择索引类型为"普通索引",将"字段表达式"修改为"商品号",单击"确定"按钮。如图所示。

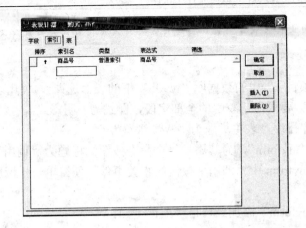

**【解析】**

本题考查项目数据的管理。建立项目后将自动打开项目管理器，在项目管理器中选择数据类的数据库项，单击右侧的新建按钮，即可进入数据库的设计器。以上操作可在项目管理器和数据库设计器中完成。

★★★★★★★★★★★★★★★★★★★★★★★★★★★★★★★★★★★★★★★★★★★

## 第65题

（1）将考生文件夹下的自由表"学生"添加到数据库"学籍"中。

（2）从数据库"学籍"中永久性地删除数据库表"课程"，并将其从磁盘上删除。

（3）为数据库"学生"中的表"学号"建立主索引，索引名称和索引表达式均为"学号"，为数据库中的表"选课"建立普通索引，索引名称为"cod"，索引表达式为"学号"。

（4）建立表"学生"和表"选课"之间的关联。

**【答案】**

（1）在"学籍"数据库设计器中使用右键单击，选择"添加表"命令，双击考生文件夹下的自由表"学生"。

（2）打开数据库"学籍"设计器，使用右键单击"课程"表，在选择"删除"命令。在弹出的对话框上选择"删除"按钮。

（3）在数据库设计器中使用右键单击数据库表"学生"，选择"修改"命令；单击"索引"选项卡，将字段索引名修改为"学号"，在"索引"下拉框中选择索引类型为"主索引"，将"字段表达式"修改为"学号"，单击"确定"按钮。用同样的方法为表选课建立索引名为cod索引表达式为学号的普通索引。

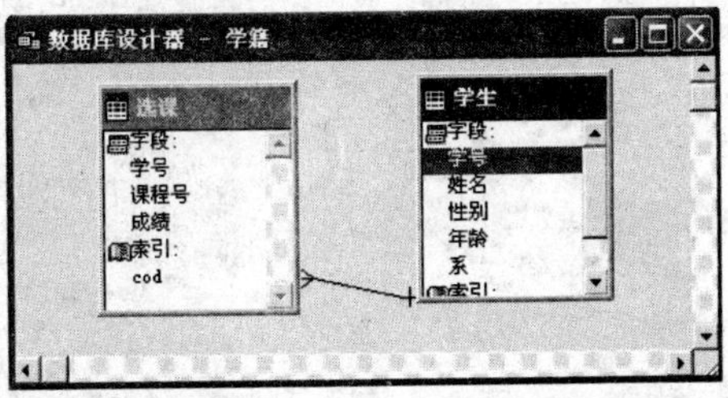

（4）在数据库设计器中，将"学生"表中"学号"主索引字段拖到"选课"表中"cod"索引字段上。如图所示。

**【解析】**

本题考查数据库表的管理。在数据库设计器中为已经建立索引的两表建立关联，只需将建立主索引的表的索引字段拖到建立普通索引的表的索引字段上即可。

★★★★★★★★★★★★★★★★★★★★★★★★★★★★★★★★★★★★★★★★★★★★

**第 66 题**

（1）对项目"项目 1"中的数据库"mydb"下的表"选课"，使用表单向导建立一个简单的表单 myform2，要求显示表中的全部字段，样式为"阴影式"，按钮类型为"图片按钮"，按"学号"升序排序，表单标题为"成绩浏览"。

（2）修改表单"myform"，为其添加一个命令按钮，标题为"调用"。

（3）编写表单 myform 中"调用"按钮的相关事件，使得单击"调用"按钮调用表单 myform2。

（4）把表单"myform"添加到项目"项目 1"中。

**【答案】**

（1）单击"开始"→"新建"→"表单"→"向导"→"表单向导"；在新的表中单击数据库和表右下边的按钮，选择考生目录下的"选课"表，如图所示。

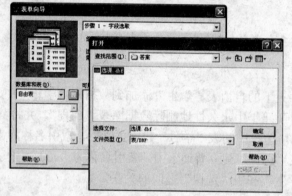

选择全部字段；选择"下一步"按钮，表单样式设置为"阴影式"，按钮类型为"图片按钮"，点下一步，排序字段选择"学号"（升序）；设置表单标题为"成绩浏览"。保存表单，文件名为"myform2"。

（2）使用 Modify Form myform 命令打开已有的 myform 表单，单击表单控件工具栏上的命令按钮图标，在表单上添加一个命令按钮，在属性面板中修改其 Caption 属性为"调用"，如图所示。

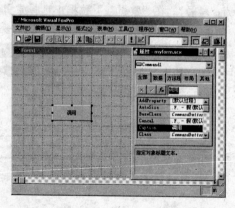

（3）双击"调用"按钮，在其 Click 过程中写入：do form myform2，保存并退出表单编辑

窗口。

（4）打开项目"项目1"，选择"全部"→"文档"→"表单"，单击"添加"按钮将myform表单加入到项目中。

★★★★★★★★★★★★★★★★★★★★★★★★★★★★★★★★★★★★★★★★★★

## 第67题

（1）建立项目文件，文件名为"项目1"。

（2）在项目"项目1"中建立数据库，文件名为db。

（3）将考生文件夹下的自由表"产品"添加到数据库"db"中。

（4）对数据库"db"下的表"产品"，使用视图向导建立视图"myview"，要求显示出表中的所有字段。并按"供应商编号"排序（升序）。

【答案】

（1）在命令窗口中输入：Create Project 项目1。

（2）在项目管理器中，单击"数据"选项卡，选择列表框中的"数据库"，单击"新建"命令按钮并选择"新建数据库"按钮。输入数据库名db，选择保存路径后单击"保存"按钮。

（3）在"db"数据库设计器中使用右键单击，选择"添加表"命令，双击考生文件夹下的"产品"自由表。

（4）打开数据库"db"设计器，单击主菜单上的"新建"图标，选择"新建视图"。将"产品"表添加到视图设计器中，在视图设计器中的"字段"选项卡中，将"可用字段"列表框中的字段全部添加到"选择字段"列表框中，在"排序依据"选项卡中将"选择字段"列表框中的"供应商编号"添加到"排序条件"中。如图所示。

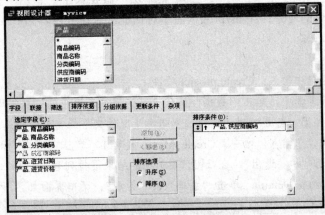

【解析】

本题考查项目数据的管理。新建项目后会自动打开项目管理器，在项目中建立数据库的方法是：选择项目管理器中"数据"类的"数据库"项，单击右侧的"新建"按钮，将同时打开数据库设计器，在其中添加表和视图。

★★★★★★★★★★★★★★★★★★★★★★★★★★★★★★★★★★★★★★★★★★

## 第 68 题

（1）将考生文件夹下的自由表"产品类型"添加到数据库"数据库 1"中。

（2）为表"产品类型"插入一条记录（8001,床上用品）。

（3）删除表"产品类型"中分类编码为"3001"的记录。

（4）修改表"产品类型"的字段种类名称，在种类名称字段值后加上一个"类"字。将（2）（3）（4）所用到的 SQL 语句保存到 mytxt.txt 中。

**【答案】**

（1）在"数据库 1"数据库设计器中使用右键单击，选择"添加表"命令，双击考生文件夹下的"产品类型"自由表。

（2）Insert Into 产品类型 Values("8001","床上用品")。

（3）Delete From 产品类型 Where 分类编码="3001"。

（4）Update 产品类型 Set 种类名称=种类名称+"类"。

**【解析】**

本题考查 SQL 语句对数据库表的操作。

★★★★★★★★★★★★★★★★★★★★★★★★★★★★★★★★★★★★★★★★★★

## 第 69 题

（1）建立项目文件，文件名为"项目 1"。

（2）将数据库"支出"添加到项目"项目 1"中。

（3）建立简单的菜单"菜单 1"，要求有 2 个菜单项："查询"和"退出"。其中"退出"菜单项负责返回到子菜单，对"查询"菜单项不做要求。

（4）书写简单的命令程序 myprog，显示对话框，对话框内容为"hello"，对话框上只有一个"确定"按钮。

**【答案】**

（1）在命令窗口中输入：Create proejct 项目 1。

（2）在项目管理器中，单击"数据"选项卡，选择列表框中的"数据库"，单击"添加"命令按钮，在系统弹出"打开"对话框中，双击考生文件夹下的支出数据库。

（3）在命令窗口中输入：命令：Create Menu 菜单 1，单击"菜单"图标按钮。按题目要求输入主菜单名称"查询"和"退出"。在"退出"菜单项的结果下拉列表中选择"命令"在命令编辑框中输入：Set SysMenu to Default。单击"菜单"→"生成"。菜单界面如图所示。

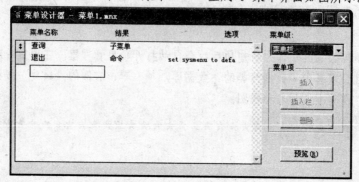

（4）使用到的代码为：messagebox("hello")

【解析】

可使用 messagebox 函数建立对话框，函数的参数即为对话框中要显示的内容

★★★★★★★★★★★★★★★★★★★★★★★★★★★★★★★★★★★★★★★★★★★

# 第 70 题

（1）建立项目文件，文件名为 myproj。

（2）在项目 myproj 中新建数据库，文件名为 mydb。

（3）将考生文件夹下的自由表"商品表"添加到数据库中。

（4）对数据库 "mydb"，使用视图向导建立视图 "myview"，显示表"商品表"中所有字段，并按"商品号"排序（升序）。

【答案】

（1）在命令窗口中输入：Create Project myproj。

（2）在项目管理器中，单击"数据"选项卡，选择列表框中的"数据库"，单击"新建"命令按钮并选择"新建数据库"按钮。输入数据库名 mydb，选择保存路径后，单击"保存"。

（3）在 "mydb" 数据库设计器中使用右键单击，选择"添加表"命令，双击考生文件夹下的"商品表"自由表。

（4）打开数据库 mydb 设计器，单击主菜单上的"新建"图标，选择"新建视图"。将表"商品表"添加到视图设计器中，在视图设计器中的"字段"选项卡中，将"可用字段"列表框中的字段全部添加到"选择字段"列表框中，在"排序依据"选项卡中将"选择字段"列表框中的"商品.商品号"添加到右边"排序条件"中。

【解析】

本题考查项目数据的管理。使用视图向导建立视图只需按照向导的提示一步步操作完成题目中的设置即可。

★★★★★★★★★★★★★★★★★★★★★★★★★★★★★★★★★★★★★★★★★★★

# 第 71 题

（1）将考生文件夹下的自由表"商品"添加到数据库 "mydb" 中。

（2）将表"商品"的字段"出厂单价"从表中删除。

（3）修改表"商品"的记录，将单价乘以 110%。

（4）用 Select 语句查询表中的产地为"广东"的记录。

将（3）（4）中所用的 SQL 语句保存到 mytxt.txt 中。

【答案】

（1）在 "mydb" 数据库设计器中使用右键单击，选择"添加表"命令，双击考生文件夹下的"商品"自由表。

（2）在数据库设计器中，使用右键单击"商品"表，选择"修改"菜单命令。选择"出厂单价"字段，单击"删除"按钮。如图所示。

（3）在命令窗口中输入：Update 商品 Set 单价=单价*1.1。

（4）Select * From 商品 Where 产地="广东"。

（5）将这两条 SQL 语句保存到 mytxt.txt 文件中。

**【解析】**

本题考查数据库的数据的管理。在数据库设计器中打开表结构设计器，选择要删除的字段，单击上面的"删除"按钮即可。更新表和查询表的 SQL 命令分别为 Update 和 Select。

★★★★★★★★★★★★★★★★★★★★★★★★★★★★★★★★★★★★★★★★★

## 第 72 题

（1）对数据库"mydb"下的表"商品"，使用报表向导建立查询"查询1"，要求查询表中的单价在 1000（含）元以上的记录。

（2）为表"商品"增加字段"利润"，类型和宽度为数值型（8，2）。

（3）为表"利润"的字段设置有效性规则，要求利润>=0，否则提示信息"这样的输入无利可图"。

（4）设置表"商品"的字段"利润"的默认值为"单价-出厂单价"。

**【答案】**

（1）选择 FoxPro 窗口中的"开始"→"新建"菜单命令，选中"查询"选项，单击"向导"→"查询向导"；单击"数据库和表"旁边的按钮，选择"商品"表，可用字段选择全部字段；单击"筛选"选项卡，输入筛选条件为"单价>=1000"，如图所示。

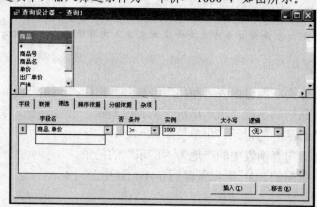

（2）在数据库设计器中，使用右键单击"商品"数据表，选择"修改"菜单命令。在"字段"选项卡列表框内的最后插入一个新的字段。输入新的字段名为"利润"，选择类型为"数值型"，宽度为"8"，小数位数为"2"。

（3）在（2）中的表结构设计器中，选择"利润"字段，在"字段有效性"设置区域内，输入"规则"文本框中的内容为"利润>=0"，在"信息"文本框中输入""这样的输入无利可图

""。

（4）选择"利润"字段，在"默认值"框内输入"单价-出厂单价"。

**【解析】**

本题考查数据库表的结构设置。设置字段的有效性规则和默认值可在表结构设计器中选择要设置的字段，在字段有效性选项里根据提示进行设置即可。

★★★★★★★★★★★★★★★★★★★★★★★★★★★★★★★★★★★★★

# 第 73 题

（1）建立项目文件，文件名为"项目 1"。

（2）在项目"项目 1"中建立数据库，文件名为 mydb。

（3）在数据库"mydb"中建立数据库表"mytable"，不要求输入数据。表结构如下：

| 路线号 | 字符型（8） |
|---|---|
| 司机 | 字符型（8） |
| 首班时间 | 日期时间型 |
| 末班时间 | 日期时间型 |

（4）建立简单的菜单 mymenu，要求有 2 个菜单项："开始"和"结束"。其中"开始"菜单项有子菜单"统计"和"查询"。"结束"菜单项负责返回到系统菜单。

**【答案】**

（1）在命令窗口中输入：Create Project 项目 1。

（2）在项目管理器中，单击"数据"选项卡，选择列表框中的"数据库"，单击"新建"命令按钮并选择"新建数据库"按钮。输入数据库名 mydb，选择路径单击"保存"。

（3）在数据库设计器中，使用右键单击，选择"新建表"菜单命令，以"mytable"为文件名保存。根据题意，在表设计器中的"字段"选项卡中依次输入每个字段的字段名、类型和宽度，如图所示。

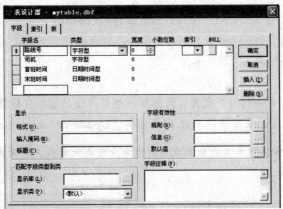

保存表结构时，系统会提示"现在输入记录吗？"。单击"否"按钮。

（4）在命令窗口中输入命令：Create Menu mymenu，单击"菜单"图标按钮。按题目要求输入主菜单名称"开始"和"结束"。在"结束"菜单项的"结果"下拉列表中选择"命令"。

在命令编辑框中输入：Set SysMenu to Default。在"开始"菜单项的结果下拉列表中选择"子菜单"。单击"创建"按钮，进入子菜单设计器界面，输入两个子菜单项的名称"统计"和"查询"。选择"菜单"→"生成"命令。菜单界面如图所示。

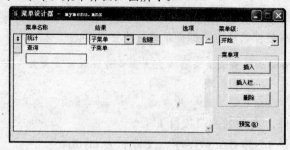

【解析】

可在命令窗口中输入：Create Project projectname 来建立项目，同时打开项目管理器。菜单的建立在菜单设计器中完成，需要注意的是菜单项"结果"下拉列表中各个选项的区别。

★★★★★★★★★★★★★★★★★★★★★★★★★★★★★★★★★★★★★★★★★★

## 第 74 题

（1）将考生文件夹下的自由表"course"添加到数据库"score_manager"中。

（2）设置表"course"的字段学分的"默认值"为"2"。

（3）更新表"score1"的记录，为每个人的成绩加上十分，将使用的 SQL 语句保存到 mytxt.txt 中。

（4）修改表单"myform"，将其 Caption 修改为"我的表单"。

【答案】

（1）在"score_manager"数据库设计器中使用右键单击，选择"添加表"命令，双击考生文件夹下的"course"自由表。

（2）在数据库设计器中，使用右键单击 course 表，选择"修改"菜单命令。选择"学分"字段，在默认值框内输入"2"。

（3）在命令窗口中输入：Update score1 Set 成绩=成绩+10。

（4）命令窗口中输入： Modify Form myform，打开表单设计器。选择"表单"控件，在属性框内将其"Caption"改为"我的表单"。

【解析】

使用 Open database 命令打开数据库，同时打开数据库设计器。在数据库设计器中完成添加表和修改表结构。更新表记录可使用 SQL 语句结构：Update tablename Set column=newvalue。

★★★★★★★★★★★★★★★★★★★★★★★★★★★★★★★★★★★★★★★★★★

## 第 75 题

（1）建立项目文件，文件名为项目1。

（2）在项目"项目1"中建立数据库，文件名为数据库1。

（3）建立自由表"mytable"（不要求输入数据），表结构为：

| 教室号 | 字符型（4） |
|---|---|
| 座位数 | 整型 |

（4）将数据库"毕业生管理"中的表"学生_ADD"移出，使之变为自由表。

**【答案】**

（1）在命令窗口中输入：Create Project 项目 1。

（2）在项目管理器中，单击"数据"选项卡，选择列表框中的"数据库"，单击"新建"命令按钮并选择"新建数据库"按钮。输入数据库名"数据库 1"，选择路径单击"保存"。

（3）在命令窗口中输入：Create，输入表名和保存路径，单击"确定"按钮进入表结构设计器。依次输入各个字段的字段名，数据类型和宽度。某些数据类型具有固定的宽度，如整型。如图所示。

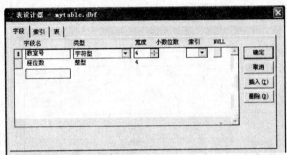

（4）打开数据库设计器，使用右键单击"学生_ADD"表，选择"移去"命令。在弹出的对话框上选择"移去"按钮。

**【解析】**

本题考查的是项目数据的管理和自由表的建立。新建项目和新建数据库后分别自动打开项目管理器和数据库设计器，按照其中命令按钮的提示可完成（2）（4）题的操作。新建表的命令是 crea。

✿✿✿✿✿✿✿✿✿✿✿✿✿✿✿✿✿✿✿✿✿✿✿✿✿✿✿✿✿✿✿✿✿✿✿✿✿✿

## 第 76 题

（1）建立项目文件，文件名为 project1。

（2）将数据库"员工管理"添加到项目"project1"中。

（3）在数据库中建立数据库表"mytable"，表结构为：

| 员工编码 | 字符型（6） |
|---|---|
| 毕业院校 | 字符型（30） |

（4）建立简单的菜单 mynenu，要求有 2 个菜单项："运行"和"退出"。其中运行菜单项负责返回到系统菜单，对运行菜单项不做要求。

**【答案】**

（1）在命令窗口中输入：Create Project project1。

（2）在项目管理器中，单击"数据"选项卡，选择列表框中的"数据库"，单击"添加"命令按钮，在系统弹出"打开"对话框中，双击考生文件夹下的"员工管理"数据库。操作结果如图所示。

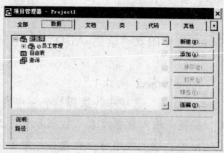

（3）在数据库设计器中，使用右键单击，选择"新建表"菜单命令，以"mytable"为文件名保存。根据题意，在表设计器中的"字段"选项卡中依次输入每个字段的字段名、类型和宽度。保存表结构时，系统会提问"现在输入记录吗？"，单击"否"命令按钮。如图所示。

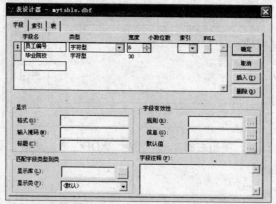

（4）在命令窗口中输入：命令：Create Menu mymenu，单击"菜单"图标按钮。按题目要求输入主菜单名称"运行"和"退出"。在"退出"菜单项的"结果"下拉列表中选择"命令"。在命令编辑框中输入：Set SysMenu to Default。单击菜单命令"菜单" → "生成"。

【解析】

本题考查的是项目的建立，项目元素的添加，数据库元素的建立，简单菜单的建立。新建项目可以通过菜单命令、工具栏按钮或直接输入命令来建立。数据库的添加在项目管理器中完成。新建数据库表可以在数据库设计器中进行，也可以先建立自由表再添加到数据库中。菜单的建立在菜单设计器中完成，需要注意的是菜单项的"结果"下拉列表中各个选项的区别。

☆☆☆☆☆☆☆☆☆☆☆☆☆☆☆☆☆☆☆☆☆☆☆☆☆☆☆☆☆☆☆☆☆☆☆☆☆☆☆☆☆☆

## 第 77 题

（1）将考生文件夹下的数据库"积分管理"中的表"积分"拷贝到表"积分 2"中（拷贝表结构和记录）。

（2）将表"积分 2"的添加到数据库"积分管理"中。

（3）对数据库"积分管理"下的表"积分"，使用视图向导建立视图"myview"，要求显示出表中的所有字段，并按"积分"排序（降序）。

（4）修改表单 myform，将其中选项按钮组中的两个按钮的标题属性分别设置为"学生"和"教师"。

【答案】

（1）在命令窗口中输入：

```
use 积分
Copy to 积分2
```

（2）在"积分管理"数据库设计器中使用右键单击，选择"添加表"命令，双击考生文件夹下的"积分2"自由表。

（3）打开数据库"积分管理"设计器，单击主菜单上的"新建"图标，选择"新建视图"。将"积分"表添加到视图设计器中，在视图设计器中的"字段"选项卡中，将"可用字段"列表框中的字段全部添加到"选择字段"列表框中，如图所示。

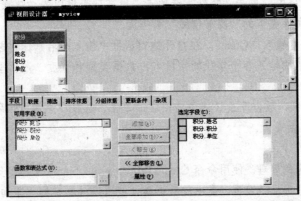

在"排序依据"选项卡中将"选择字段"列表框中的"积分"添加到"排序条件"中。

（4）在命令窗口中输入：Modify Form myform，打开表单设计器。使用右键单击选项按钮组控件，选择"编辑"命令。选择第一个按钮，在属性面板中设置其 Caption 为"学生"。用同样的方法设置第二个按钮的 Caption 为"教师"。

【解析】

将一个表的结构和记录拷贝到另一个表可在打开表之后使用 Copy to tablename 命令；修改表单中的容器型控件需使用右键单击控件，选择"编辑"命令后对其中的子控件进行属性设置。

★★★★★★★★★★★★★★★★★★★★★★★★★★★★★★★★★★★★★★★★★

## 第 78 题

（1）建立项目文件，文件名为"项目1"。

（2）将数据库"图书借阅"添加到项目中。

（3）建立自由表"newtable"（不要求输入数据），表结构为：

| 朋友姓名 | 字符型（8） |
|---|---|
| 电话 | 字符型（15） |
| 性别 | 逻辑型 |

（4）将考生文件夹下的自由表"newtable"添加到数据库"图书借阅"中。

**【答案】**

（1）在命令窗口中输入：Create Project 项目1，出现如图界面：

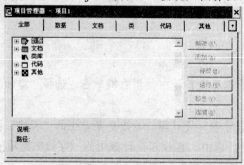

（2）在项目管理器中，单击"数据"选项卡，选择列表框中的"数据库"，单击"添加"命令按钮，双击考生文件夹下的"图书借阅"数据库。

（3）在命令窗口中输入：Create，在打开的对话框中输入表名和保存路径，单击"确定"进入表结构设计器。依次输入各个字段的字段名，数据类型和宽度。逻辑型数据类型具有固定的宽度。

（4）在"图书借阅"数据库设计器中使用右键单击，选择"添加表"命令，双击考生文件夹下的"newtable"自由表。

**【解析】**

本题考查项目数据的管理。使用命令 Create Project projectname 来新建一个新项目，同时打开项目设计器，在其中选择"数据"类中的数据库，使用设计器中的"添加"按钮添加数据库。新建表使用 Create 命令。

★★★★★★★★★★★★★★★★★★★★★★★★★★★★★★★★★★★★★★★★★★★

# 第 79 题

（1）将考生文件夹下的自由表"list"添加到数据库"数据库1"中。

（2）为表"list"增加字段"经手人"，类型和宽度为字符型（10）。

（3）设置字段经手人的默认值为"john"。

（4）为表"list"的字段"经手人"设置有效性规则，要求经手人不为空值，否则提示信息"输入经手人"。

**【答案】**

（1）在"数据库1"数据库设计器中使用右键单击，选择"添加表"命令，双击考生文件夹下的"list"自由表。

（2）在数据库设计器中，使用右键单击"list"数据表，选择"修改"菜单命令。在"字段"选项卡列表框内的最后插入一个新的字段。输入新的字段名为"经手人"，选择类型为"字符型"，宽度为"10"。

（3）选择"经手人"字段，在默认值框内输入"jhon"。

（4）选择"经手人"字段，在"字段有效性"设置区域内，输入"规则"文本框中的内容为"经手人!=.NULL"，在"信息"文本框中输入"输入经手人"。如图所示。

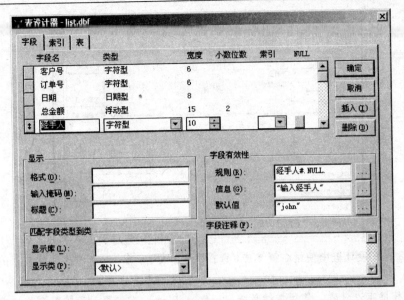

【解析】

往数据库中添加自由表可在数据库设计器中完成.在表结构设计器中完成添加表字段、设置表字段的默认值及设置表字段的有效性规则。打开表的情况下用命令 Modify Structure 可打开表结构设计器；在数据库设计器中也可通过使用右键单击"list"数据表选择"修改"菜单命令打开数据库表结构设计器。

★★★★★★★★★★★★★★★★★★★★★★★★★★★★★★★★★★★★★★★★★★★★

## 第 80 题

（1）从项目"项目1"中移去数据库"图书借阅"（只是移去，不是从磁盘上删除）。

（2）建立自由表"teacher"（不要求输入数据），表结构为：

| 教师号 | 字符型（6） |
|---|---|
| 公寓号 | 字符型（8） |
| 工资 | 货币型 |

（3）将考生文件夹下的自由表"teacher"添加到数据库"图书借阅"中。

（4）从数据库中永久性地删除数据库表"borrows"，并将其从磁盘上删除。

【答案】

（1）在项目管理器中，单击"数据"选项卡，选择列表框中的"数据库"，单击左边的"+"号展开数据库。选择"图书借阅"数据库，单击"移去"按钮，在弹出的对话框上选择"移去"按钮。

（2）在命令窗口中输入：Create，在打开的对话框中输入表名和保存路径，单击"确定"按钮进入表结构设计器。依次输入各个字段的字段名，数据类型和宽度。货币数据类型具有固定的宽度。如图所示。

65

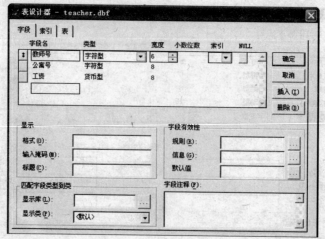

（3）在数据库设计器中使用右键单击，选择"添加表"命令，双击考生文件夹下的"teacher"自由表。

（4）在数据库设计器，使用右键单击"borrows"表，在选择"删除"命令。在弹出的对话框上选择"删除"按钮。

**【解析】**

本题考查了数据库数据的管理。新建表使用命令 Create。在数据库设计器里，使用右键单击选择"添加"可添加自由表到数据库。删除表与移出表的区别是：当删除表时，所删除的表将从磁盘上消失，而移出表只是取消了表与数据库之间的联系，使表成为自由表，并不真正从磁盘上将其删除。

★★★★★★★★★★★★★★★★★★★★★★★★★★★★★★★★★★★★★★★★★

## 第 81 题

（1）建立项目文件，文件名为 myproject。

（2）将数据库"salarys"添加到项目中。

（3）对数据库下的表"工资"，使用视图向导建立视图"视图1"，要求显示出表中"部门号"为 1 的记录中的所有字段。

（4）建立简单的菜单 mymenu，要求有 2 个菜单项："开始"和"结束"。其中单击"结束"菜单项将使用 Set SysMenu to Default 命令返回到系统菜单。

**【答案】**

（1）在命令窗口中输入：Create Project myproject。

（2）在项目管理器中，单击"数据"选项卡，选择列表框中的"数据库"，单击"添加"命令按钮，双击考生文件夹下的 salarys 数据库。

（3）打开数据库设计器，单击主菜单上的"新建"图标，选择"新建视图"。将"工资"表添加到视图设计器中，在视图设计器中的"字段"选项卡中，将"可用字段"列表框中的字段全部添加到"选择字段"列表框中。在"筛选"选项卡中将筛选条件设定为"部门="01""。如图所示。

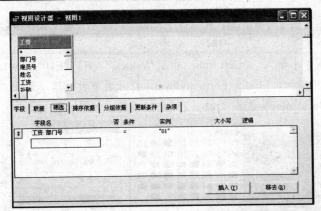

（4）在命令窗口中输入命令：Create Menu mymenu，单击"菜单"图标按钮。按题目要求输入主菜单名称"开始"和"结束"。在"结束"菜单项的"结果"下拉列表中选择"命令"。在命令编辑框中输入：Set SysMenu to Default。单击菜单命令"菜单" → "生成"。菜单界面如图所示。

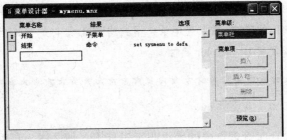

**【解析】**

在建立项目的同时打开项目设计器，数据库的添加在项目管理器中完成。菜单的建立在菜单设计器中完成，需要注意的是菜单项中"结果"下拉列表中各个选项的区别，本题中应该选择的菜单结果是"命令"。使用视图向导建立视图只需按照向导的提示一步步操作完成题目中的设置即可。

★★★★★★★★★★★★★★★★★★★★★★★★★★★★★★★★★★★★★★★★★★★

## 第82题

（1）将考生文件夹下的自由表"yuangong"添加到数据库"仓库管理"中。

（2）对数据库下的表"职工"，使用视图向导建立视图"view1"，要求显示出表中的全部记录的所有字段，并按"工资"排序（降序）。

（3）在"职工"表中插入一条记录("WH3","E10",1550)。

（4）修改表单"myform"，将其改为背景色改为"红色"。

**【答案】**

（1）在"仓库管理"数据库设计器中右击，选择"添加表"命令，双击考生文件夹下的"yuangong"自由表。

（2）打开数据库设计器，单击主菜单上的"新建"图标，选择"新建视图"。将"职工"表添加到视图设计器中，在视图设计器中的"字段"选项卡中，将"可用字段"列表框中的字段全部添加到"选择字段"列表框中。在"排序依据"选项卡中将"选择字段"列表框中的"工资"添加到"排序条件"中,按降序排序。如图所示。

（3）在命令窗口中输入: Insert Into 职工 Values("WH3","E10",1550)。

（4）命令窗口中输入: Modify Form myform,打开表单设计器。选择"表单"控件,在其属性窗口中,将"BackColor"改为"rgb（255,0,0）"。如图所示。

【解析】

在数据库设计器中添加自由表。建立后的视图只能在数据库设计器中看到,按照视图设计向导的提示即可完成视图的建立。插入表记录使用到的 SQL 语句是 Insert Into tablename value()。表单背景色的修改是修改其 BackColor 属性。

☆☆☆☆☆☆☆☆☆☆☆☆☆☆☆☆☆☆☆☆☆☆☆☆☆☆☆☆☆☆☆☆☆☆☆☆☆☆

## 第 83 题

（1）将数据库"仓库管理"中的表"职工"移出,使之成为自由表。

（2）为表"仓库"增加字段"高度",类型和宽度为数值型（4,2）。

（3）设置表"仓库"的字段"高度"的默认值为"10"。

（4）为表"仓库"插入一条记录（"WH11","河南",610,10.0）。

【答案】

（1）打开数据库设计器,右击"职工"表,选择"移去"命令。在弹出的对话框上选择"移去"按钮。

（2）在数据库设计器中,右击"仓库"数据表,选择"修改"命令。在"字段"选项卡列表框内的最后插入一个新的字段。输入新的字段名为"高度",选择类型为"数值型",宽度为4,小数位数为2。

（3）选择"高度"字段,在默认值框内输入"10"。如图所示。

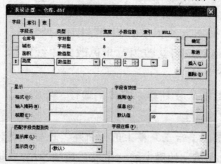

（4）在命令窗口中输入：Insert Into 仓库 Values("WH11","河南",610)。

**【解析】**

本题考查数据库表的操作，包括数据表的移出和数据表结构的修改和表内容的插入。在使用 SQL 语句插入表记录时，要注意有默认值的字段不需要为它在输入值。如（4）中的"高度"字段，不需要为它再输入值。

★★★★★★★★★★★★★★★★★★★★★★★★★★★★★★★★★★★★★★★★★★★

## 第 84 题

（1）建立项目文件，文件名为项目 1。

（2）将数据库"员工管理"添加到项目中。

（3）建立自由表"zhuanji"（不要求输入数据），表结构为：

| 专辑名称 | 字符型（30） |
|---|---|
| 歌手 | 字符型（16） |
| 曲目数 | 整型 |
| 价格 | 货币型 |

（4）建立简单的菜单 mymenu，要求有 2 个菜单项："计算"和"关闭"。其中"计算"菜单项有子菜单"统计"和"分组"。选择"关闭"菜单项返回到系统菜单。

**【答案】**

（1）在命令窗口中输入：Create Project 项目 1。

（2）在项目管理器中，单击"数据"选项卡，选择列表框中的"数据库"，单击"添加"命令按钮，在系统弹出"打开"对话框中，双击考生文件夹下的"员工管理"数据库。

（3）在命令窗口中输入：Create，输入表名和保存路径，单击"确定"按钮进入表结构设计器。依次输入每个字段的字段名，数据类型和宽度。货币类型和整型数据类型具有固定的宽度。如图所示。

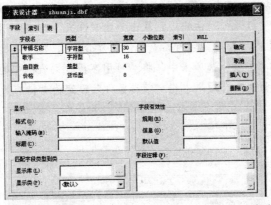

（4）在命令窗口中输入：命令：Create Menu mymenu，单击"菜单"图标按钮。按题目要求输入主菜单名称"计算"和"关闭"。在"关闭"菜单项的结果下拉列表中选择"命令"，在命令编辑框中输入：Set SysMenu to Default 。在"计算"菜单项的结果下拉列表中选择"子菜单"。单击"创建"按钮，输入两个子菜单项"统计"和"分组"。单击菜单命令"菜单"→"生成"。菜单界面如图所示。

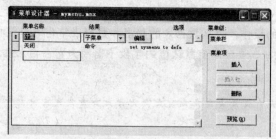

**【解析】**

新建项目可以通过菜单命令、工具栏按钮或直接输入命令 Create Project projectname 来建立，创建项目后打开项目管理器。数据库的添加可在项目管理器中完成，表的建立可以在命令窗口中输入：Create 表名称，根据题目要求设定表结构即可。菜单的建立在菜单设计器中完成，需要注意的是菜单项"结果"列中的各个选项的区别。

☆☆☆☆☆☆☆☆☆☆☆☆☆☆☆☆☆☆☆☆☆☆☆☆☆☆☆☆☆☆☆☆☆☆☆☆☆☆

## 第 85 题

（1）建立项目文件，文件名为 proj。

（2）将数据库"share"添加到项目中。

（3）对数据库"share"下的表"数量"，使用查询向导建立查询"myquery"，要求查询出表"数量"的"持有数量"字段值在 2500 以上的记录。并按"持有数量"排序（升序）。

（4）用 Select 语句查询表股票中的汉语拼音以"p"开头的记录，将使用的 SQL 语句保存在 mytxt.txt 中。

**【答案】**

（1）在命令窗口中输入：Create Project proj。

（2）在项目管理器中，单击"数据"选项卡，选择列表框中的"数据库"，单击"添加"命令按钮，在系统弹出"打开"对话框中，双击考生文件夹下的 share 数据库。

（3）单击主菜单上的"新建"图标，选择"新建查询"。将"数量"表添加到查询设计器中，在视图设计器中的"字段"选项卡中，将"可用字段"列表框中的字段全部添加到"选择字段"列表框中。在"筛选"选项卡中将"筛选条件"设定为"持有数量>2500"。如图所示。

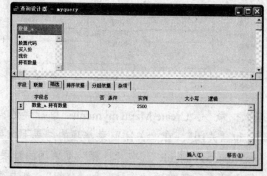

单击"排序依据"选项卡，将列表框中的"持有数量"添加到排序条件中，按"升序"排

序 保存查询，立件名取为 myquery。

（4）在命令窗口中输入：Select * From 股票 Where left(汉语拼音,1)="p"。

**【解析】**

使用查询向导建立查询只需按照向导的提示一步步操作完成题目中的设置即可。判断汉语拼音的是否以 p 开头可使用 left(汉语拼音,1)="p"来判断。

★★★★★★★★★★★★★★★★★★★★★★★★★★★★★★★★★★★★★★

# 第 86 题

（1）将考生文件夹下的自由表"zhiban"添加到数据库"student"中。

（2）建立表"宿舍"和表"学生"之间的关联（两表的索引已经建立）。

（3）为（3）中建立的关联完整性约束，要求：更新规则为"级联"，删除规则为"忽略"，插入规则为"限制"。

（4）修改表单"表单 1"，为其添加一个标签控件，并修改标签的标题为"我是一个标签"。

**【答案】**

（1）在"student"数据库设计器中右击，选择"添加表"命令，双击考生文件夹下的"zhiban"自由表。

（2）在数据库设计器中，将"宿舍"表中"宿舍"主索引字段拖到"学生"表中"宿舍"索引字段上。

（3）在数据库设计器中，单击菜单命令"数据库"→"清理数据库"，右击表"宿舍"和"学生"之间的关系线，选择"编辑参照性关系"，根据题意，在相应的选项卡中逐个设置参照规则。如图所示。

（4）命令窗口中输入：Modify Form 表单 1，打开表单设计器。单击表单工具栏上的标签图标，在表单上添加一个标签按钮。选择该控件，在属性窗口中将"Caption"属性改为"我是一个标签"。如图所示。

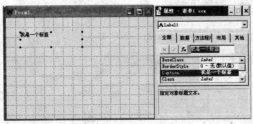

**【解析】**

打开数据库设计器，右击，选择"添加表"命令可往数据库中添加新表。设置表关联的参照性完整性之前要先清理数据库，方法是选择菜单命令"数据库"→"清理数据库"。修改表单属性在属性面板里进行。

★★★★★★★★★★★★★★★★★★★★★★★★★★★★★★★★★★★★★★★

## 第87题

（1）将考生文件夹下的自由表"宿舍"添加到数据库"student"中。

（2）为数据库中的表"宿舍"建立主索引，索引名称和索引表达式均为"宿舍"。

（3）建立表"宿舍"和表"学生"之间的关联。

（4）为（3）中建立的关联设置完整性约束，要求：更新规则为"极联"，删除规则为"级联"，插入规则为"限制"。

**【答案】**

（1）在"student"数据库设计器中右击，选择"添加表"命令，双击考生文件夹下的"宿舍"自由表。

（2）在数据库设计器中右击数据库表"宿舍"，选择"修改"命令；单击"索引"选项卡，将字段索引名修改为"宿舍"，在"索引"下拉框中选择索引类型为"主索引"，将"字段表达式"修改为"宿舍"，单击"确定"按钮。如图所示。

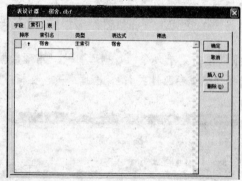

（3）在数据库设计器中，将"宿舍"表中"宿舍"主索引字段拖到"学生"表中"宿舍"索引字段上。

（4）在数据库设计器中，单击菜单命令"数据库"→"清理数据库"，右击"宿舍"表和"学生"表之间的关系线，选择"编辑参照性关系"，根据题意，在相应的选项卡中逐个设置参照规则。如图所示。

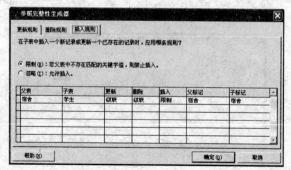

**【解析】**

为表建立索引要注意建立的是哪一类索引，因为不同的索引对表记录的要求是不同的，主索引要求建立主索引的字段值必须唯一；还要注意建立的索引名和建立索引的表达式的不同。建立索引的一个简单的方法是在表结构设计器中进行。

在数据库设计器中为两个表建立关联，建立关联的两表要都建立了索引。在数据库设计器中设置两表之间的关联，只要将一个表中的索引标记拖动到另一个表中的索引标记上即可。

★★★★★★★★★★★★★★★★★★★★★★★★★★★★★★★★★★★★★

## 第 88 题

（1）建立项目文件，文件名为"项目1"。

（2）在项目"项目1"中建立数据库，文件名为 mydb。

（3）对数据库"医院管理"中的表"处方"使用表单向导建立一个简单的表单 myform，要求表单样式为"阴影式"，按钮类型为"图片按钮"，排序字段为""处方号""；设置表单标题为"处方查看"。

（4）把表单"myform"添加到项目"项目1"中。

**【答案】**

（1）在命令窗口中输入：Create Project 项目1.

（2）在项目管理器中，单击"数据"选项卡，选择列表框中的"数据库"，单击"新建"命令按钮并选择"新建数据库"按钮。输入数据库名 mydb，选择路径单击"保存"。

（3）单击"开始"→"新建"→"表单"→"向导"→"表单向导"；单击"数据库和表"下拉式列表，选择考生目录下的"处方"表，并选择全部字段；单击"下一步"按钮，将表单样式设置为"阴影式"，按钮类型为"图片按钮"，如图所示。

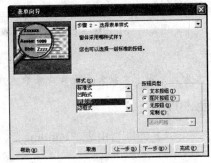

单击"下一步"按钮，排序字段选择"处方号"；设置表单标题为"处方查看"，以 myform 为文件名保存表单。

（4）在项目管理器中，单击"文档"选项卡，选择列表框中的"表单"，单击"添加"命令按钮，双击考生文件夹下的"myform"表单，将其添加到项目管理器中。

**【解析】**

表单向导建立表单只需按照向导的提示一步步操作完成题目中的设置即可。新建项目后将打开项目管理器，可在项目管理器中将表单添加到项目中。

★★★★★★★★★★★★★★★★★★★★★★★★★★★★★★★★★★★★★

## 第 89 题

（1）将考生文件夹下的自由表"books"添加到数据库"书籍"中。

（2）为数据库"书籍"中的表"authors"建立主索引，索引名称为"作者"，索引表达式为"作者编号"。

（3）为数据库中的表"books"建立普通索引，索引名称为"作者"，索引表达式为"作者编号"。

（4）设置表"books"的字段页数可以为空值。

**【答案】**

（1）在"书籍"数据库设计器中右击，选择"添加表"命令，双击考生文件夹下的"books"自由表。

（2）在数据库设计器中右击数据库表"authors"，选择"修改"命令；单击"索引"选项卡，将字段索引名修改为"作者"，在"索引"下拉框中选择索引类型为"主索引"，将"字段表达式"修改为"作者编号"，单击"确定"按钮。

（3）在数据库设计器中右击数据库表"books"，选择"修改"命令；单击"索引"选项卡，将字段索引名修改为"作者"，在"索引"下拉框中选择索引类型为"普通索引"，将"字段表达式"修改为"作者编号"，单击"确定"按钮。

（4）在数据库设计器中，右击"books"表，选择"修改"命令。选择"页数"字段，单击"null"按钮使其选中，如图所示。

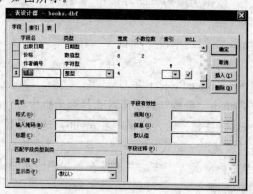

**【解析】**

使用命令 Modify Structure 打开表结构设计器，在其中为表建立索引，并设置表字段取值是否为空。

★★★★★★★★★★★★★★★★★★★★★★★★★★★★★★★★★★★★★★★★★★★★

## 第 90 题

（1）建立自由表"building"（不要求输入数据），表结构为：

| 大楼编号 | 字符型（8） |
|---|---|
| 楼层数 | 整型 |
| 均价 | 货币型 |

（2）用 Insert 语句为表"building"插入一条记录（0001，8，3000），将使用的 SQL 语句保存到 mytxt.txt 中。

（3）对表"building"使用表单向导建立一个简单的表单 myform，要求表单样式为"边框式"，按钮类型为"文本按钮"，排序字段为"大楼编号"；设置表单标题为"楼房简介"。

（1）把表单"myform"添加到项目"myproj"中。

**【答案】**

（1）在命令窗口中输入：Create，输入表名和保存路径，单击"确定"按钮进入表结构设计器。按照题目要求依次输入各个字段的字段名，数据类型和宽度。某些数据类型具有固定的宽度。如图所示。

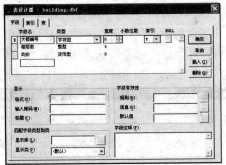

（2）在命令窗口中输入：Insert Into building Values("0001",8,3000)。

（3）单击"开始" → "新建" → "表单" → "向导" → "表单向导"；单击"数据库和表"右下边的按钮，选择考生目录下的"building"表，选择全部字段；单击"下一步"按钮，表单样式设置为"边框"，按钮类型为"文本按钮"，单击"下一步"按钮，排序字段选择"大楼编号"；设置表单标题为"楼房简介"。以 myform 为文件名保存表单。

（4）在项目管理器中，单击"文档"选项卡，选择列表框中的"表单"，单击"添加"命令按钮，双击考生文件夹下的"myform"表单。

**【解析】**

表的建立可以在命令窗口中输入：Create，根据题目要求设定表结构即可。使用 SQL 的表记录的插入操作功能，一般的语句格式为：Insert Into tablename [(fieldname1 [,fieldname2,…])] Values (eExpression[,eExpression2,…])。使用表单向导建立表单只需按照向导的提示一步步操作完成题目中的设置即可。可在项目设计器中将表单添加到项目中。

★★★★★★★★★★★★★★★★★★★★★★★★★★★★★★★★★★★★★★★★★★★★★

## 第 91 题

（1）将数据库"图书借阅"添加到项目"myproj"中。

（2）为数据库"图书借阅"中的表"book"建立主索引，索引名称和索引表达式均为"图书登记号"；为表"loans"建立普通索引，索引名称为"bn"，索引表达式为"图书登记号"。

（3）建立表"book"和表"loans"之间的关联。

（4）对数据库下的表"borrows"，使用视图向导建立视图"myview"，要求显示出表中的全部记录，并按"系名"升序排序，同一系的按"借书证号"升序排序。

**【答案】**

（1）在项目管理器中，单击"数据"选项卡，选择列表框中的"数据库"，单击"添加"命令按钮，双击考生文件夹下的"图书借阅"数据库。

（2）在数据库设计器中右击数据库表"book"，选择"修改"命令；单击"索引"选项卡，将字段索引名修改为"图书登记号"，在"索引"下拉框中选择索引类型为"主索引"，将"字段表达式"修改为"图书登记号"，单击"确定"按钮。用同样的方法为 loans 表建立普通索引。

（3）在数据库设计器中，将"book"表中"图书借阅"主索引字段拖到"loans"表中"bn"索引字段上。

（4）打开数据库，单击主菜单上的"新建"图标，选择"新建视图"。将 borrows 表添加到视图设计器中，在视图设计器中的"字段"选项卡中，将"可用字段"列表框中的字段全部添加到"选择字段"列表框中，在"排序依据"选项卡中将"选择字段"列表框中的"系名"和"借书证号"添加到"排序条件"中。如图所示。

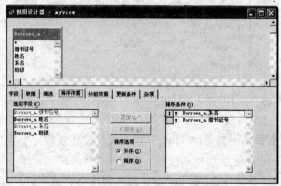

【解析】

本题考查的是项目元素的添加及项目数据的管理。数据库的添加在项目管理器中完成.为表建立索引要注意建立的是哪一类索引，因为不同的索引对表记录的要求是不同的，主索引要求建立主索引的字段值必须唯一；还要注意建立的索引名和建立索引的表达式的不同。建立索引的一个简单的方法是在表结构设计器中进行。

在数据库设计器中为两个表建立关联，则建立关联的两表都需要建立了索引。使用视图向导建立视图只需按照向导的提示一步步操作完成题目中的设置即可。

★★★★★★★★★★★★★★★★★★★★★★★★★★★★★★★★★★★★★★★★★★★★

## 第 92 题

（1）建立自由表"天气预报"（不要求输入数据），表结构为：

| 日期 | 日期型 |
|------|--------|
| 城市 | 字符型（20） |
| 最高温度 | 整型 |
| 最低温度 | 整型 |

（2）将表"kehu"的记录拷贝到表"kehu2"中。

（3）用 select 语句查询表"kehu"中的"所在地"在"上海"的记录，将查询结果保存在表 newtable 中。

（4）对表"kehu"使用表单向导建立一个简单的表单，要求样式为"石墙式"，按钮类型为"图片按钮"，标题为"客户"。

**【答案】**

（1）在命令窗口中输入：Create，输入表名和保存路径，单击"确定"按钮进入表结构设计器。依次输入各个字段的字段名，数据类型和宽度。日期和整型数据类型具有固定的宽度。

（2）在命令窗口中输入：

```
Use kehu2
Append From kehu
```

（3）使用到的 SQL 语句为：

```
Select * From kehu Where 所在地="上海" Into Table newtable
```

（4）单击"开始"→"新建"→"表单"→"向导"→"表单向导"；单击"数据库和表"右下边的按钮，选择考生目录下的 kehu 表，选择全部字段，如图所示。

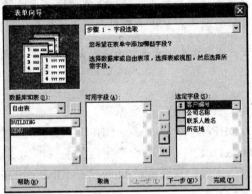

单击"下一步"按钮，表单样式设置为"石墙式"，按钮类型为"图片按钮"；设置表单标题为"客户"。

**【解析】**

表的建立可以在命令窗口中输入：Create，根据题目要求设定表结构即可。表记录的大批量拷贝使用 Append From 命令从某个表处添加记录，但前提条件是该表已经存在，否则应使用 Copy to 或 Select * From tablename1 Into Table tablename2 命令。使用表单向导建立表单只需按照向导的提示一步步操作完成题目中的要求即可。

★★★★★★★★★★★★★★★★★★★★★★★★★★★★★★★★★★★★★★★★★★★

## 第 93 题

（1）建立数据库 BOOKAUTH.DBC，把表 BOOKS.DBF 和 AUTHORS.DBF 添加到该数据库。

（2）为 AUTHORS 表建立主索引，索引名 PK，索引表达式"作者编号"。

（3）为 BOOKS 表分别建立两个普通索引，其一索引名为"RK"，索引表达式为"图书编号"；其二索引名和索引表达式均为"作者编号"。

（4）建立 AUTHORS 表和 BOOKS 表之间的联系。

**【答案】**

（1）在命令窗口中输入：Create Database bookauth，建立数据库，同时打开数据库设计器。右击选择"添加表"命令，双击考生文件夹下的自由表 BOOKS.DBF 和 AUTHORS.DBF。

（2）在数据库设计器中右击数据库表 authors，选择"修改"命令；单击"索引"选项卡，将字段索引名修改为"pk",在"索引"下拉框中选择索引类型为"主索引",将"字段表达式"修改为"作者编号",单击"确定"按钮。

（3）用与（2）中相同的方法为表 books 建立两个普通索引。

（4）将 authors 表中"作者编号"主索引字段拖到 books 表中"作者编号"索引字段上。如图所示。

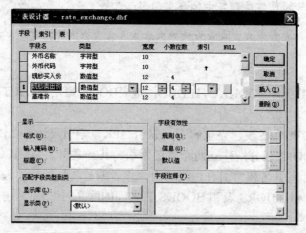

**【解析】**

本题考查数据库和自由表间的关系,及字段索引的建立。使用命令 Create database 建立数据库,同时打开数据库设计器,添加数据表和建立表间关联可在数据库设计器中完成。右击表选择修改命令,打开表结构设计器,在其中的索引选项卡上完成字段索引的设计。

★★★★★★★★★★★★★★★★★★★★★★★★★★★★★★★★★★★★★★★★★★★★

## 第 94 题

（1）建立一个名称为"外汇管理"的数据库。

（2）将表 currency_sl.DBF 和 rate_exchange.DBF 添加到新建立的数据库中。

（3）将表 rate_exchange.DBF 中"买出价"字段的名称改为"现钞卖出价"。

（4）通过"外币代码"字段建立表 rate_exchange.DBF 和 currency_sl.DBF 之间的一对多永久联系（相关索引需先建立）。

**【答案】**

（1）在命令窗口中输入：Create Database 外汇管理,新建数据库并打开数据库设计器。

（2）在（1）中打开的数据库设计器中右击,选择"添加表"命令,双击考生文件夹下的自由表 currency_sl.DBF 和 rate_exchange.DBF。

（3）右击数据库表 rate_exchange,选择"修改"命令;选择"买出价"字段,修改其字段名为"现钞卖出价"。如图所示。

（4）右击数据库表 rate_exchange,选择"修改"命令;单击"索引"选项卡,将字段索引名修改为"外币代码",在"索引"下拉框中选择索引类型为"主索引",将"字段表达式"

修改为"外币代码",单击"确定"按钮。用同样的方法为表 currency_sl 建立一个普通索引,索引名和索引字段均为外币代码。将 rate_exchange 表中"外币代码"主索引字段拖到 currency_sl 表中"外币代码"索引字段上。

**【解析】**

(1)使用命令 Create database 建立数据库,同时打开数据库设计器。在数据库设计器中添加自由表并打开表结构设计器修改表字段名。为表建立联系前需先为 rate_exchange 建立外币代码字段上的主索引,为表 currency_sl 建立外币代码字段上的普通索引。

★★★★★★★★★★★★★★★★★★★★★★★★★★★★★★★★★★★★★★★★★★★★★

## 第 95 题

(1)创建项目"问题大全",并将考生文件夹下的"测试.prg"加入到该项目中。

(2)将考生文件夹下的"test.dbf"作为自由表添加到"问题大全"项目中。

(3)为表"test.dbf"创建唯一索引,索引名为"NO",索引表达式为"问题编号"。

(4)将"日期"统一替换为"2007年5月1日"。

**【答案】**

(1)选择"新建"→"项目"→"新建文件",在出现的"创建"对话框中,输入项目文件名称"问题大全",选择"保存",然后在项目文件窗口的"全部"选项卡中,选择"代码"→"程序"→"添加",将"测试.prg"添加到项目中。

(2)在打开的项目文件窗口中,选择"数据"→"自由表"→"添加",将"test.dbf"添加到项目中。

(3)选择"test.dbf",选择"修改"按钮,在"表设计器"的"索引"选项卡下,将"索引名"命名为"NO","类型"选择"唯一索引","表达式"为"问题编号",选择"确定"。

(4)在命令行输入"Replace all 日期 with {^2007.05.01}",将所有日期替换为"2007 年 5 月 1 日"。

**【解析】**

在项目文件中,也可以添加程序、自由表,方法同添加数据库的方法类似,只是在项目文件中的分类不同而已;在表设计器中可以创建表的索引;Replace 命令也可以很方便地替换数据表中的内容,但前提是首先要打开要进行替换的数据表。

★★★★★★★★★★★★★★★★★★★★★★★★★★★★★★★★★★★★★★★★★★★★★

## 第 96 题

(1)新建一个名为"学生管理"的项目文件。

(2)将"学生"数据库加入到新建的项目文件中。

(3)将"教师"表从"学生"数据库中移出,使其成为自由表。

(4)通过"学号"字段为"学生"和"选课"表建立永久联系(有关索引已经建立)。

**【答案】**

(1)在命令窗口中输入: Create Project 学生管理。

(2)在项目管理器中,单击"数据"选项卡,选择列表框中的"数据库",单击"添加"

命令按钮，双击考生文件夹下的"学生"数据库。

（3）打开数据库设计器，右击"教师"表，选择"移去"命令。在弹出的对话框上选择"移去"按钮。

（4）在数据库设计器中，将"学生"表中的"学号"主索引字段拖到"选课"表中"学号"索引字段上。操作结果如图所示。

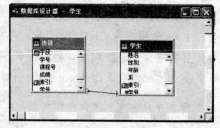

**【解析】**

本题考查了通过项目管理器来完成一些数据库及数据库表的基本操作。新建项目后将打开项目管理器，数据库的添加及数据库表的移出，可以通过项目管理器中的命令按钮，打开相应的设计器进行操作，建立表间的关联，在数据库设计器中完成。

✫✫✫✫✫✫✫✫✫✫✫✫✫✫✫✫✫✫✫✫✫✫✫✫✫✫✫✫✫✫✫✫✫✫✫✫

### 第 97 题

（1）为"雇员"表增加一个字段名为EMAIL、数据类型为"字符型"、宽度为"20"的字段。

（2）设置"雇员"表中"性别"字段的有效性规则，性别取"男"或"女"，默认值为"女"。

（3）在"雇员"表中，将所有记录的EMAIL字段值使用"部门号"的字段值加上"雇员号"的字段值再加上"@xxxx.com.cn"进行替换。

（4）通过"部门号"字段建立"雇员"表和"部门"表间的永久联系。

**【答案】**

（1）在数据库设计器中，右击"雇员"数据表，选择"修改"命令。在"字段"选项卡列表框内的最后插入一个新的字段。输入新的字段名为 EMAIL，选择类型为"字符型"，宽度为"20"。

（2）选择"性别"字段，在"字段有效性"设置区域内，输入"规则"文本框中的内容为"性别="男".OR.性别="女""，在"默认值"文本框中输入""女""，如图所示。

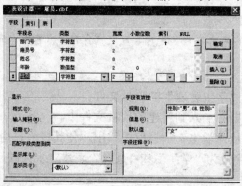

（3）在命令窗口中输入：Update 雇员 Set EMAIL=部门号+雇员号+"@xxxx.com.cn"。

（4）将"部门"表中"部门号"主索引字段拖到"雇员"表中"部门号"索引字段上，两表就建立了永久性联系。

【解析】

在表结构设计器中为表添加字段和设置字段的有效性,在数据库设计器中为建立了关联的表建立联系。第(3)小题使用 SQL 的 update 语句完成。

★★★★★★★★★★★★★★★★★★★★★★★★★★★★★★★★★★★★★★★★★★

## 第 98 题

(1)在考生文件夹下建立项目MARKET。

(2)在项目MARKET中建立数据库PROD_M。

(3)把考生文件夹中自由表CATEGORY和PRODUCTS加入到PROD_M数据库中。

(4)为CATEGORY表建立主索引,索引名为primarykey,索引表达式为"分类编码";为PRODUCTS表建立普通索引,索引名为regularkey,索引表达式为"分类编码"。

【答案】

(1)在命令窗口中输入: Create Project MARKET。

(2)在项目管理器中,单击"数据"选项卡,选择列表框中的"数据库",单击选项卡新建命令按钮并选择"新建数据库"按钮。输入数据库名 PROD_M,选择路径单击"保存"。

(3)在数据库设计器中右击,选择"添加表"命令,双击考生文件夹下的自由表 CATEGORY 和 PRODUCTS 自由表。

(4)右击数据库表 CATEGORY,选择"修改"命令;单击"索引"选项卡,将字段索引名修改为"primarykey",在"索引"下拉框中选择索引类型为"主索引",将"字段表达式"修改为"分类编码",单击"确定"按钮。用同样的方法为 PRODUCTS 表建立普通索引。如图所示。

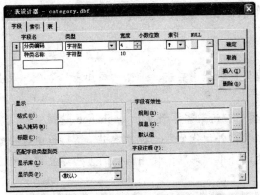

【解析】

本题考查项目数据的管理,使用命令 Create project 建立项目,同时打开项目管理器,在其中建立数据库。在项目设计器中选择数据库,单击"修改"按钮,进入数据库设计器,在其中添加自由表。索引的建立在表结构设计器中完成。

★★★★★★★★★★★★★★★★★★★★★★★★★★★★★★★★★★★★★★★★★★

## 第 99 题

(1)用SQL INSERT语句插入记录("p7","PN7",1020)到"零件信息"表。

（2）用SQL DELETE语句从"零件信息"表中删除"单价"小于600的所有记录。

（3）用SQL UPDATE语句将"零件信息"表中零件号为p4的零件的单价更改为1090。

（4）打开菜单文件mymenu.mnx，生成可执行的菜单程序mymenu.mpr。

将（1）（2）（3）中使用的SQL语句保存到mytxt.txt中。

**【答案】**

（1）Insert Into 零件信息 Values("p7","PN7",1020)。

（2）Delete From 零件信息 Where 单价<600。

（3）Update 零件信息 Set 单价=1090 Where 零件号="p4"。

（4）打开菜单文件，选择"菜单"→"生成"，单击"确定"按钮生成可执行文件。

**【解析】**

本题考查SQL语句的使用，包括数据的插入、删除和更新。正确掌握 insert、delete 和 update 语句的语法结构和关键字是做此题的关键。由菜单文件生成可执行文件，需要先打开菜单文件，单击主菜单"菜单"→"生成"。

★★★★★★★★★★★★★★★★★★★★★★★★★★★★★★★★★★★★★★★★★★★★

## 第 100 题

（1）将自由表rate_exchange和currency_sl添加到rate数据库中。

（2）为表rate_exchange建立一个主索引，为表currency_sl建立一个普通索引(升序)，两个索引的索引名和索引表达式均为"外币代码"。

（3）为表currency_sl设定有效性规则："持有数量<>0"，错误提示信息是"持有数量不能为0"。

（4）打开表单文件myform，修改"登录"命令按钮的有关属性，使其在运行时可以使用。

**【答案】**

（1）在"rate"数据库设计器中右击，选择"添加表"命令，双击考生文件夹下的自由表rate_exchange 和 currency_sl。

（2）在数据库设计器中右击数据库表 rate_exchange 选择"修改"命令；单击"索引"选项卡，将字段索引名修改为"外币代码"，在"索引"下拉框中选择索引类型为"主索引"，将"字段表达式"修改为"外币代码"；使用同样的方法建立建立普通索引，单击"确定"按钮。如图所示。

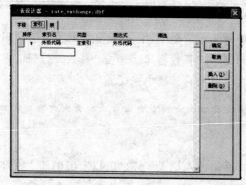

（3）在数据库设计器中，右击 currency_sl 表，选择"修改"命令 选择"持有数量"字段，在"字段有效性"设置区域内，输入"规则"文本框中的内容为"持有数量<>0"，在"信息"文本框中输入""持有数量不能为 0""。

（4）命令窗口中输入：Modify Form myform，打开表单设计器。选择"登陆"命令按钮，在属性窗口内将其"Enabled"属性改为"真"。如图所示。

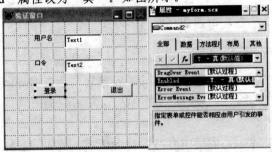

**【解析】**

本题考查数据库以数据库表的一些基本操作。添加数据库表在数据库设计器中完成，右击表选择修改命令，打开表结构设计器，在其中的索引选项卡上完成字段索引的设计，在字段选项卡上选择要设置规则的字段，在规则区域内设置字段规则。表单控件是否可用的控制属性为enabled。

# 第二部分 简单应用题

简单应用题有 2 小题，每题 20 分，计 40 分。

## 第 1 题

（1）根据考生文件夹下的 txl 表和 jsh 表建立一个查询 query2，查询出单位是"南京大学"的所有教师的"姓名"、"职称"、"电话"，要求查询去向是"表"，表名是 query2.dbf，并执行该查询。

（2）建立表单 enterf，表单中有两个命令按钮，按钮的名称分别为 cmdin 和 cmdout，标题分别为"进入"和"退出"。

**【答案】**

第一小题按如下步骤进行操作：

（1）选择 Visual FoxPro 主窗口中的"文件"→"新建"菜单，在"新建文件"对话框中选择"查询"选项，并且单击"新建文件"按钮。

（2）在弹出的"添加表或视图"对话框中，将表 txl 和 jsh 添加到查询设计器中。

注意：由于两个表都为自由表，所以在添加完成第一个表后，单击"其他"按钮继续添加另一个表。

（3）在弹出的"联接条件"对话框中单击"确定"按钮为两表之间建立联接。

（4）在查询设计器中的"字段"选项卡中，将"可用字段"列表框中题目要求的字段全部添加到"选定字段"列表框中。

（5）选择 Visual FoxPro 窗口中"查询"→"查询去向"菜单命令，选择"表"按钮，输入表名 query2，如图所示。

（6）完成查询设计，将查询以"query2"为文件名保存。

第二小题按如下步骤进行操作：

（1）在命令窗口中输入：Create Form enterf，新建表单并打开表单设计器。

（2）单击表单控件工具栏上的"命令"按钮图标，在表单上添加两个命令按钮。

（3）选中第一个命令按钮，在属性窗口里设置其 Name 属性为"cmdin"，其 Caption 属性为"进入"。用同样的方法设置第二个命令按钮的 Name 属性和 Caption 属性。

（4）保存表单。

表单运行结果如图所示。

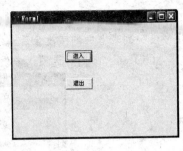

**【解析】**

第一小题考查使用查询设计器设计查询的步骤及在两个表之间建立查询时联接方法，在查询设计器中按各个选项卡的提示对题目中的要求一步步设置即可，但需要注意的是，进行多表查询时，查询设计器自动选择两个表中具有相同名称及类型的字段做为联接字段，在本题就是两个表共有的"姓名"字段。

如果两表之间有多个相同名称及类型的字段（或没有相同名称的字段），用户可以在"联接条件"对话框中，在两个表之间的字段中进行选择，如图所示。

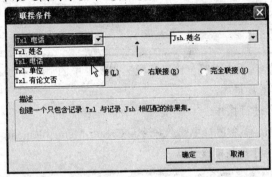

如果在表添加完成后，没有出现"联接条件"对话框，则可以单击"查询设计器"工具栏中的"添加联接"按钮打开该对话框。

第二小题考查表单的建立和控件属性的设置。在 Visual FoxPro 命令窗口中使用 Create Form Formname 来新建表单，同时打开表单设计器。选中要修改属性的表单，在属性窗口里选择要修改的属性，在属性编辑框里输入属性值。

## 第 2 题

（1）在考生文件夹下建立数据库 sc2，将考生文件夹下的白由表 score2 添加进 sc2 中。根据 score2 表建立一个视图 score_view，视图中包含的字段与 score2 表相同，但视图中只能查询到"积分"小于等于 1500 的信息。利用新建立的视图查询视图中的全部信息，并将结果按"积分"升序存入表 v2。

（2）建立一个菜单 filemenu，包括两个菜单项"文件"和"帮助"，选择"文件"将激活子菜单，该子菜单包括"打开"、"存为"和"关闭"三个菜单项；"关闭"子菜单项用 Set Sysmenu To Default 命令返回到系统菜单，其他菜单项的功能不做要求。

**【答案】**

第一小题按如下步骤进行操作：

（1）在 Visual FoxPro 命令窗口中输入：Modify Database sc2，新建数据库 sc2，并同时打开数据库设计器。

（2）在数据库设计器中单击右键，选择"添加表"快捷菜单命令，双击考生文件夹下的"score2"自由表。

（3）单击工具栏上的"新建"图标，选择"视图"选项并单击"新建文件"按钮新建视图。

（4）将"score2"表添加到视图设计器中，在视图设计器中的"字段"选项卡中，将"可用字段"列表框中的字段全部添加到"选定字段"列表框中。

（5）在"筛选"选项卡中设置筛选条件为"积分<=1500"。如图所示。

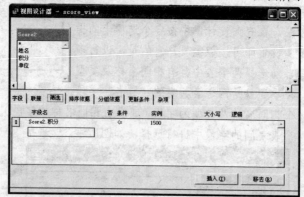

（6）在"排序依据"选项卡中将"选定字段"列表框中的"积分"添加到"排序条件"中。

（7）保存视图并关闭数据库。

第二小题按如下步骤进行操作：

（1）在 Visual FoxPro 命令窗口中输入命令：Create Menu filemenu，单击"菜单"图标按钮，新建 filemenu 菜单并打开菜单设计器。

（2）按题目要求输入主菜单名称"文件"和"帮助"。

（3）在"文件"菜单项的"结果"下拉列表中选择"子菜单"，单击"创建"按钮，在新对话框中输入三个子菜单名称"打开"、"存为"和"关闭"，如图所示。

（4）在"关闭"菜单项的"结果"下拉列表中选择"命令"，在命令编辑窗口中输入：Set Sysmenu To Default。

（5）选择 Visual FoxPro 窗口中的"菜单"→"生成"命令。

【解析】

（1）本题考查数据库和视图的建立。使用命令 Modify Database 命令新建数据库同时打开数据库设计器。在其中建立视图。在视图设计器中按照设计器中的各个选项卡的提示对题目中的要求进行设置即可。在输入视图筛选条件时，分别在"字段名"、"条件"及"实例"三个下拉列表中选择筛选条件的组成项目。

注意：使用 Create Database databasename 命令只能创建一个名为 databasename 的数据库，但并不打开数据库设计器，如需要打开数据库设计器，仍需要使用 Modify Database 命令。但如果选择"文件"→"新建"命令，并选择"视图"选项后单击"新建文件"按钮，输入数据库名称并确定保存位置后，将同时打开数据库设计器.

（2）菜单的建立一般在菜单设计器中进行。设计过程中注意菜单项"结果"列的选择，一般可以选择"过程"、"命令"或"子菜单"等。每个选择项都有特定的用途。"过程"用于输入多行的命令，"命令"用来输入单行的命令，而"子菜单"是用来建立下级菜单的。菜单的建立完成后要使用菜单命令"菜单"→"生成"来生成菜单的可执行文件（.MPR）。

## 第3题

（1）使用"一对多表单向导"生成一个名为 sell_EDIT 的表单。要求从父表 DEPT 中选择所有字段，从子表 S_T 表中选择所有字段，使用"部门号"建立两表之间的关系，样式为"阴影式"；按钮类型为"图片按钮"；排序字段为"部门号"（升序）；表单标题为"数据输入维护"。

（2）在考生文件夹下有一个命令文件 TWO.PRG，该命令文件用来查询各部门的分年度的"部门号"、"部门名"、"年度"、"全年销售额"、"全年利润"和"利润率"（全年利润/全年销售额），查询结果先按"年度"升序、再按"利润率"降序排序，并存储到 S_SUM 表中。

注意，程序在第5行、第6行、第8行和第9行有错误，请直接在错误处修改。修改时，不可改变 SQL 语句的结构和短语的顺序，不允许增加或合并行。

**【答案】**

第一小题按如下步骤进行操作：

（1）选择"开始"→"新建"命令，选择"表单"选项后，单击"向导"按钮，选择"一对多表单向导"。

（2）单击"数据库和表"右下边的按钮，选择考生目录下的 dept 表和 s_t 表。分别从父表和子表中选择全部字段。

（3）单击"下一步"按钮，默认两表以"部门号"建立联系，如图所示。

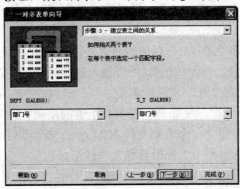

（4）单击"下一步"按钮，将表单样式设置为"阴影式"，按钮类型为"图片按钮"。

（5）单击"下一步"按钮，排序字段选择"部门号"；设置表单标题为"数据输入维护"。

第二小题按如下步骤进行操作：

（1）在 FoxPro 命令窗口中输入 Modify Command two.prg 命令，打开 two.prg。

（2）将代码修改为：

```
OPEN DATABASE saleDB
```

```
SELECT S_T.部门号,部门名,年度,;
       一季度销售额 + 二季度销售额 + 三季度销售额 + 四季度销售额 AS 全年销售额,;
       一季度利润 + 二季度利润 + 三季度利润 + 四季度利润 AS 全年利润,;
       (一季度利润+二季度利润+三季度利润+四季度利润)/(一季度销售额+二季度销售额+;
       三季度销售额+四季度销售额) AS 利润率;
FROM S_T, DEPT;
WHERE S_T.部门号 = DEPT.部门号;
ORDE BY 年度, 利润率 DESC;
INTO TABLE S_SUM
```

（3）键入 Ctrl+W 键保存并关闭文档窗口。

**【解析】**

（1）使用一对多表单向导建立表单时，可按照表单向导的提示对题目中的要求一步步设置，向导默认自动选择两个表中具有相同名称及类型的字段做为联接字段，在本题中就是两个表共有的"部门号"字段。

（2）本题考查 SQL 语句的多表查询，以及表中没有的新字段的使用，基本语法格式为：

```
Select columns, 表达式 as 新字段名
from table1 Where;
table1.column=table2.column
Order by columns [desc]
into table tablename
```

在本题中，第五行应该是全年利润/全年销售额，应该将全年利润及全年销售额计算使用括号括起先进行计算，尔后计算利润率，所以在两端应当加入"( )"；而在第六行中，使用 SQL 查询语句查询多表时，应当注意表名之间应使用","而不是空格分开；第七行中使用 Group by 子句对记录进行分组时，多个字段名称之间也需要使用","分开；第八行中子句中应当加入"Table"条件，以对应将结果输出到表中的题意。

## 第 4 题

（1）编写程序"汇率.prg"，完成下列操作：根据"外汇汇率"表中的数据产生 rate 表中的数据。要求将所有"外汇汇率"表中的数据插入 rate 表中并且顺序不变，由于"外汇汇率"中的"币种1"和"币种2"存放的是"外币名称"，而 rate 表中的"币种1代码"和"币种2代码"应该存放"外币代码"，所以插入时要做相应的改动，"外币名称"与"外币代码"的对应关系存储在"外汇代码"表中。

注意：程序必须执行一次，保证 rate 表中有正确的结果。

（2）使用查询设计器建立一个查询文件 JGM.qpr。查询要求：外汇帐户中有多少"日元"和"欧元"。查询结果包括了"外币名称"、"钞汇标志"、"金额"，结果按"外币名称"升序排序，在"外币名称"相同的情况下按"金额"降序排序，并将查询结果存储于表 JG.dbf 中。

**【答案】**

第一小题按如下步骤进行操作：

（1）在 FoxPro 的命令窗口中输入 Modify Command 汇率.prg 命令。

（2）输入如下的代码：

```
SELECT 外汇代码.外币代码 AS 币种1代码,;
```

外汇代码_a.外币代码 AS 币种２代码, 外汇汇率.买入价, 外汇汇率.卖出价;
    FROM 外汇!外汇代码 INNER JOIN 外汇!外汇汇率;
    INNER JOIN 外汇!外汇代码 外汇代码_a';
    ON 外汇汇率.币种２ = 外汇代码_a.外币名称 ;
    ON 外汇代码.外币名称 = 外汇汇率.币种１;
    INTO TABLE rate.dbf

（3）关闭并保存程序文件。

第二小题按如下步骤进行操作：

（1）选择"文件"→"新建"命令，选择"查询"选项后，单击"新建文件"按钮打开查询设计器。

（2）将"外币代码"、"外币帐户"和"外币汇率"三个表添加到查询设计器中。在"联接条件"对话框中单击"确定"按钮使用默认的联接方式。

（3）在查询设计器中的"字段"选项卡中，在"可用字段"列表框中，按照题目要求，将相应的字段添加到"选定字段"列表框中。

（4）在"排序依据"选项卡中将"选定字段"列表框中的"外币名称"和"金额"依次添加到"排序条件"中。

（5）在"排序选项"中分别选择"升序"和"降序"，如图所示。

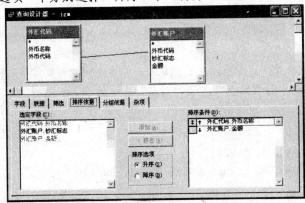

（6）完成查询设计，将查询以"jgm"为文件名保存。

【解析】

第一小题考查多表查询，查询的数据源语法格式可以使用：

Select field1, field2… from table1 inner join table2 on table1.colunm=tale2.column 命令完成。Inner join 子句只有在其他表中包含对应记录（一个或多个）的记录才出现在查询结果中。而如果使用 join 子句，则需要在使用 ON Join Condition 指定连接条件。

例如本题，要查询在"外汇汇率"表中的所有数据，并且要将该表中的"外币名称"改变为"外币代码"，则需要加入对"外汇代码"表的联结，更由于需要在结果中一条记录中显示两个外汇代码，则还需要再次对外汇代码表进行联接，所以使用两个 Inner Join 子句。

为了使用同一个表进行两次联接，则第二次联接"外汇代码"表时，为其指定别名"外汇代码_a"。将查询结果输入到表可以使用 into table tablename 子句。

（2）本题考查使用查询向导建立查询，可以在查询设计向导中按照设计向导的步骤按照题目中的要一步步设置，注意两表（或多表）之间的联接字段的设置。

## 第 5 题

（1）使用 SQL 命令查询 2001 年（不含）以前进货的商品，列出其"分类名称"、"商品名称"和"进货日期"，查询结果按"进货日期"升序排序并存入文本文件 infor_aa.txt 中；所用命令存入文本文件 cmd_aa.txt 中；

（2）用 SQL UPDATE 命令为所有"商品编码"首字符是"3"的商品计算销售价格：销售价格为在进货价格基础上加 22.68%，并把所用命令存入文本文件 cmd_ab.txt 中。

**【答案】**

第一小题按如下步骤进行操作：

（1）使用到的 SQL 语句为：

```
SELECT 分类名称, 商品名称, 进货日期 FROM 商品, 分类;
WHERE 商品.分类编码=分类.分类编码 .AND. 进货日期<{^2001-01-01};
Order by 进货日期;
TO FILE infor_a.txt
```

（2）使用 Modify Command infor_aa.txt 命令新建一个文本文件，并将该 SQL 语句保存到其中。关闭并保存文件。

第二小题按如下步骤进行操作：

（1）使用到的 SQL 语句为：

```
Update 商品 Set 销售价格=进货价格*1.2268 Where substr(商品编码,1,1)="3"
```

**【解析】**

（1）本题考查多表查询，在进行多表查询时，两表之间的相同字段，则在引用时必须加上表名称，如题中的"商品.分类编码"表示"商品"表中的"分类编码"字段，而仅在其中一个表中出现的字段名称，在引用时则可以不加。将查询结果输入表中使用 SQL 命令 into file filename

（2）更新表内容的 SQL 语法为：

```
Update tablename Set column=Value Where condiction
```

## 第 6 题

（1）创建一个名为 sview 的视图，该视图的 Select 语句查询 salary-db 数据库中 salarys 表（雇员工资表）的"部门号"、"雇员号"、"姓名"、"工资"、"补贴"、"奖励"、"失业保险"、"医疗统筹"和"实发工资"，其中"实发工资"由"工资"、"补贴"和"奖励"三项相加，再减去"失业保险"和"医疗统筹"得出，请按"部门号"降序排序，最后将定义视图的命令放到命令文件 salarys.prg 中并执行该程序。

（2）设计一个名为 Form 的表单，表单标题为"浏览工资"，表单式显示 salary-db 数据库中 salarys 表的记录，供用户浏览。在该表单的右下方有一个命令按钮，名称为 command1，标题为"退出"，当单击该按钮时退出表单。

**【答案】**

第一小题按如下步骤进行操作：

（1）打开数据库 salary-db 设计器，单击 Visual FoxPro 窗口工具栏上的"新建"图标，选择"视图"→"新建文件"按钮，创建一个新的视图，并将 salarys 表添加到视图设计器中。

（2）在视图设计器中的"字段"选项卡中，将"可用字段"列表框中的字段"部门号"、

"雇员号"、"姓名"、"工资"、"补贴"、"奖励"、"失业保险"、"医疗统筹"添加到"选定字段"列表框中。

（3）单击"函数与表达式"输入框右侧的按钮，在"函数与表达式"对话框中的"表达式"栏中，输入"Salarys.工资+Salarys.补贴+Salarys.奖励-Salarys.医疗统筹-Salarys.失业保险 AS 实发工资"，如图所示。

（4）在"排序依据"选项卡中将"选定字段"列表框中的"部门号"添加到"排序条件"中，（降序）。单击视图设计器上的"SQL"按钮，如图所示。

（5）拷贝其中的 SQL 代码。在命令窗口中输入：Modify Command salarys 命令新建程序。在程序编辑窗口中粘贴 SQL 代码，并保存程序。单击主菜单"程序"→"运行"运行程序。

第二小题按如下步骤进行操作：

（1）在命令窗口内输入：Create Form myForm 命令，创建 MyForm 表单并打开该表单设计器。

（2）右击表单并选择"数据环境"命令，打开数据环境设计器。

（3）单击右键选择"添加"命令，在打开的对话框内选择 salarys 表。

（4）将鼠标指向表的标题栏并将其从数据环境中直接拖到表单上生成浏览表格。

（5）单击表单工具栏上的"命令按钮"图标，在表单上添加一个命令按钮，在其属性窗口中将其 Caption 属性设置为"退出"。

（6）双击命令按钮，在其 Click 事件代码窗口内输入：ThisForm.Release。

（7）保存表单。表单运行结果如图所示。

**【解析】**

（1）本题考查简单视图的建立。视图的建立在数据库设计器中完成。除了表中的字段可以作为视图显示的字段外，字段的运算（如求和或平均）的结果也可以作为视图的显示的内容，方法是在视图设计器的"字段"选项卡的函数与表达式编辑框中输入字段运算表达式，并将表达式添加到选定字段中。如本题中的"Salarys.工资+Salarys.补贴+Salarys.奖励-Salarys.医疗统筹-Salarys.失业保险 AS 实发工资"语句，则是将表达式结果显示为视图的"实发工资"字段。视图建立完成以后，只有在数据库中才能看得到。

（2）本题考查建立简单的表单及表单数据环境的使用。将数据环境中的数据表直接拖入表单中，即可实现表的窗口输入界面在表单中的编辑。

## 第 7 题

（1）根据考生文件夹下的 xx 表和 jd 表建立一个查询 cx，查询出单位是"福州大学"的所有教师的"姓名"、"职称"、"电话"，要求查去向是表，表名是 cx.dbf，并执行该查询（"姓名"、"职称"取自表 jd，"电话"取自表 xx）。

（2）建立表单 bd，表单中有两个命令按钮，按钮的名称分别为 disp 和 quit，标题分别为"显示"和"退出"。

**【答案】**

第一小题按如下步骤进行操作：

（1）选择 FoxPro 窗口中的"文件"→"新建"命令，选中"查询"选项后单击"新建文件"按钮。

（2）将 xx 和 cx 添加到查询设计器中。在"联接条件"对话框中单击"确定"按钮。

（3）在查询设计器中的"字段"选项卡中，将"可用字段"列表框中的题目要求的字段全部添加到"选定字段"列表框中。

（4）在"筛选"选项卡里设置筛选条件为"xx.单位='福州大学'"。单击"查询"→"查询去向"，选择"表"按钮，如图所示。输入表名 cx，选择"确定"按钮。如图所示。

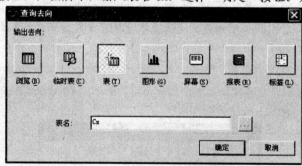

（5）完成查询设计，将查询以"cx"为文件名保存

第二小题按如下步骤进行操作：

（1）在命令窗口中输入：Create Form bd 命令，新建表单并打开表单设计器。

（2）单击表单工具栏上的"命令"按钮图标，在表单上添加两个"命令"按钮。

（3）选中第一个命令按钮，在属性窗口里设置其 Name 属性为"disp"，其 Caption 属性为"显示"。用同样的方法设置第二个命令按钮的 Name 属性和 Caption 属性。如图所示。

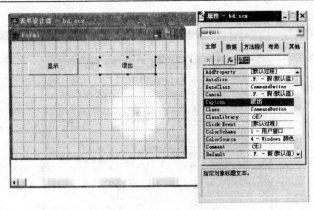

（4）保存表单。

**【解析】**

（1）在查询设计器中按各个选项卡的提示，对题目中的要求一步步设置即可，但注意在查询中选择表中字段时，需要按照题意选择正确的字段。

（2）本题考查表单的建立和控件属性的设置。使用命令 Create Form Formname 来新建表单，同时打开表单设计器。选中要修改属性的表单，在属性窗口里选择要修改的属性，在属性编辑框里输入属性值。

表单控件中的 Name 属性是用来设置在代码中用来引用该代码的名称，而控件的 Caption 属性用来指定对象的标题文本。例如在此题中 Caption 属性为"显示"，则表示该按钮在表单上的文字为"显示"；而 Name 属性为"Disp"，表示在表单代码用 Disp 表示该按钮。

## 第 8 题

（1）在考生文件夹中有一个数据库 STSC，其中有数据库表 STUDENT、SCORE 和 COURSE，利用 SQL 语句查询选修了"网络工程"课程的学生的全部信息，并将结果按"学号"降序存放在 NETP.DBF 文件中（库的结构同 STUDENT，并在其后加入课程号和课程名字段）。

（2）在考生文件夹中有一个数据库 STSC，使用一对多报表向导制作一个名为 CJ2 的报表，存放在考生文件夹中

要求：选择父表 STUDENT 表中"学号"和"姓名"字段，从子表 SCORE 中选择"课程号"和"成绩"，排序字段选择"学号"（升序），报表式样为"简报式"，方向为"纵向"。报表标题为"学生成绩表"。

**【答案】**

第一小题按如下步骤进行操作：

（1）在命令窗口输入如下 SQL 语句：

```
Select student.*
    from score inner join student
    on score.学号=student.学号 inner ;
    join course on score.课程号=course.课程号
    Where course.课程名="网络工程" Order by; student.学号 desc into table netp
```

第二小题按如下步骤进行操作：

（1）单击 FoxPro 窗口中"文件"→"新建"命令，选中"报表"选项，依次单击"向导"

→ "一对多向导",打开报表向导。

（2）从父表 STUDENT 表中选择字段 "学号" 和 "姓名"；如图所示。

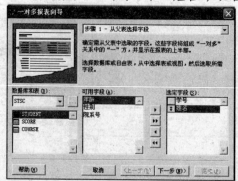

（3）单击 "下一步" 按钮，从子表 score 中选择字段 "课程号" 和 "成绩"。

（4）单击 "下一步" 按钮，向导默认两表以字段 "学号" 建立关系。

（5）单击 "下一步" 按钮，选择 "可用的字段或索引标志" 为 "学号"（升序），如图所示。

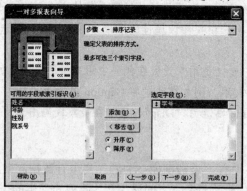

（5）在接下来的向导设置中，依次将 "样式" 选择 "简报" 式，"方向" 为 "纵向"，报表标题设置为 "学生成绩表"。单击 "完成" 按钮，完成对报表的建立，以文件名 "cj2" 保存报表。

**【解析】**

（1）本题考查三表的关联查询。查询结果中包含某个表的全部字段时，使用 * 号来代替所有的字段名称。三表连接的基本语法为：

```
Table1 inner join table2 on table1.column1 = table2.column1 inner join table3
on table1.column2 = table3.column2
```

其中，table1 一定要是与两外两个表都有公共字段的表，在本题中指 Score，在该表中的 "课程号" 和 "学号" 分别对应 Course 和 Student 表中相应字段。降序排序使用关键字 desc。

（2）使用一对多报表向导建立报表，可在打开向导以后按照向导的提示对题目的要求一步步设置即可。

## 第 9 题

对考生文件夹下的学生表、课程表和选课表进行如下操作。

（1）用 SQL 语句查询 "课程成绩" 在 70 分以上（包括 70 分）的学生姓名，并将结果按升序存入表文件 results.dbf 中，将 SQL 语句保存在考生文件夹下的 sql.txt 文本中。

（2）使用表单向导制作一个表单，要求选择"学生"表中的全部字段。表单样式为"彩色式"，按钮类型为"文本按钮"，排序字段选择"学号"（升序），表单标题为"学生信息浏览"，最后将表单保存为"myForm"。

【答案】

第一小题按如下步骤进行操作：

（1）在命令窗口中输入如下代码：

Select distinct 学生.姓名 from 选课 inner join 学生 on 选课.学号=学生.学号 Where 选课.成绩>=70 Order by 学生.姓名 into table result.dbf

（2）新建文本文件，并将上述 SQL 语句输入到文本中，以 Sql.txt 文件名保存。

第二小题按如下步骤进行操作：

（1）选择 FoxPro 窗口中"文件"→"新建"命令，选中"表单"选项，单击"表单向导"按钮。

（2）单击"数据库和表"右下边的按钮，选择考生目录下的"学生"表，并将其全部选中。

（3）单击"下一步"按钮，设置表单样式为"彩色式 3"，按钮类型为"文本按钮"，如图所示。

（4）单击"下一步"按钮，排序字段选择"学号"（升序），并在接下来的向导窗口中设置表单标题为"学生信息浏览"。并以"myForm"作为文件名保存表单。

【解析】

（1）本题考查多表查询，其语法在前面已经多次加以介绍，但注意本题中的公用关联字段为"学号"，并且题中需要将"成绩"大于等于 70 分的记录选出，仍需在查询中加入 Where 子句以便查询出符合条件的记录。

（2）本题考查了表单向导的使用。使用表单向导建立表单，按照表单向导的提示对题目中的要求一步步设置即可。

## 第 10 题

（1）列出所有赢利（现价大于买入价）的"股票简称"、"现价"、"买入价"和"持有数量"，并将检索结果按"持有数量"降序排序存储于表 temp 中，将 SQL 语句保存在考生文件夹下的 temp.txt 中。

（2）使用一对多报表向导建立报表。要求：父表为 stock-name，子表为 stock-sl，从父表中选择字段："股票简称"；从子表中选择全部字段；两个表通过"股票代码"建立联系；按"股票代码"降序排序；报表样式为"经营式；报表标题为："股票持有情况"；生产的报表文件名为 repo。

【答案】

第一小题按如下步骤进行操作：

（1）使用的 SQL 语句为：

```
Select stock_name.股票简称,stock_sl.现价,stock_sl.买入价,
    stock_sl.持有数量
from stock_name inner join stock_sl
on stock_name.股票代码=stock_sl.股票代码
Where stock_sl.现价>stock_sl.买入价=.t.
Order by stock_sl.持有数量 desc into table temp
```

（2）新建 temp.txt 文件，并且将 SQL 语句输入（或复制）到文本中。

第二小题按如下步骤进行操作：

（1）单击 FoxPro 窗口中"文件"→"新建"命令，选中"报表"选项，依次单击"向导"→"一对多向导"。

（2）在选择父表和子表字段对话框中，分别从 stock-name 中选择字段"股票简称"及从 stock-sl 中选择所有字段。

（3）单击"下一步"按钮，使用默认的"股票代码"建立关系。并将"股票代码"（降序）选择为可用的字段或索引标志，如图所示。

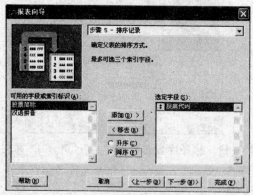

（4）在接下来的对话框单击"下一步"按钮，样式选择"经营式"式。单击"下一步"按钮，报表标题设置为"股票持有情况"。单击"完成"按钮，完成对报表的建立，以 repo 为文件名保存报表。

【解析】

（1）本题考查基于三表之间的查询，确定联接关键字及正确的设置选择条件是做出题目的前提条件，在本题中，Strock_fk 表中的"股票代码"及"股票名称"是联接其余两表的关键字段。

（2）使用一对多报表向导建立报表，可在打开向导以后按照向导的提示对题目的要求一步步设置。

# 第 11 题

（1）在考生文件夹下，有一个数据库 CADB，其中有数据库表 ZXKC 和 ZX。表结构如下：

ZXKC (产品编号，品名，需求量，进货日期)

ZX（品名，规格，单价，数量）

在表单向导中选取"一对多表单向导"创建　个表单。要求：从父表 zxkc 中选取字段"产品编号"和"品名"，从子表 zx 中选取字段规格和单价，表单样式选取"凹陷式"，按钮类型使用"图片按钮"，按"产品编号"降序排序，表单标题为"照相机"，最后将表单存放在考生文件夹中，表单文件名是 ddyForm。

（2）在考生文件夹中有数据库 CADB，其中有数据库表 ZXKC 和 ZX。建立单价大于等于 800，按"规格"升序排序的本地视图 CAMELIST，该视图按顺序包含字段"产品编号"、"品名"、"规格"和"单价"。

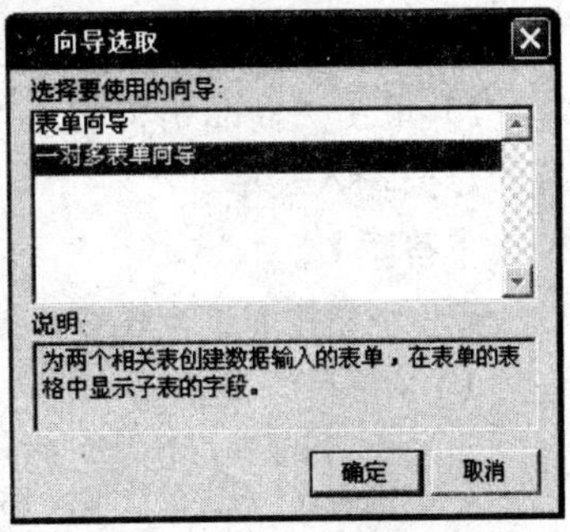

**【答案】**

第一小题按如下步骤进行操作：

（1）选择"开始"→"新建"命令，在对话框中选择"表单"选项，然后依次选择"向导"→"一对多表单向导"，如图所示。

（2）单击"数据库和表"右下边的按钮，选择考生目录下的表 ZXKC 和 ZX。分别从父表和子表中选择题目中要求显示的字段。

（3）在此对话框及接下的对话框中分别将表单样式设置为"凹陷式"，按钮类型为"图片按钮"，单击"下一步"按钮，排序字段选择"产品编号"；设置表单标题为"照相机"，保存表单，文件名为 ddyForm。

第二小题按如下步骤进行操作：

（1）打开数据库 CABD 设计器，单击工具栏上的"新建"图标，选择"新建文件"。

（2）将 ZXKC 和 ZX 表添加到视图设计器中，在视图设计器中的"字段"选项卡中，将"可用字段"列表框中列出的字段，按照题目要求显示的内容依次添加到"选定字段"列表框中。

（3）在"排序依据"选项卡中，将"选定字段"列表框中的"规格"字段添加到"排序条件"中（升序），在"筛选"选项卡里将筛选条件设置为"单价>800"，如图所示。

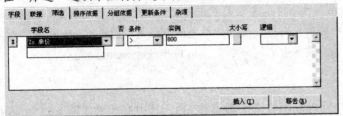

（4）保存视图。

**【解析】**

（1）本题考查了一对多表单向导的使用。使用表单向导建立表单时可按照表单向导的提示对题目中的要求一步步设置。

（2）本题考查视图的建立。在数据库设计器中单击右键，选择新建本地视图，可新建视图，并打开视图设计器。按照设计器上的各个选项卡的提示对题目中的要求进行设置即可。建立的视图只能在数据库设计器中看到。

## 第 12 题

（1）在"商品销售"数据库中，根据"销售表"和"商品"表查询每种商品的"商品号"、"商品名"、"单价"、"销售数量"和"销售金额"（"商品号"和"商品名"取自"商品"表，"单价"和"销售数量"取自"销售"表，销售金额=单价*销售数量），按"销售金额"降序排序，并将查询结果保存到 jine 表中。

（2）在考生文件夹下有一个名称为 modi 的表单文件，该表单中两个命令按钮的 Click 事件中语句有误。请按如下要求进行修改，修改后保存所做的修改：

1）单击"刷新标题"按钮时，把表单的标题改为"商品销售数据输入"。

2）单击"商品销售输入"命令按钮时，调用当前文件夹下的名称为 input 的表单文件打开数据输入表单。

### 【答案】

第一小题按如下步骤进行操作：

（1）使用的 SQL 语句为：

Select 商品表.商品号,商品表.商品名,销售表.单价,销售表.销售数量,销售表.单价*;
　　　销售表.销售数量 as 销售金额 from 商品表 inner join 销售表 on 商品表.商品号=销;
售表.商品号 Order by 销售金额 desc into table jine

第二小题按如下步骤进行操作：

（1）在命令窗口中输入 Modify From modi 命令打开 modi 表单。

（2）双击"刷新标题"按钮，在其 Click 事件中将语句修改为：ThisForm.Caption = "商品销售数据输入"。

（3）同样，将"商品销售输入"按钮的 Click 事件修改为：DO Form input。

（4）保存表单。

### 【解析】

（1）本题考查简单视图的建立。在数据库中打开视图设计器，按照设计器上的各个选项卡的提示完成题目的要求即可。

（2）修改表单控件事件的方法是双击该控件，弹出事件编辑窗口，在编辑窗口中选择要修改的事件，在其中修改代码。设定控件标题的方法是：控件.Caption=控件标题，注意控件标题要用英文引号引起。调用表单的命令为：do Form Formname。

## 第 13 题

（1）在考生文件夹中有一个数据库 sj3，其中有数据库表 stu、sc3 和 co3；利用 SQL 语句查询选修了"高数"课程的学生的全部信息，并将结果按"学号"升序排序放在 st.dbf 中（库的结构同 stu，并在其后加入"课程号"和"课程名"字段）

（2）在考生文件夹中有一个数据库 sj3，使用"一对多报表向导"制作一个名为 db3 的报表，存放在考生文件夹中；

要求：选择父表 stu 表中的"学号"和"姓名"字段，从子表 sc3 中选择"课程号"和"成绩"字段，排序字段选择"学号"（升序），报表样式为"简报式"，方向为"纵向"，报表标题为"成绩信息"。

### 【答案】

第一小题按如下步骤进行操作：

在 FoxPro 命令窗口中输入如下 SQL 语句：

```
Select stu.* from sc3 inner join stu on sc3.学号=stu.学号 inner join co3 on sc3.课程号=co3.课程号 Where co3.课程名="高数" Order by stu.学号 into table st
```

第二小题按如下步骤进行操作：

（1）单击 FoxPro 窗口中"文件"→"新建"命令，选中"报表"选项，依次单击"向导"→"一对多向导"。

（2）在前两步中分别从父表和子表中选择题目中要求显示的字段，如图所示。

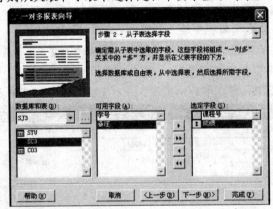

（3）在接下来的对话框中，分别设置两表以字段"学号"建立关系、将"学号"（升序）设置为"可用的字段或索引标志"、报表样式选择"简报"式，方向为"纵向"、报表标题设置为"成绩信息"。

（4）单击"完成"按钮，完成对报表的建立，以"db3"为文件名保存报表。

【解析】

（1）本题考查三表的关联查询。查询结果中包含某个表的全部字段时，使用*号来代替所有的字段名称。三表连接的基本语法为：

```
Table1 inner join table2 on table1.column1=table2.column1 inner join table2 on table1.column2=table3.column2
```

其中 table1 一定要是与另外两个表都有公共字段的表，在本题中为 SC3 表中的"课程号"和"学号"。

（2）使用一对多报表向导建立报表，可在打开向导以后按照向导的提示对题目的要求进行一步步设置即可。

# 第 14 题

（1）用 SQL 语句完成下列操作：将选课在 5 门课程以上（包括 5 门）的学生的"学号"、"姓名"、"平均分"和"选课门数"按"平均分"降序排序，并将结果保存于表 stutemp 中，将 SQL 语句保存在 sql.txt 文本中。

（2）建立一个名为 menulin 的菜单，菜单中有两个菜单项"查询"和"退出"。查询项下还有一个子菜单，子菜单有"按姓名"和"按学号"两个选项。在"退出"菜单项下创建过程，过程负责使程序返回到系统菜单。

【答案】

第一小题按如下步骤进行操作:

在 FoxPro 命令窗口中输入如下语句:

`Select 学生.学号,学生.姓名, avg(成绩) as 平均分, count(课程号) as 选课门数 from 学生 , 选课 Where 选课.学号=学生.学号 Order by 平均分 desc Group by 选课.学号 having count(课程号)>=5 into tables stutemp`

第二小题按如下步骤进行操作:

（1）在命令窗口中输入命令: Create Menu menulin,单击"菜单"图标按钮打开菜单设计器。

（2）按题目要求输入主菜单名称"查询"和"退出"。在"退出"菜单项的"结果"下拉列表中选择"命令",在命令编辑栏中输入: Set Sysmenu To Default。

（3）在"查询"菜单项的"结果"下拉列表中选择"子菜单",单击"创建"按钮,输入两个子菜单名称"按姓名"和"按学号"。

（4）单击 Visual FoxPro 窗口中的"菜单"→"生成"命令。菜单界面如图所示。

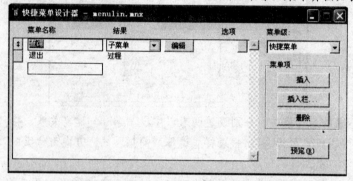

**【解析】**

（1）本题考查三表关联查询及 SQL 语句的统计方法。查询某一组记录的平均值要使用的函数为 avg(列名称),统计记录个数要使用的函数为 count(),但应当注意的是,如果使用这些函数,则一定要对记录进行分组操作,使用 Group by 分组字段子句完成此项操作。

（2）本题考查菜单的建立与功能设计。菜单的建立一般在菜单设计器中进行,在命令窗口中输入 Create Menu menuname 命令,以 menuname 为文件名创建新菜单,并打开菜单设计器。设计过程中注意菜单项"结果"的选择,一般可以选择"过程"、"命令"或"子菜单"等。如选择"命令",则直接在"命令"输入栏中输入该菜单要执行的命令。

Set Sysmenu To Default 命令的作用是将当前菜单恢复成 Visual FoxPro 默认菜单。

## 第 15 题

（1）在"医院管理"数据库中有"医生"表、"处方"表和"药"表。用 SQL 语句查询开了药物"康泰克"的医生的所有信息,将使用的 SQL 语句保存在 mytxt.txt 中。

（2）在考生文件夹下有一个数据库"医院管理",其中有数据库表"医生",在考生文件夹下设计一个表单 myForm,该表单为"医生"表的窗口输入界面,表单上还有一个标题为"退出"的按钮。单击该按钮,则退出表单。

**【答案】**

第一小题按如下步骤进行操作:

本题所用到的 SQL 语句包含如下代码：

Select 医生.* from 处方 inner join 医生 on 处方.职工号=医生.职工号 inner join 药 on 处方.药编号=药.药编号 Where 药.药名="康泰克" to files mytxt.txt

第二小题按如下步骤进行操作：

（1）在命令窗口内输入 Create Form myForm.建立新的表单。

（2）选择"显示"→"数据环境"菜单命令打开数据环境设计器。

（3）单击右键，选择"添加"命令，在打开的对话框内选择"医生"表，将该表添加数据环境中。如图所示。

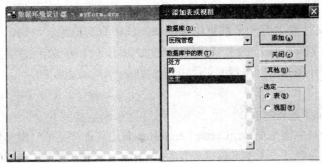

（4）将表从数据环境里直接拖到表单上。

（5）单击表单工具栏上的"命令"按钮图标，在表单上添加一个"命令"按钮，在属性窗口里设置其 Caption 属性为"退出"。

（6）双击命令按钮，在其 Click 事件代码窗口内输入 ThisForm.Release，表单最终界面如图所示。

保存表单。

【解析】

（1）本题考查 SQL 语句多表查询。当两个表可以通过某个字段关联时，可以使用 table1 inner join table2 on table1.colum=table2.colum（colum 为两表相同的字段，在本题中为"处方"表中的"职工号"和"药编号"）来实现表的连接。再用 SQL select 查询语句即可完成此题。

对于将查询出的内容输出到文本文件，则应当加入 to files filesname 子句，注意与将结果输入到表或临时表中不同，此时使用的关键字为"to files"而不是"into table"。

（2）本题考查建立简单的表单，及表单数据环境的使用。将数据环境中的数据表直接拖入表单中即可实现表的窗口输入界面在表单中的编辑。

### 第 16 题

（1）在考生文件夹下有一个学生数据库 sj16，其中有数据库表"学生资料"存放学生信息，使用菜单设计器制作一个名为 student 的菜单，菜单项包括"操作"和"文件"。每个菜单栏都包含有子菜单，"操作"菜单中包含"输出学生信息"子菜单、"文件"菜单中包括"打开"及"关闭"子菜单。其中选择"输出学生信息"子菜单应完成下列操作：打开数据库 sj6，使用 SQL 的 select 语句查询数据库表"学生资料"中的所有信息，关闭数据库。"关闭"菜单项对应的命令为 Set Sysmenu To Default，使之可以返回到系统菜单。"打开"菜单项不做要求。

（2）在考生文件夹下有一个数据库 x_date，其中有数据库表 x_stu、x_sc 和 x_co。用 SQL 语句查询"数据库"课程的考试成绩在 95 分以下（含 95 分）的学生的全部信息，并将结果按"学号"升序存入 xxb.dbf 文件中。

**【答案】**

第一小题按如下步骤进行操作：

（1）在命令窗口中输入命令：Create Menu student，单击"菜单"图标按钮。

（2）按题目要求输入主菜单名称"操作"和"文件"。在"操作"菜单项的"结果"下拉列表中选择"子菜单"。

（3）单击"操作"旁的"创建"按钮，输入子菜单名称"输出学生信息"，菜单项的"结果"下拉列表中选择为"过程"，单击"编辑"按钮后，在编辑窗口中输入：

```
Open Database sj6
Select * from sj6!学生资料
close Database
```

（4）在"菜单级"下拉列表中选择"菜单栏"返回上一级菜单。

（5）在"文件"菜单的"结果"列中选择子菜单，单击"创建"按钮后，分别输入"打开"和"关闭"菜单项。

（6）在"关闭"菜单项的"结果"列中选择"命令"，并在编辑框中输入：Set Sysmenu To Default。

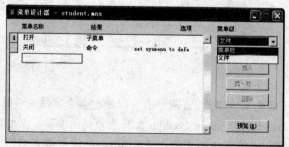

（7）单击 Visual FoxPro 窗口中的"菜单"→"生成"命令生成可执行文件（.MPR）。

第二小题按如下步骤进行操作：

所使用到的 SQL 语句为：

```
Select x_stu.* from x_sc inner join x_stu on x_sc.学号=x_stu.学号 inner join;
x_co on x_sc.课程号=x_co.课程号 Where x_co.课程名="数据库" and x_sc.成绩<=95; Order
by x_stu.学号 into table xxb
```

**【解析】**

（1）本题考查菜单的建立与功能设计。菜单的建立一般在菜单设计器中进行，在命令窗口中输入 Create Menu menuname 命令创建新菜单，并打开菜单设计器。设计过程中注意菜单项结果的选择，如选择"过程"，则需要单击相应的"编辑"按钮打开编辑框，并在其中输入 FoxPro 命令组，如选择"子菜单"，则可以单击"创建"按钮来建立下级菜单。

打开和关闭数据库分别要使用的命令为 Open Database dbname 和 Close Database。

（2）本题考查三表的关联查询，注意确定同时与其余两表联接的关键表及表中的关键字段（在本题中为 X_sc 表中的"学号"和"课程号"）。

## 第 17 题

（1）用 SQL 语句完成下列操作：列出所有与"红"颜色零件相关的信息（"供应商号"，"工程号"和"数量"），并将检索结果按"数量"降序存放于表 supplytemp 中，将 SQL 语句保存在 sql.txt 中。

（2）建立一个名为 menuquick 的快捷菜单，菜单中有两个菜单项"查询"和"修改"。在表单 myForm 中的 RightClick 事件中调用该快捷菜单。

**【答案】**

第一小题按如下步骤进行操作：

（1）在命令窗口输入如下 SQL 语句并执行：

```
Select 供应商号,工程号,数量 from 供应,零件 Where (供应.零件号=零件.零件号) and (零件.颜色="红") Order by 数量 desc into table supplytemp
```

（2）新建 sql.txt 文本文件，并且将该语句输入（或复制）到该文本文件中。

第二小题按如下步骤进行操作：

（1）在命令窗口中输入 Create Menu menuquick 命令，单击"快捷菜单"图标按钮。

（2）在菜单设计器中按题目要求输入主菜单名称"查询"和"修改"。并选择 Visual FoxPro 窗口中的"菜单"→"生成"命令生成菜单文件。

（3）使用 Modify From myForm 命令打开要进行修改的表单。

（4）在表单控件的 RightClick 事件里输入：

```
do menuquick.mpr
```

（5）保存表单。表单运行结果如图所示。

**【解析】**

（1）本题考查两个表个关联查询，查询结果保存在表中使用命令 into table tablename。

（2）在此题中，所创建的快捷菜单必须生成可执行文件（.MPR 文件）才能在表单中被调用，而修改表单不能使用 Create From myForm 命令打开表单设计器，因为该表单

已经存在，使用此命令会将原有表单覆盖，只能使用 Modify From 命令来对已有的表单进行修改。在表单中调用菜单使用命令 do menuname。

## 第 18 题

（1）建立一个名为 mymenu 的菜单，菜单中有两个菜单项"运行"和"返回"。"运行"菜单项下还有两个子菜单"运行工具"和"运行文件"。在"退出"菜单项下创建一个过程，

负责返回系统菜单，其他菜单项不做要求。

（2）根据数据库 student 中的表"住宿"和"学生"建立一个查询，该查询包含学生表中的字段"学号"和"姓名"及宿舍表中的字段"宿舍"和"电话"。要求按"学号"升序排序，并将查询保存为"myquery"。

**【答案】**

第一小题按如下步骤进行操作：

（1）使用 Create Menu mymenu 命令，并且选择"菜单"项打开菜单编辑器。

（2）在编辑器中按要求输入主菜单名称"运行"和"返回"，并在"返回"菜单项的"结果"下拉列表中选择"命令"，在命令编辑框中输入：Set Sysmenu To Default。

（3）在"运行"菜单项的"结果"下拉列表中选择"子菜单"，单击"创建"命令按钮，在子菜单设计界面输入两个子菜单名称"运行工具"和"运行文件"。

（4）选择 FoxPro 主菜单"菜单"→"生成"命令。菜单界面如图所示。

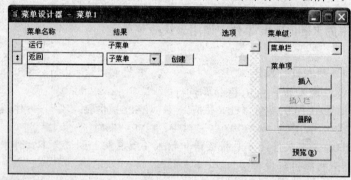

第二小题按如下步骤进行操作：

（1）选择 FoxPro 窗口中的"文件"→"新建"命令，选中"查询"选项后单击"新建文件"按钮。

（2）将"宿舍"和"学生"添加到查询设计器中。在"联接条件"对话框中，默认两表通过"宿舍"关联。

（3）分别在查询设计器中的"字段"和排序依据"选项卡中，分别按题目要求将字段添加到"选定字段"列表框中，并且将"学号"添加到"排序条件"中，在"排序选项"中选择"升序"，完成查询设计。

（4）将查询以"myquery"为文件名保存。

**【解析】**

（1）本题考查菜单的建立与功能设计。菜单的建立一般在菜单设计器中进行，使用命令 Create Menu menuname 以 menuname 为文件名创建菜单，并打开菜单设计器。设计过程中注意根据题意选择菜单项的"结果"下拉列表中的相应选项。

（2）本题是一道建立查询的题目。可以在查询设计向导中按照设计向导的选项卡的提示对题目中的要求进行设置即可。

## 第 19 题

（1）根据 school 数据库中的表用 SQL select 命令查询学生的"学号"、"姓名"、"课程名"和"成绩",按结果"课程名"升序排序,"课程名"相同时按"成绩"降序排序,并将查询结果存储到 sclist 表中。

(2) 使用表单向导下用 score 表生成一个名为 course 的表单。要求选择 score 表中的所有字段,表单样式为"凹陷式";按钮类型为"文本按钮";排序字段选择"学号"(升序);表单标题为"成绩数据维护"。

**【答案】**

第一小题按如下步骤进行操作:

此题可使用下面的 SQL 语句完成。

```
Select student.学号,student.姓名,course.课程名, sc.成绩;
From school!score inner join school!sc;
Inner join school!student;
On sc.学号=student.学号;
On score.课程号=sc.课程号;
Order by score.课程名,sc.成绩 desc into table sclist
```

第二小题按如下步骤进行操作:

(1) 择 FoxPro 窗口中"文件"→"新建"命令,选中"表单"选项,单击"表单向导"按钮。

(2) 单击"数据库和表"右下边的按钮,选择考生目录下的 score 表,选择所有字段。

(3) 在随后的向导对话框中,将表单样式设置为"凹陷式",按钮类型为"文本按钮",排序字段选择"学号"(升序)并设置表单标题为"课程数据维护"。表单运行结果如图所示。

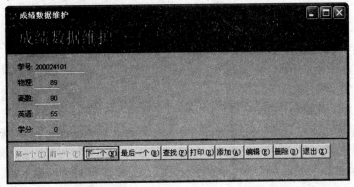

**【解析】**

(1) 本小题考查 SQL 语句进行多表内连接查询,关键之处在于处理好三个表的内在连接语句及连接字段,在本题中为 score 表及其中的"学号"及"课程号"字段。

(2) 本小题考查使用向导建立满足特定要求的表单。这类题目并不难,因为只要按照向导的提示完成题目要求的各种设置就可以了。

## 第 20 题

(1) 在考生文件夹中有一个数据库 SJ5,其中 XX 表结构如下:

xx(编号 C(4),姓名 C(10),性别 C(2),工资 N(7 2),年龄 N(2), 职称 C(10))。

现在要对 XX 进行修改,指定"编号"为主索引,索引名和索引表达式均为"编号"。指定"职称"为普通索引,索引名和索引表达式均为"职称"。"年龄"字段的有效性规则在 30 至 70 之间,默认值为 50。

（2）在考生文件夹中有数据库 SJ5，其中有数据表 XX，在考生文件来下设计一个表单，表单标题为"浏览"。该表单为 XX 表的窗口式输入界面，表格名为 inpu，表单上还有一个名为 rele 的按钮，标题为"退出"。单击该按钮，使用"ThisForm.Release"命令退出表单。最后将表单存放在考生文件夹中，表单名为 myForm。

【答案】

第一小题按如下步骤进行操作：

（1）打开数据库 SJ5 的设计器（使用 Modify Database SJ5 命令）。

（2）在 SJ5 数据库设计器中，右键单击数据库表 xx，选择"修改"命令。

（3）单击"索引"选项卡，将字段索引名修改为"编号"，在"索引"下拉框中选择索引类型为"主索引"，将字段表达式修改为"编号"。

（4）在下一行中，将字段索引名修改为"职称"，在"索引"下拉框中选择索引类型为"普通索引"，将字段表达式修改为"职称"，如图所示。

（5）返回"字段"选项卡，选中"数量"字段，在"字段有效性"设置区域内，输入"规则"文本框中的内容为"年龄<=70.AND.年龄>=30"，在"默认值"文本框中输入 50。

（6）保存对表进行的修改。

第二小题按如下步骤进行操作：

（1）在命令框内输入 Create Form myForm 命令新建表单并打开表单设计器。

（2）在表单的属性框内修改 Form 的 Caption 属性为"浏览"。

（3）向表单添加一个命令按钮，选中该命令按钮，在属性对话框中将其 Name 属性改为"rele"（如图所示），将 Caption 属性改为"退出"。

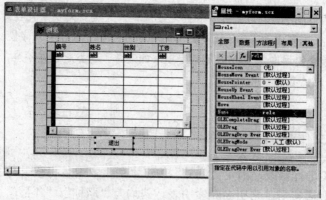

（4）双击命令按钮 rele，在 Click 事件中输入如下程序段：

ThisForm Release

（5）打开 sj5 数据库设计器，将表 xx 拖入到表单中，将表格的 Name 属性修改为 "inpu"。

（7）保存并关闭表单后，在命令窗口中输入命令：do Form myForm 执行此表单。

**【解析】**

（1）本题考查对数据库表结构的修改中关于索引的建立及字段有效性的设置。表结构的修改可在数据表设计器中进行。

（2）本题考查的简单表单的建立。新建表单可以通过菜单命令、工具栏按钮或直接在命令框里输入命令来建立，将数据库中的 xx 表直接拖入表单可实现 xx 表的窗口输入界面，而不需要再做其他设置或修改。

## 第21题

（1）将"定货"表中的记录全部复制到"定货备份"表中，然后用 SQL Select 语句完成下列务：列出所有订购单的"订单号"、"订购日期"、"器件号"、"器件名"和"总金额"，并将结果存储到 result 表中（其中"订单号"、"订购日期"、"总金额"取自"货物"表，"器件号"和"器件名"取自"定货"表）。

（2）打开 mypro.prg 命令文件，该命令文件包含 3 条 SQL 语句，每条 SQL 语句中都有一个错误，请改正（注意：在出现错误的地方直接改正，不能改变 SQL 语句的结构和 SQL 短语的顺序）。

**【答案】**

解答第一小题按如下步骤进行操作。

（1）在命令窗口中输入下列命令来完成复制操作。

```
Select * from 定货 into table 定货备份;
```

（2）再输入如下命令来进行查询操作。

```
selec007 货物.订单号,货物.订购日期,货物.总金额,定货.器件号,定货.器件名 from 货物 inner join 定货 on 货物.订单号=定货.订单号 into table result
```

解答第二小题按如下步骤进行操作。

（1）输入 Modify Command myprog.prg 命令打开文件，修改前的代码如下：

```
UPDATE 定货备份 SET 单价 WITH 单价 + 5
SELECT 器件号,AVG(单价) AS 平均价 FROM 定货备份 ORDER BY 器件号 INTO; CURSOR lsb
SELECT * FROM lsb FOR 平均价 < 500
```

修改后的源代码为：

```
UPDATE 定货备份 SET 单价=单价 + 5
SELECT 器件号,AVG(单价) AS 平均价 FROM 定货备份 GROUP BY 器件号 INTO; CURSOR lsb
SELECT * FROM lsb WHERE 平均价 < 500
```

**【解析】**

（1）本小题考查的是 SQL 的查询语句和插入语句，复制一个表的内容到另一个表时，可以使用 Select * from tablename Where condition into newtable 语句，多表查询要用到的是表的内连接，即通过某一相同字段连接两个表（本题中使用"订单号"字段）。

与使用 Copy 命令相比，使用 SQL 查询语句不用预先打开所要复制的表。

（2）本题考查的是 SQL 基本查询语句以及数据更新语句的语法，具体说明如下：

①数据更新时，使用 SET Column_Name1 = eExpression1 子句，而 with 子句用于 Replace

命令中。

②在查询结果字段中使用 Avg()或 Sum()函数时，如果不使用 Group by 子句，则默认求全表中的所有数据的均值或汇总。

③在使用 SQL 语句时，条件子句必须使用 Where 开始。

## 第 22 题

（1）打开考生文件夹中的数据库中的数据库 STSC，使用表单向导制作一个表单，要求选择 STUDENT 表中所有字段，表单样式为"标准式"；按钮类型为定制的"滚动网格型"；表单标题为"学生信息浏览"，表单文件名为 myForm。

（2）在考生文件夹中有一个数据库 STSC，其中有数据库表 STUDENT 存放学生信息，使用菜单设计器制作一个名为 mymenu 的菜单，菜单包括"数据维护"和"退出"两个菜单栏。菜单结构为：数据维护（数据表格方式录入）、退出。其中：

● 数据表格式输入菜单项对应的过程包括下列 4 条命令：打开数据库 STSC 的命令，打开表 STUDENT 的命令，BROWSE 命令，关闭数据库的命令。

● 退出菜单项对应命令 Set Sysmenu To Default，使之可以返回到系统菜单。

**【答案】**

解答第一小题按如下步骤进行操作。

（1）选择 FoxPro 窗口中"文件"→"新建"命令，选中"表单"选项，单击"表单向导"按钮打开表单向导。

（2）单击"数据库和表"右下边的按钮，选择 STSC 数据库的 student 表，从中选择所有字段

（3）在接下来的向导对话框中，分别将表单样式设置为"标准式"，按钮类型选择"定制"，并在下拉框中选择"滚动网格型"；如图所示。

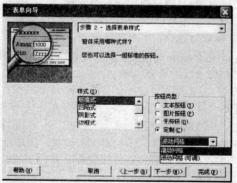

（4）设置表单标题为"学生信息浏览"。保存表单时取表单名为 myForm。

解答第二小题按如下步骤进行操作。

（1）在命令窗口中输入 Create Menu mymenu 命令，在对话框中单击"菜单"图标按钮，进入菜单设计器。

（2）输入主菜单名称"数据维护"和"退出"。在数据维护菜单项的"结果"下拉列表中选择"子菜单"。进入"数据维护"菜单项的子菜单设计器界面。

（3）输入子菜单名称为"数据表格方式录入"，在其"结果"下拉列表中选择"过程"，单

击"编辑"命令按钮进入程序编辑窗口，在其中输入：

```
OPEN DATABASE STSC
USE STUDENT
BROW
CLOSE DATABASE
```

（4）在"菜单级"下拉列表中选择"菜单项"返回上级菜单，在"退出"菜单项的结果下拉框里选择"命令"，在命令编辑栏中输入：

```
Set Sysmenu To Defaul007
```

（5）选择 Visual FoxPro 窗口中"菜单"→"生成"菜单命令，生成一个可执行菜单文件 mymunu.mpr。菜单界面如图所示。

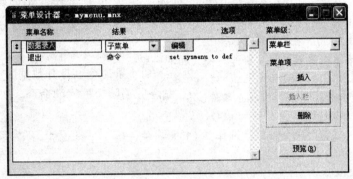

【解析】

（1）本题考查的主要是利用表单向导建立一个表单，注意在每个向导界面完成相应的设置即可。

（2）本题考查的是基本的菜单设计，注意每个菜单项的菜单级，以及结果下拉框中的各个选项的选择，例如用语编写多行命令的一般就选择"过程"，而编写一行命令的则选择"命令"。

## 第 23 题

设计一个表单完成以下功能：

（1）表单上有一标签，表单运行时表单的 Caption 属性显示为系统时间，且表单运行期间标签标题动态显示当前系统时间。标签标题字体大小为 20，布局为"中央"，字体颜色为"红色"，标签"透明"。

（2）表单上另有三个命令按钮，标题分别为"红色"，"黄色"和"退出"。当单击"红色"命令按钮时，表单背景颜色变为红色；当单击"黄色"命令按钮时，表单背景颜色变为黄色；单击"退出"命令按钮表单退出。表单的 Name 属性和表单文件名均设置为 myForm，标题为"可控变色时钟"。

【答案】

此题按如下步骤进行操作：

（1）在命令窗口中输入 Create Form myfom 新建表单，并进入表单设计器。

（2）在表单中添加如下控件：

■　三个命令按钮，Caption 属性分别设置为"红色"，"黄色"和"退出"。

■　一个 Timer 控件，设置其 Interval 属性为 1000，如图所示。

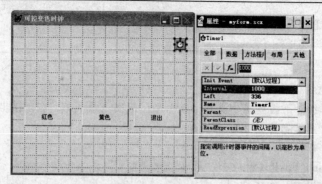

■ 一个标签控件，设置其 Alignment 属性为 "2-中央"，BackStyle 属性为 "0-透明"，ForeColor 属性为 255，255，0；FontSize 属性为 20，表单最终界面如图所示。

（3）双击表单，选择其 Init 事件，输入如下代码：

```
ThisForm.label1.Caption=time()
```

（4）双击 Timer1，选择其 Timer 事件，输入如下代码：

```
ThisForm.label1.Caption=time()
```

（5）双击 "红色" 命令按钮，选择其 Click 事件，输入如下代码：

```
ThisForm.BackColor=rgb(0,0,255)
```

（6）双击 "黄色" 命令按钮，选择其 Click 事件，输入如下代码：

```
ThisForm.BackColor=rgb(255,255,0)
```

（7）双击 "退出" 命令按钮，选择其 Click 事件，输入如下代码

```
ThisForm.Release
```

（8）保存表单，文件名为 myForm。

【解析】

本题考查了表单的建立、控件布局设置、时间控件的使用方法等。要注意的是系统时间是按秒来变化显示的，而且 Timer 控件的 Interval 属性设置单位为毫秒，因而设置该属性时应当设置为 1000。

在表单的 Init 属性中 ThisForm.Laber1.Caption=time()的意义在于表单初始启动时就开始显示时间。而 Timer 控件的 Timer 事件则是在每经过一个循环之后所运行的内容。

表单背景色用的 rgb 函数来设置。

## 第 24 题

（1）使用报表向导建立一个简单报表。要求选择 "工资" 表中所有字段；记录不分组；报表样式为 "带区式"；列数为 "3"，字段布局为 "行"，方向为 "横向"；排序字段为 "部门号"（升序）；报表标题为 "雇员工资浏览"；报表文件名为 myreport。

（2）在考生文件夹下有一个名称为 myForm 的表单文件，表单中的两个命令按钮的 Click 事件下的语句都有错误，其中一个按钮的名称有错误。请按如下要求进行修改，修改完成后保存所做的修改：

1）将按钮 "察看雇员工资" 名称修改为 "查看雇员工资"；

2）单击 "查看雇员工资" 命令按钮时，使用 SELECT 命令查询工资表中所有字段信

息供用户浏览：

3）单击"退出表单"命令按钮时，关闭表单。

**【答案】**

解答第一小题按如下步骤进行操作。

（1）依次"开始"→"新建"→"报表"→"向导"→"报表向导"，打开报表向导。

（2）单击"数据库和表"旁边的按钮，选择工资表，可用字段选择所有字段。

（3）单击"下一步"按钮，"分组记录"选择"无"。

（4）在随后的向导中，分别将报表样式设置为"带区式"；报表布局中将列数选择为 3，字段布局选择"行"，方向选择"横向"，并将"部门号（升序）"选择为索引标志。如图所示。

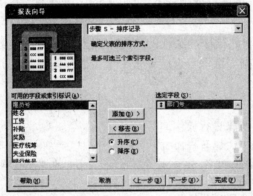

（5）设置报表标题为"雇员工资浏览"并单击"完成"按钮，保存报表名为 myreport。

解答第二小题按如下步骤进行操作。

（1）在命令窗口中输入 modify Form myForm，打开表单 myForm.scx。

（2）选中表单中的"察看雇员工资"命令按钮，在属性对话框中修改 Caption 为"查看雇员工资"，如图所示。

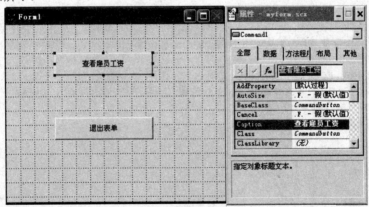

（3）双击该按钮，将其 Click 事件代码由：

```
Select From Dept
```

修改为

```
Select * from 工资
```

（4）双击退出命令按钮，将其 Click 事件代码由：

```
Delete ThisForm
```

修改为

```
ThisForm.Release.
```

**【解析】**

（1）本题利用报表设计器设计一个简单报表，设计过程中注意按照每个向导界面需要完成的操作即可。

（2）本题修改表单控件属性，直接在属性窗口中修改即可完成。注意方法的使用，例如关闭表单的 Release 操作，及浏览表内容的正确的 SQL 语句"Select * from tablename"。

## 第 25 题

（1）用 SQL 语句查询课程成绩在 65 分以上的学生姓名，并将结果按姓名降序存入表文件 result.dbf 中。

（2）编写 myprog.prg 程序，实现的功能：先为"学生"表增加一个"平均成绩"字段，类型为 N(6，2)，根据"选课"表统计每个学生的平均成绩，并写入"学生"表新的字段中。

**【答案】**

解答第一小题按如下步骤进行操作。

在命令窗口中输入如下代码执行即可。

Select distinct 学生.姓名 from 学生 inner join 选课 on 学生.学号=选课.学号 Where 选课.成绩>=65 Order by 学生.姓名 desc into table result.dbf

解答第二小题按如下步骤进行操作。

（1）在命令窗口中输入 Modify Command Myprog，新建一个名为 myprog 的程序，在程序窗口中输入：

```
Set talk off
Set safety off
CLOSE ALL
USE 选课 IN 0
USE 学生 EXCL IN 0
ALTER TABLE 学生 ADD 平均成绩 N(6,2)
SELECT 学生
DO WHILE not EOF()
  SELECT AVG(成绩) FROM 选课 WHERE 选课.学号=学生.学号 INTO ARRAY cj
  REPLACE 平均成绩 with cj(1,1)
  cj(1,1)=0
  SKIP
ENDDO
Set talk on
Set safety on
```

**【解析】**

（1）本题本题考查的是 SQL 语句的多表查询，在完成本题时可使用 SQL 语句的 inner join 命令建立学生表和选课表在"学号"字段上的关联。

（2）本题考查了使用命令方法修改表结构及表内容的统计和增加。但注意使用此方法时，表必须独占打开(Use 命令中的 EXCLUSIVE 子句)，并且使用 Alter Table tablename Add newfield 命令插入新的字段，而平均成绩的统计可使用 avg()函数。

将平均成绩替换到"学生"表中，则是采取了先将"选课"表中对应的学生平均程序查询出来后，放入临时数组中，然后使用 Replace 命令替换到学生表中新的字段中。

## 第 26 题

（1）根据表"股票"和"数量"建立一个查询，该查询包含的字段有"股票代码"、"股票简称"、"买入价"、"现价"，"持有数量"和"总金额"（现价*持有数量），要求按"总金额"降序排序，并将查询保存为 myquery。

（2）打开 mpprog 程序，该程序包含 3 条 SQL 语句，每条语句都有一个错误。请更正之。

【答案】

解答第一小题按如下步骤进行操作。

（1）单击"文件"→"新建"命令，选择"查询"→"新建文件"。

（2）将"数量"表和"股票"表添加到查询设计器中，如图所示。

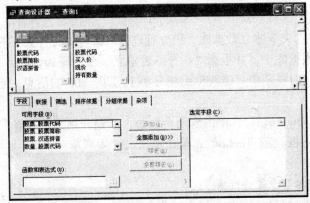

（3）在"联接条件"对话框中默认两表通过"股票代码"关联。在查询设计器中的"字段"选项卡中，将"可用字段"列表框中的题目要求的字段全部添加到"选定字段"列表框中，在"函数和表达式"框内输入"现价*持有数量 as 总金额"，并添加到"选定字段"列表框中，如图所示。

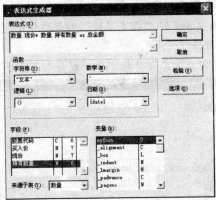

（4）在"排序依据"选项卡中将"选定字段"列表框中的"现价*持有数量 as 总金额"添加到"排序条件"中，在"排序选项"中选择"降序"，完成视图设计，将视图以 myview 为

文件名保存。

解答第二小题按如下步骤进行操作。

打开 mpprog.prg 程序，将代码更正为：

```
Select * from 股票 Where 股票代码="600008"
Update 数量 Set 现价=现价*1.1
Select 股票代码,现价*持有数量 as 总金额 from 数量
```

**【解析】**

（1）本题是一道建立查询的题目。可以在查询设计向导中按照设计向导的步骤按照题目中的要一步步设置即可。在选择字段时，在"函数和表达式"框内输入"现价*持有数量 as 总金额"，则查询将列出"总金额"列，而字段内容为"现价*持有数量"。

（2）本题考查了 SQL 语句语法的正确的使用。只要牢记条件查询和更新记录的 SQL 语法就可以完成本题，第 1、2 两行错误参见第 22 题解析部分，而在第三行中，对于查询列名称的重定义应使用"As"子句，而不能使用"Like"。

## 第 27 题

（1）在考生文件夹下建立数据库"积分管理"，将考生文件夹下的自由表"积分"添加进"积分管理"数据库中。并根据"积分"表建立一个视图 myview，视图中包含的字段与"成绩"表相同，但视图中只能查询到积分小于等于 1800 的信息，结果按"积分"升序排序。

（2）新建表单 myForm，表单内含两个按钮，标题分别为"问好"和"退出"。单击问好按钮，弹出对话框显示"hello"；单击退出，关闭表单。

**【答案】**

解答第一小题按如下步骤进行操作。

（1）打开数据库"积分管理"设计器，首先将"积分"表加入到数据库中。

（2）单击工具栏上的"新建"图标，选择"视图"选项后，单击"新建文件"按钮打开视图设计器。

（3）将"积分"表添加到视图设计器中，在视图设计器中的"字段"选项卡中，将"可用字段"列表框中的字段全部添加到"选定字段"列表框中。

（4）在"排序依据"选项卡中将"选定字段"列表框中的"积分.积分"添加到"排序条件"中，在"排序选项"中选择"升序"。

（5）在"筛选"选项卡中将筛选条件指定为"积分小于等于 1800"。如图所示。

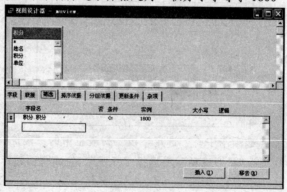

（5）完成视图设计，将视图以 myview 为文件名保存。

解答第二小题按如下步骤进行操作。

（1）在命令窗口中输入 Create Form myfom 命令，新建 myform 表单并进入表单设计器。

（2）在表单中添加两个命令按钮，将其 Caption 属性分别设置为"问好"和"退出"。

（3）双击"问好"命令按钮，选择其 Click 事件，输入如下代码：

```
Messagebox ("hello")
```

（4）双击"退出"命令按钮，选择其 Click 事件，输入如下代码

```
ThisForm.Release
```

（5）保存表单。表单运行界面如图所示。

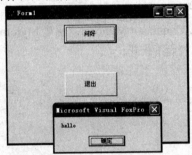

**【解析】**

（1）本题考查视图的建立。视图只有在数据库中才可以建立，并且要基于数据库中的表。建立完成的视图在文件夹中并不能看到，在数据库设计器中才能看到。按照数据库中的视图向导的提示，对照题目中的要求一步步地设置即可完成本题。

（2）本题考查表单的建立及控件的属性设置、代码编写和对话框的使用。在命令代码中产生对话框要使用到的函数是 messagebox()，其中可以加入在对话框上要显示的文字内容，使用直引号括起来。

## 第 28 题

（1）在数据库"住宿管理"中使用一对多表单向导生成一个名为 myForm 的表单。要求从父表"宿舍"中选择所有字段，从子表"学生"表中选择所有字段，使用"宿舍"字段建立两表之间的关系，样式为"边框式"；按钮类型为"图片按钮"；排序字段为"宿舍"（升序）；表单标题为"住宿浏览"。

（2）编写 myprog 程序，要求实现用户可任意输入一个大于 0 的整数，程序输出该整数的阶乘。如用户输入的是 5，则程序输出为"5 的阶乘为：120"

**【答案】**

解答第一小题按如下步骤进行操作。

（1）单击"开始"→"新建"→"表单"→"向导"→"一对多表单向导"。

（2）在表单向导中，"宿舍"及"学生"表分别作为父表和子表，并选择两表中所有可用字段到选定字段列表框中；表之间的关联设置为"宿舍"，表单样式设置为"边框"，按钮类型为"图片按钮"，排序字段选择"宿舍"（升序）；设置表单标题为"住宿浏览"。

（3）单击"完成"按钮，将表单以 myForm 文件名保存。表单运行界面如图所示。

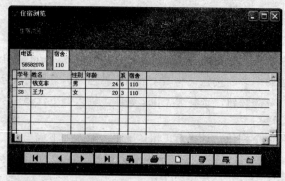

解答第二小题按如下步骤进行操作。

（1）在窗口中输入 Modify Command MyForm，新建 Myform 程序。

（2）在程序编辑窗口中输入如下代码：

```
Set talk off
Set safety off
input "请输入一个整数："to zhengshu
jicheng=1
for i=1 to zhengshu
    jicheng=jicheng*i
endfor
?zhengshu
??"的阶乘为："
??jicheng
Set talk on
Set safety on
```

（3）保存该程序。

【解析】

（1）本题考查的是一对多表单的建立。表单设计器中的表单向导中的一对多表单向导可以帮助完成此类表单的建立。按照向导的指引一步步地按照题目中的设置完成即可。

（2）本题考查的是命令程序的编写及数学计算公式的正确使用。在本题中要正确设置初始变量的值为 1。

## 第 29 题

（1）设计表单 myForm，其中有两个按钮，标题分别为"报告"、"汇报"和"退出"。单击"报告"按钮，弹出对话框"您单击的是报告按钮"。单击"汇报"按钮，弹出对话框"您单击的是汇报按钮"，如图所示。

单击"退出"按钮则退出表单。

（2）根据 order1 表和 cust 表建立一个查询 query1，查询出所有所在地是"北京"的公司的"名称"、"订单日期"、"送货方式"，要求查询去向是表，表名是 query1.dbf，并执行该查询。

**【答案】**

解答第一小题按如下步骤进行操作。

（1）在命令框内输入命令：Create Form myForm，打开表单设计器，并向表单添加三个命令按钮。

（2）选中第一个命令按钮，在属性对话框中将其 Caption 属性改为"报告"。双击该命令按钮，在 Click 事件中输入如下代码，结果如图所示。

```
Messagebox("您选择的报告按钮")
```

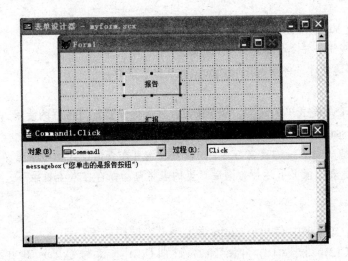

（3）选中第二个命令按钮，在属性对话框中将其 Caption 属性改为"汇报"。双击该命令按钮，在 Click 事件中输入如下代码：

```
Messagebox("您选择的汇报按钮")
```

（4）选中第三个命令按钮，在属性对话框中将其 Caption 属性改为"退出"。双击该命令按钮，在 Click 事件中输入如下代码：

```
ThisForm.Release
```

解答第二小题按如下步骤进行操作。

（1）单击"文件"→"新建"→"查询"→"新建文件"。将"定货"表和"客户"表添加到查询设计器中。

（2）在"联接条件"对话框中默认两表通过"客户编号"关联。

（3）在查询设计器中的"字段"选项卡中，将"可用字段"列表框中的题目要求的字段全部添加到"选定字段"列表框中。

（4）在"筛选"选项卡中将"筛选条件"设置为"客户.所在地="上海""。如图所示。

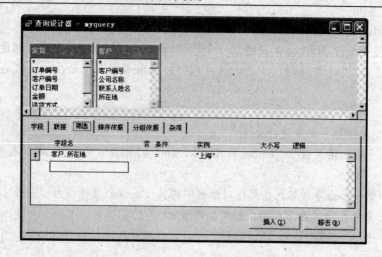

（5）再选择 Visual FoxPro 主窗口中的"菜单"→"查询去向"菜单命令，在弹出的对话框中选择"表"按钮，并命名表名为 mytable。

（6）完成查询设计，将查询以 myquery 为文件名保存。

**【解析】**

（1）本题考查的是表单的建立、命令按钮控件属性设置及对话框的使用。单击按钮产生对话框使用函数 messagebox( )。

（2）本题考查的是查询的建立与运行。建立查询可在查询设计器中按照向导的指引一步步设置。查询去向是表的情况下运行查询后产生的表将自动保存在考生目录下。

## 第 30 题

（1）在考生文件夹中有一个 studb 学生表，表结构如下：

学生（学号 C(2)，姓名 C(8)，年龄 N(2)，性别 C(2)，院系号 C(2)），现在要对 STUDENT 表进行修改，指定"学号"为主索引，索引名和索引表达式均为"学号"；指定"院系号"为"普通索引"，索引名和索引表达式均为"院系号"；年龄字段的有效性规则在 15 至 25 之间(含 15 和 25)，默认值是 18。

（2）列出客户名为"三益贸易公司"的订购单明细记录将结果先按"订单号"升序排列，同一订单的再按"单价"降序排列，并将结果存储到 result 表中（表结构与 order_detail 表结构相同）。

**【答案】**

解答第一小题按如下步骤进行操作。

（1）在数据库设计器中，右击"学生"表，在弹出的快捷菜单中选择"修改"。

（2）在"学生"表的表设计器中，单击"索引"选项卡，将字段索引名修改为"学号"，在"索引"下拉框中选择索引类型为"主索引"，将字段表达式修改为"学号"；在下面的框中将字段索引名修改为"院系号"，在"索引"下拉框中选择索引类型为"普通索引"，将字段表达式修改为"院系号"。

（3）选中"年龄"字段，在"字段有效性"设置区域内，输入"规则"文本框中的内容为"年龄>=15.AND.年龄<=25"，如图所示。

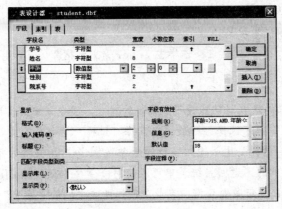

（4）单击"确定"按钮。

解答第二小题按如下步骤进行操作。

在命令窗口中输入如下代码并执行。

```
Select order_detail.* from customer inner join order_list inner join
order_detail on order_list.订单号 t=order_detail.订单号 on customer.客户号
=order_list.客户号 where customer.客户名="三益贸易公司" Order by order_detail.订单
号, order_detail.单价 desc into table result.dbf
```

**【解析】**

（1）本题考查了数据库中数据的完整性,包括数据完整性以及域完整和约束规则两个方面。这些都是在表设计器中完成的，而且只有数据库表才能进行数据完整性的设置。

本题考查的是多表间的 SQL 连接查询，设计过程中应注意每两个表之间进行关联的字段，在本题中是 Customer 表中的"客户"号及"订单"号两个字段。

## 第 31 题

（1）建立一个名为 myMenu 的菜单，菜单中有两个菜单项"时间"和"退出"。"时间"下还有一个子菜单，子菜单有"月份"和"年份"两个菜单项。在"退出"菜单项下创建一个过程，负责返回到系统菜单。

（2）在 student 数据库中有"学生"表和"宿舍"表。用 SQL 语句完成查询，结果为学生姓名及所住的宿舍电话，并将结果存放于表 mytable 中。

**【答案】**

解答第一小题按如下步骤进行操作。

（1）在命令窗口中输入 Create Menu myMenu 命令并在对话框中单击"菜单"图标按钮，进入菜单设计器。

（2）按题目要求输入主菜单名称"时间"。在其菜单项的"结果"下拉列表中选择"子菜单"。

（3）单击"创建"按钮进入"时间"菜单项的子菜单设计器界面。输入两个子菜单名称"月份"和"年份"。

（4）在"菜单级"组合框里选择"菜单栏"返回上级菜单，在主菜单的下面输入下一个菜单项"退出"，在"结果"下拉列表中选择"命令"并输入 Set SysMenu To Default。

（5）选择 Visual FoxPro 菜单"菜单"→"生成"命令命令。

解答第二小题按如下步骤进行操作。

所用到的 SQL 语句包含如下代码：

SELECT 学生.姓名,宿舍.电话 from 学生 inner join 宿舍 on 学生.宿舍=宿舍.宿舍 into table mytable

**【解析】**

（1）本题考查菜单的建立与功能设计。菜单的建立一般在菜单设计器中进行。设计过程中应当注意菜单项"结果"列的选择，一般可以选择"过程"、"命令"或"子菜单"等。每个选择项都有特定的用途。"过程"用于输入多行的命令，"命令"用来输入单行的命令，而"子菜单"是用来建立下级菜单的。返回系统菜单可以使用命令 Set SysMenu To Default。

（2）本题考查 SQL 语句多表查询，在此处使用两表之间的"宿舍"字段进行联接。

## 第 32 题

（1）建立视图 myview，并将定义视图的代码放到 mysql.txt 中。具体要求是：视图中的数据取自数据库"定货管理"中的"定货"表。按"总金额"排序（降序）。其中"总金额=单价*数量"。

（2）使用一对多报表向导建立报表。要求：父表为"产品"，子表为"外型"。从父表中选择所有字段。从子表中选择所有字段。两个表通过"产品编号"建立联系，按"产品编号"升序排序。报表样式选择"随意式"，方向为"纵向"。报表标题为"定货浏览"。生成的报表文件名为 myreport

**【答案】**

解答第一小题按如下步骤进行操作。

（1）打开数据库"订货管理"设计器，单击工具栏上的"新建"图标，选择"视图"→"新建文件"。

（2）将"定货"表添加到视图设计器中，并在视图设计器中的"字段"选项卡中，将"可用字段"列表框中的字段全部添加到"选定字段"列表框中。

（3）在"函数与表达式"框中输入"定货.单价*定货.数量 as 总金额"。

（4）在"排序依据"选项卡中将"选定字段"列表框中的"定货.单价*定货.数量 as 总金额"添加到"排序条件"中（降序）。

（5）单击视图设计器上的"SQL"按钮，将其中的 SQL 语句复制，并粘贴到 mytxt.txt 中。

解答第二小题按如下步骤进行操作。

（1）打开一对多报表向导，并且从父表"产品"及从子表"外型"中选择所有字段。

（2）在接下来的对话框中，分别按照题目要求设置两表以字段"产品编号"建立关系，将"产品编号"（升序）设置为排序依据；报表样式选择"随意式"，方向为"纵向"。将报表标题设置为"定货浏览"。

（3）单击"完成"按钮，完成对报表的建立，以 myrport 保存报表。

**【解析】**

（1）本题考查简单视图的建立。视图的建立在数据库设计器中完成。除了表中的字段可以作为视图显示的字段外，字段的运算（如求和或平均）的结果也可以作为视图的显示的内容。视图建立完成以后，只有在数据库中才能看的到。SQL 语句在视图设计器中单击"SQL"按钮可以获得。

同理，在创建查询时，单击"SQL"按钮也可以得到查询的 SQL 代码，学员在需要使用 SQL 代码时，可以通过查询向导或创建普通查询的方法，首先建立一个查询，然后将其 SQL 代码复制出来，这样更加容易理解查询代码中的意义，发生错误的可能也会减少到最低。

（2）使用一对多报表向导建立报表的题目我们在前面已经做过一些，基本方法都类似，只是在创建时需要注意根据提示（或对数据表的分析）确定两表之间的联接字段、排序依据的选择，并且设置报表样式、方向、报表标题及报表的保存文件名即可。

### 第 33 题

（1）根据数据库"炒股"下的"股票"和"数量"表建立一个查询，该查询包含的两个表中的全部字段。要求按"现价"排序（降序），并将查询保存为 myquery。

（2）考生文件夹下有一个名为 myForm 表单文件，其中有一个命令按钮（标题为"查询"），要求单击该按钮查询出住在四楼的所有学生的全部信息。该事件共有四句语句，每一句都有一处错误，请按照要求更正错误，但是不允许添加或删除行。

【答案】

解答第一小题按如下步骤进行操作。

（1）单击"文件"→"新建"命令，选择"查询"→"新建文件"打开查询设计器。

（2）将"股票"和"数量"表添加到查询设计器中。并默认两表通过"股票代码"关联。

（3）在查询设计器中的"字段"选项卡中，将"可用字段"列表框中的字段全部添加到"选定字段"列表框中。

（4）在"函数和表达式"框内输入"现价*持有数量 as 总金额"，并添加到"选定字段"列表框中。

（5）在"排序依据"选项卡中将"选定字段"列表框中的"现价"添加到"排序条件"中，并设置为"降序"，如图所示。

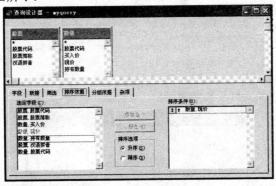

（6）完成查询设计，将查询以 myquery 为文件名保存

解答第二小题按如下步骤进行操作。

（1）在命令窗口里输入 Modify Form myForm，进入表单的设计器。

（2）双击查询命令按钮，修改其代码窗口中的代码为：

```
Select * from 宿舍 ;
inner join 学生 on 学生.宿舍=宿舍.宿舍 ;
Where subs(宿舍.宿舍,1,1)="4"
```

**【解析】**

（1）本题是一道建立查询的题目。可以在查询设计向导中按照设计向导的步骤按照题目中的要一步步设置即可。如果要添加表中没有的字段，要通过函数和表达式框旁的生成按钮来进行设置。

（2）本题考查的是 SQL 语句的使用。正确掌握 Select 语句的各个关键字，如"*"代表所有字段（而不是"All"），条件关键字为 Where（而不是 For），连接条件关键字用 on（而不是 When），就可以正确的解答此类题目。

## 第 34 题

（1）建立表单，标题为"系统时间"，文件名为 myForm。完成如下要求：

表单上有一命令按钮，标题为"显示时间"；一个标签控件。单击命令按钮，在标签上显示当前系统时间，显示格式为：yyyy 年 m 月 dd 日。如果当前月份为一月到九月，如 3 月，则显示为"3 月"，不显示为"03 月"。显示示例：如果系统时间为 2004-04-08，则标签显示为"2004 年 4 月 08 日"。

（2）在考生文件夹的下对数据库"图书借阅"中的表 book 的结构做如下修改：指定"索书号"为主索引，索引名为"ssh"，索引表达式为"索书号"。指定指定"作者"为普通索引，索引名和索引表达式均为"作者"。字段价格的有效性规则是"价格>0"，默认值是 10。

**【答案】**

解答第一小题按如下步骤进行操作。

（1）在命令窗口中输入：Create Form myForm，新建表单。通过表单工具控件栏在表单上添加一个标签控件和一个命令按钮控件。

（2）在属性窗口中修改表单和命令按钮的 Caption 属性分别为："系统时间"和"显示时间"。双击"显示时间"命令按钮，在其 Click 事件中输入：

```
riqi=dtoc(date(),1)
nian=subs(riqi,1,4)
yue=iif(subs(riqi,5,1)="0",subs(riqi,6,1),subs(riqi,5,2))
ri=subs(riqi,7,2)
ThisForm.label1.Caption=nian+"年"+yue+"月"+ri+"日"
```

（3）保存表单。表单运行界面如图所示。

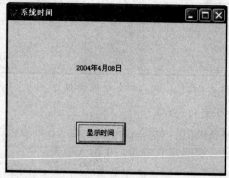

解答第二小题按如下步骤进行操作。

（1）打开数据库"图书借阅"设计器，右键单击数据库表 book，选择"修改"命令。

（2）单击"索引"项卡，将字段索引名修改为"shh"，在"索引"下拉框中选择索引类型为"主索引"，将字段表达式修改为"索书号"

（3）在下面一行中，将字段索引名修改为"作者"，在"索引"下拉框中选择索引类型为"普通索引"，将字段表达式修改为"作者"。如图所示。

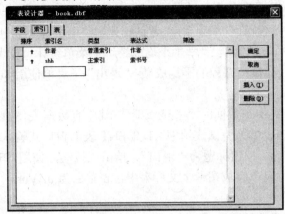

（4）在"字段"选项卡下，选中"价格"字段，在"字段有效性"设置区域内，输入"规则"文本框中的内容为"价格>0"，在默认值框内输入 10。单击"确定"按钮。

【解析】

（1）本题考查表单的设计和基本函数的使用。获得系统日期的函数是 date（），使用函数 dtoc(date(),1)将系统时间转化为 yyyymmdd 格式的字符串。要在标签上显示系统时间，需要将标签控件的 Caption 属性设置为系统时间的值。

（2）本题考查的是表结构的设置，表结构的设置在表结构设计器中完成。右键单击要设置的数据库表，在弹出的快捷菜单中选择"修改"，即可进入表的结构设计器界面。

## 第 35 题

（1）mypro.prg 中的 SQL 语句用于查询考试成绩数据库中参加了课程号为"C2"的学生的"学号"、"课程号"和"成绩"，现在该语句中有 3 处错误，分别出现在第 1 行、第 2 行和第 3 行，请更正。要求保持原有语句的结构，不增加行不删除行。

（2）在考试成绩数据库中统计每门课程考试的平均成绩，并将结果放在表 mytable 中

【答案】

（1）将代码修改为如下代码：

```
Select sc.*, student.姓名;
from sc inner join student on sc.学号=student.学号;
Where sc.课程号="c2"
```

（2）在命令窗口中输入如下代码：

```
Select sc.课程号,avg(成绩) as 平均成绩;
from sc Group by 课程号 into table mytable
```

【解析】

（1）本题为 SQL 语句改错题，正确掌握 SQL 语句的语法规则，包括关键字的正确使用和语句结构的正确性。本题中语句结构正确但是有些关键字是错误的。更正这些关键字即可完成

该题，解释请参照第 33 题解析。

（2）本题考查多表查询，读者可以试着使用创建"查询"后，将其 SQL 语句复制出来的方法来操作一下。

## 第 36 题

（1）考试成绩数据库下有 1 个表 sc.dbf，使用菜单设计器制作一个名为 myMenu 的菜单，菜单只有一个"考试统计"子菜单。"考试统计"菜单中有"学生平均成绩"，"课程平均成绩"和"退出" 3 个子菜单："学生平均成绩"子菜单统计每位考生的平均成绩；"课程平均成绩"子菜单统计每门课程的平均成绩；"退出"子菜单使用 Set SysMenu To Default 语句来返回系统菜单。

（2）在考生文件夹中有数据库"考试成绩"，其中有数据表 STUDENT，在考生文件夹下设计一个表单。该表单为考试成绩中 STUDENT 表的窗口式输入界面，表单上有一个名为 Command1 的按钮，按钮标题为"退出"。单击该按钮，使用"ThisForm.Release"命令来退出表单。最后将表单存放在考生文件夹中，表单名为 myForm。

【答案】

第一小题按如下步骤进行操作：

（1）输入 Create Menu myMenu 命令，并单击"菜单"按钮进入菜单设计器。

（2）按题目要求输入主菜单名称"考试统计"，在该菜单项的"结果"下拉列表中选择"子菜单"，单击"创建"命令按钮，输入三个子菜单名称"学生成绩统计"、"课程成绩统计"和"退出"。

（3）选择"考试成绩统计"的结果项为"命令"，在命令窗口里输入：

```
Select 学号,avg(成绩) as  平均成绩 from sc Group by 学号
```

（4）选择"课程成绩统计"结果项为"命令"，在命令窗口里输入：

```
Select 课程号,avg(成绩) as  平均成绩 from sc
```

（5）选择"退出"结果项为"命令"，在命令窗口里输入：

```
Set SysMenu To Default
```

（6）选择 Visual FoxPro 窗口中的"菜单"→"生成"命令。菜单界面如图所示。

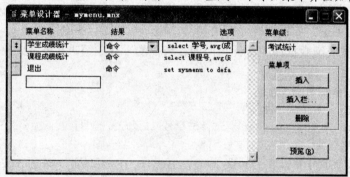

第二小题按如下步骤进行操作：

（1）在命令框内输入 Create Form myForm 命令新建表单并打开表单设计器。

（2）向表单添加一个命令按钮，选中该命令按钮，在属性对话框中将其 Caption 属性改为"退出"。

（3）双击"退出"按钮，在 Click 事件中输入如下程序段：

```
ThisForm.Release
```

（4）打开"考试成绩"数据库设计器，将表 STUDENT 拖入到表单中。

（5）保存并关闭表单后，在命令窗口中输入命令：do Form myForm 执行此表单。

**【解析】**

（1）本题考查菜单的建立。在菜单设计器中建立菜单，建立完成后要生成菜单的可执行文件。

（2）本题考查创建表单并对表单进行操作的方法。创建表单使用 Create Form 命令，而在表单中添加控件，就需要单击"表单控件"工具栏上相应的控件按钮，在表单上添加该控件；对于控件的修改，则首先需要选中该控件，然后在该控件的属性窗口中进行修改。

## 第 37 题

（1）在数据库"图书借阅"中建立视图 myview，包括"借书证号"，"借书日期"和"书名"字段。内容是借了图书"数据库设计"的记录。建立表单 myForm，在表单上显示视图 myview 的内容。

（2）使用表单向导制作一个表单，要求选择 borrow 表中的全部字段。表单样式为"阴影式"，按钮类型为"图片按钮"，排序字段选择"姓名"（升序），表单标题为"读者信息"，最后将表单保存为 Form1。

**【答案】**

（1）打开数据库"图书借阅"设计器，并在其中一个视图。

（2）在视图设计器中，将 loan 和 book 表添加到其中。

（3）在视图设计器的"字段"选项卡中的"可用字段"列表框中，按题目要求将所需要的字段添加到"选定字段"列表框中，

（4）在"筛选"选项卡的"字段名"下选择 book 书名，条件为"="，实例为"数据库设计"。如图所示。

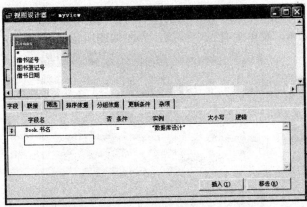

（5）保存视图并关闭视图设计器，同时在命令窗口里输入 Create Form Form1 命令新建表单 Form1。

（6）打开表单的数据环境窗口，并添加刚建立的视图 myview，如图所示。

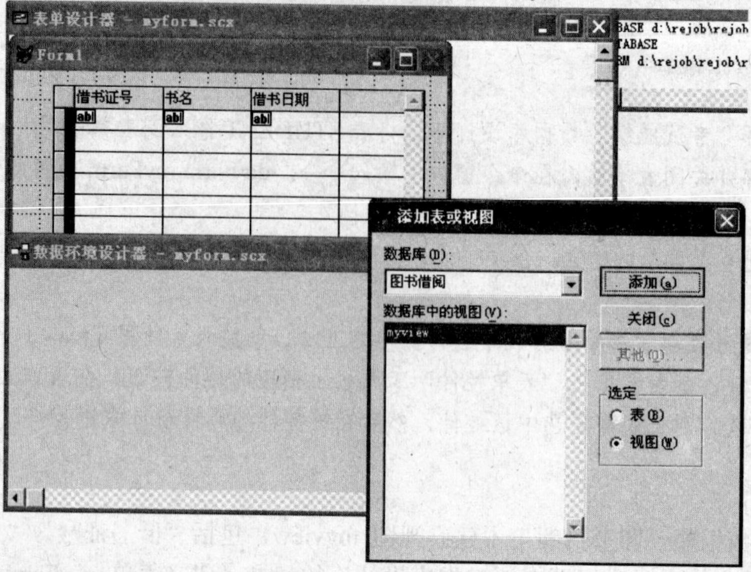

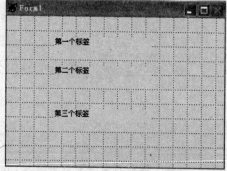

（7）将其直接拖入表单后，保存表单。

解答第二小题按如下步骤进行操作。

（1）启动表单向导，并选择 borrows 表中的全部字段。

（2）在接下来的对话框中，将表单样式及按钮类型分别设置为"阴影"及"图片按钮"，将排序字段选择为"姓名"（升序）并设置表单标题为"读者信息"。

（3）保存表单为 Form1。

**【解析】**

（1）本题考查了视图的建立与显示。使用视图向导建立查询，在表单的数据环境里添加建立的视图，并将其拖入表单中即可。

（2）本题考查了表单向导的使用。使用表单向导建立表单时可按照表单向导的提示对题目中的要求一步步设置。

## 第 38 题

建立表单 myForm，表单上有三个标签，界面如图所示。

当单击任何一个标签时，都使其他两个标签的标题互换。

（2）根据表 authors 和表 books 建立一个查询，该查询包含的字段有"作者姓名"、"书位"、"价格"和"出版单位"，要求按"价格"排序（升序），并将查询保存为 query。

**【答案】**

解答第一小题按如下步骤进行操作。

（1）在命令窗口中输入 Create Form myForm 命令新建表单。

（2）通过表单控件工具栏在表单上添加三个标签控件，设置其 Caption 分别为"第一个标签"、"第二个标签"和"第三个标签"。

（3）双击"第一个标签"，在其 Click 事件中输入：

```
biaoti=ThisForm.label2.Caption
ThisForm.label2.Caption=ThisForm.label3.Caption
ThisForm.label3.Caption=biaoti
```

（4）双击"第二个标签"，在其 Click 事件中输入：

```
biaoti=ThisForm.label1.Caption
ThisForm.label1.Caption=ThisForm.label3.Caption
ThisForm.label3.Caption=biaoti
```

（5）双击"第三个标签"，在其 Click 事件中输入：

```
biaoti=ThisForm.label1.Caption
ThisForm.label1.Caption=ThisForm.label2.Caption
ThisForm.label2.Caption=biaoti
```

（6）保存表单。

解答第二小题按如下步骤进行操作。

（1）新建查询，并将表 authors 和 books 添加到查询设计器中。

（2）使用默认的"作者编号"作为联接字段。

（3）将"可用字段"列表框中的题目要求的字段全部添加到"选定字段"列表框中。在"排序依据"选项卡中将"选定字段"列表框中的价格添加到"排序条件"中，在"排序选项"中选择升序，如图所示。

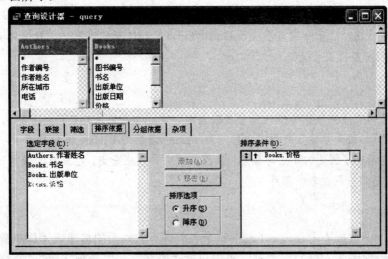

（2）完成查询设计，将查询以 query 为文件名保存。

**【解析】**

（1）本题考查表单的设计和事件的编写。在标签控件的 Click 事件中的编写代码，单击标签时触发事件。程序设计中，替换两个标签的标题时，可先将第一个标签的标题值赋予一个变量，然后将第二个标签标题值赋予第一个标签标题，最后将变量赋予第二个标签标题，实现两个标签的标题替换。

（2）本题是一道建立查询的题目。可以在查询设计向导中按照设计向导的步骤按照题目中的要一步步设置即可。如果要添加表中没有的字段，要通过函数和表达式框旁生成按钮来进行设置。

## 第 39 题

（1）在 zhiban 数据库中统计"yuangong"表中的"加班费"，并将结果写入"yuangong"表中的"加班费"字段。

（2）建立视图 view1，包括职工编码、姓名和夜值班天数等字段，内容是夜值班天数在 3 天以上的员工。建立表单 Form1，在表单上显示视图 view 的内容。

【答案】

解答第一小题按如下步骤进行操作。

在命令窗口中输入如下代码：

```
Select 每天加班费 from zhiban Where 值班时间="夜" into array a1
Select 每天加班费 from zhiban Where 值班时间="昼" into array a2
Update yuangong Set 加班费=yuangong.夜值班天数*a1(1,1)+yuangong.昼值班天数
*a2(1,1)
```

解答第二小题按如下步骤进行操作。

（1）打开数据库图书借阅设计器，新建视图，并将 yuangong 表添加到视图设计器中。

（2）在"字段"选项卡中，将"可用字段"列表框中题目要求的字段添加到"选定字段"列表框中

（3）在"筛选"选项卡中，在"字段名"下选择"yuangong.夜值班天数"，"条件"为">"，实例为"3"。

（4）保存视图，在命令窗口里输入 Create Form Form1 新建表单，在数据环境里添加刚建立的视图 view1，并将其直接拖入表单。

（5）保存表单。

【解析】

（1）本题考查了对数据库中的多个表的查询、统计和表记录的更新。可先从 zhiban 表中查出昼夜值班的加班费并放入数组中，再对表 yuangong 使用 Update 语句更新。

（2）本题考查了视图的建立与显示。使用视图向导建立查询，在表单的数据环境里添加建立的视图，并将其拖入表单中即可。

## 第 40 题

（1）在 rate 数据库中查询 cyl 表中每个人所拥有的外币的总净赚（总净赚=持有数量*（现钞卖出价-现钞买入价）），查询结果中包括"姓名"和"净赚字段"，并将查询结果保存在一个新表 newtable 中。

（2）建立名为 myForm 的表单，要求如下：为表单建立数据环境，并向其中添加表 hl；将表单标题该为"汇率浏览"；修改命令按钮（标题为查询）下的 Click 事件，使用 SQL

的 Select 语句查询出卖出买入差价在 5 个外币单位以上的外币的 "代码"，"名称" 和 "差价"，并将查询结果放入表 newtable2 中。

**【答案】**

解答第一小题按如下步骤进行操作。

在命令窗口中输入如下的 SQL 代码并执行。

```
Select cyl.姓名,sum(cyl.持有数量*(hl.现钞卖出价-hl.现钞买入价)) as 净赚 from hl
inner join cyl on hl.外币代码=cyl.外币代码 Group by 姓名 into table newtable
```

解答第二小题按如下步骤进行操作。

（1）在命令窗口内输入 Create Form myForm 命令建立新的表单。并将 hl 表添加到表单的数据环境中。

（2）在表单中添加命令按钮，在修改其 Caption 属性为 "退出"。

（3）双击 "退出" 命令按钮，在其代码窗口内输入如下代码：

```
Select 外币代码,外币名称,(现钞卖出价-现钞买入价) as 差价 from hl Where (现钞卖出价-
现钞买入价)>5 into table newtable2
```

（4）保存表单。

**【解析】**

（1）本题考查了使用 SQL 语句进行多表查询与统计，并将结果存放在表中。

（2）本题考查表单数据环境的使用及表单控件事件的编写。放入表单数据环境中的数据表可在控件事件中使用 select tableName 直接打开使用。在事件代码中要使用 SQL 语句对表 hl 进行基本操作，在 SQL 语句中，条件语句 Where 使用了数学差运算方法。

# 第 41 题

（1）考生目录下有一个商品表，使用菜单设计器制作一个名为 myMenu 的菜单，菜单只有一个 "查看" 子菜单。该菜单项中有 "北京"，"广东" 和 "退出" 3 个子菜单："北京" 子菜单查询出产地是 "北京" 的所有商品的信息，"广东" 子菜单查询出产地是 "广东" 的所有商品的信息。使用 "退出" 子菜单项回系统菜单。

（2）在考生文件夹的下对数据库 ec 中的表会员的结构做如下修改：指定 "会员号" 为主索引，索引名和索引表达式均为 "会员号"。指定指定 "年龄" 为普通索引，索引名为 "ages"，索引表达式为 "年龄"。年龄字段的有效性规则是 "年龄>=18"，默认值是 25

**【答案】**

解答第一小题按如下步骤进行操作。

（1）打开菜单设计器，并按题目要求输入主菜单名称 "查看"。在 "查看" 菜单项的 "结果" 下拉列表中选择 "子菜单"。如图所示。

（2）单击"创建"命令按钮，分别三个子菜单项："北京"、"广东"和"退出"。在"结果"下拉列表中均选择为"命令"。

（3）分别在对应菜单命令输入框中输入命令：Select * from 商品表 Where 产地="北京"，Select * from 商品表 Where 产地="北京" 和 Set SysMenu To Default。

（4）单击 Visual FoxPro 窗口中的"菜单"→"生成"命令。

解答第二小题按如下步骤进行操作。

（1）打开数据库设计器，并右键单击"会员"表，选择"修改"命令。

（2）单击"索引"选项卡，将字段索引名修改为"会员号"，在"索引"下拉框中选择索引类型为"主索引"，将字段表达式修改为"会员号"。

（3）按照上面的方法再添加一个普通索引，索引名为"ages"，索引表达式为"年龄"。

（4）在"字段"选项卡中选中"年龄"字段，在字段有效性的规则里输入"年龄>=18"，在默认值栏里输入"25"。如图所示。

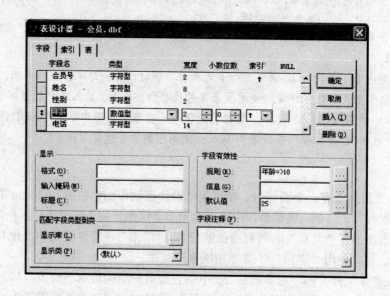

（5）单击"确定"按钮保存对表结构的修改。

**【解析】**

（1）本题考查菜单的建立与功能设计。菜单的建立一般在菜单设计器中进行。此题中子菜单中的三个"结果"选项均为"命令"，并且分别在相应的命令输入栏中进行输入。

（2）本题考查了表结构的设置。表结构的设置在表设计器中进行，可在命令窗口里使用 Modify Structureure 命令打开表结构设计器。

## 第 42 题

（1）建立视图 myview，并将定义视图的代码放到考生文件夹下的 mytxt.txt 中。具体要求是：视图中的数据取自表 zhiban 和 yuangong。按"总加班费"排序（升序）。其中字段"总加班费"是每个人的"昼值班天数*昼值班加班费+夜值班天数*夜值班加班费"。

（2）设计界面如下的表单：

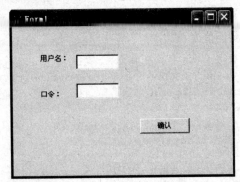

要求：当用户输入用户名和口令并单击"确认"按钮后，检验其输入的用户名和口令是否匹配，（假定用户名为"ABCDEF"，密码为"123456"）。如正确，则显示"欢迎使用"字样并关闭表单；若不正确，则显示"用户名或口令错误，请重新输入"字样，如果连续三次输入不正确，则显示"用户名与口令不正确，登陆失败"字样并关闭表单。

**【答案】**

解答第一小题按如下步骤进行操作。

（1）打开数据库 zbdb 设计器，并新建视图。

（2）将 zhiban 和 yuangong 表添加到视图设计器中，并将题目中要求显示的字段添加到"选定字段"列表框中。

（3）在函数与表达式框中输入：Yuangong.夜值班天数*Zhiban.夜值班加班费+Yuangong.昼值班天数*Zhiban.昼值班加班费 AS 总加班费，如图所示。

（4）在"排序依据"选项中将"总加班费"添加到"排序条件"中（升序）。

（5）以 myview 文件名保存视图。单击视图设计器上的"SQL"按钮并将创建视图代码拷贝题目中指定的文本中。

解答第二小题按如下步骤进行操作。

（1）在命令窗口中输入 Create Form myForm 命令新建表单。

（2）在表单中添加两个标签、两个文本框和一个命令按钮，并按照题目要求修改标签和命令按钮的标题属性。

（3）单击主菜单"表单"→"新建属性"，为表单添加新属性"num"，选中表单控件，在属性窗口的最后设置 nmu 属性值为 0。

（4）双击命令按钮，在其 Click 事件中输入：

```
If ThisForm.text1.Value="ABCDEF" and ThisForm.text2.Value="123456"
  wait"欢迎使用" windows timeout 1
  ThisForm.Release
else
  ThisForm.num=ThisForm.num+1
  If ThisForm.num=3
    wait"用户或口令不对，登陆失败" windows timeout 1
    ThisForm.Release
  else
    wait"用户名或口令不对，请重输" windows timeout 1
    ThisForm.text1.Value=""
    ThisForm.text2.Value=""
  endif
endif
```

（5）保存表单。

**【解析】**

（1）本题考查简单视图的建立。除了表中的字段可以作为视图显示的字段外，字段的运算（如求和或平均）的结果也可以作为视图的显示的内容。视图建立完成以后，只有在数据库中才能看的到。单击视图设计器上的"SQL"按钮可查看建立视图所用的 SQL 代码。

（2）选择主菜单"表单"→"新建属性"命令，可以为表单添加新的属性，该属性用来记录错误输入的次数。为达到同样的效果，也可以在表单的 Init 事件中定义一个全局变量（Pulic mnu）并为其赋初始值"0"。

为了让正确或错误的信息在屏幕上出现一段时间后再关闭表单，本题使用了 Wait "字样内容" Windows Timeout 字样显示时间（以秒为单位）的命令。

## 第 43 题

（1）建立视图 myview，并将定义视图的代码放到 mysql.txt 中。具体要求是：视图中的数据取自表"宿舍"的全部字段和新字段"楼层"。按"楼层"排序（升序）。其中"楼层"是"宿舍"字段的第一位代码。

（2）根据表"宿舍"和表"学生"建立一个查询，该查询包含住在 2 楼的所有学生的全部信息和宿舍信息。要求按"学号"排序，并将查询保存为 vmyquery。

**【答案】**

解答第一小题按如下步骤进行操作。

（1）打开数据库 student 设计器，新建视图，并将"宿舍"表添加到视图设计器中。

（2）在视图设计器中的"字段"选项卡中，将"可用字段"列表框中的字段全部添加到"选定字段"列表框中，

（3）在"函数与表达式"框中输入 Susbter(宿舍,1,1) as 楼层，并在"排序依据"选项卡中将"选定字段"列表框中的楼层添加到"排序条件"中（升序）。如图所示。

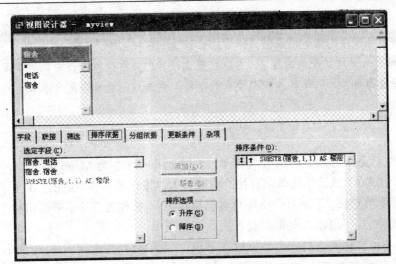

（4）保存视图。单击视图设计器上的"SQL"按钮可查看建立视图所用的 SQL 代码，拷贝这些代码到题目中指定的文本里。

解答第二小题按如下步骤进行操作。

（1）新建查询，并将"宿舍"和"学生"表添加到查询设计器中。

（2）在"联接条件"对话框中默认两表通过"宿舍"关联。

（3）在查询设计器中的"字段"选项卡中，将"可用字段"列表框中的题目要求的字段全部添加到"选定字段"列表框中。并"筛选"选项卡里输入 subster(宿舍,1,1)="2"，如图所示。

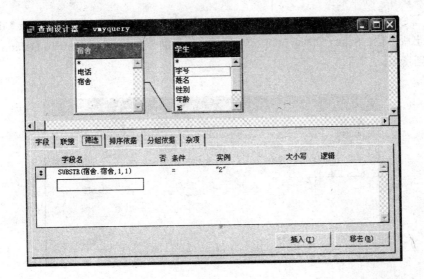

（4）在"排序依据"选项卡中将"选定字段"列表框中的学号添加到"排序条件"中，在"排序选项"中选择"升序"。

（5）完成查询设计，将查询以 vmyquery 为文件名保存。

【解析】

（1）本题考查简单视图的建立。视图的建立在数据库设计器中完成。除了表中的字段可以作为视图显示的字段外，字段的运算（如求和或平均）的结果也可以作为视图的显示的内容。

单击视图设计器上的 "SQL" 按钮可查看建立视图所用的 SQL 代码。本题中使用了 Subster()函数来将 "宿舍" 字段值的第一位取出，作为楼层号显示在视图中。

（2）本题是一道建立查询的题目。可以在查询设计向导中按照设计向导的步骤按照题目中的要一步步设置即可。如果要添加表中没有的字段，要通过函数和表达式框旁生成按钮来进行设置。

### 第44题

（1）考生目录下有表 book，使用菜单设计器制作一个名为 Menu 的菜单，菜单只有一个 "统计" 子菜单。"统计" 菜单中有按 "出版社"，"按作者" 和 "退出" 3 个子菜单："按出版社" 子菜单负责按 "出版社" 排序查看书籍信息；"按作者" 子菜单负责按 "作者编号" 排序查看书的信息。"退出" 菜单负责返回到系统菜单。

（2）在考生文件夹下有一个数据库 "书籍"，其中有数据库表 authors 和 books。使用报表向导制作一个名为 repo 的一对多的报表。要求：选择父表中的 "作者编号"、"作者姓名" 和 "所在城市"，在子表中选择全部字段。报表样式为 "帐务式"，报表布局：列数 1，方向为 "横向"；排序字段为 "作者姓名"（升序）。报表标为 "作者和书籍"。

【答案】

（1）在命令窗口中输入 Create Menu Menu 命令，并单击 "菜单" 图标按钮，进入菜单设计器。

（2）按题目要求输入主菜单名称 "统计"。并为其创建子菜单，输入三个子菜单项："按出版社"、"按作者" 和 "退出"。

（3）三个子菜单的 "结果" 下拉列表中都选择为 "命令"，分别输入命令为 select * from books Order by 出版单位，Select * from books Group by 作者编号和 Set SysMenu To Default 命令。菜单界面如图所示。

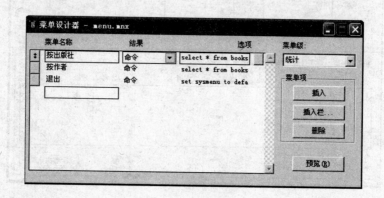

（4）单击 Visual FoxPro 窗口中的 "菜单" → "生成" 命令。

解答第二小题按如下步骤进行操作。

（1）单击 "开始" → "新建" 命令，并选择 "报表" → "向导" → "一对多报表向导"，如图所示。

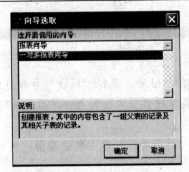

（2）单击"数据库和表"旁边的按钮，选择 authors 和 books 表，在父表中选择"作者编号"、"作者姓名"和"所在城市"字段；子表中选择全部字段。

（3）默认两表的连接字段为"作者编号"。报表样式选择"帐务式"；在定义报表布局中，列数选择1，方向选择"横向"；选择索引标志为"作者姓名"；设置报表标题为"作者与书籍"。

（4）单击"完成"按钮，保存报表名为 repo。

【解析】

（1）本题考查菜单的建立与功能设计，请参照前面相关题目的解析。

（2）使用报表向导建立报表较为简单，只需要按照报表向导中的提示对题目中的要求一步步设置即可完成本题。注意报表的运行需要联接打印机，所以考生可以选择浏览来查看自己建立的报表。

## 第 45 题

（1）使用表单向导制作一个表单，要求选择 sc 表中的全部字段。表单样式为"阴影式"，按钮类型为"图片按钮"，排序字段选择"学号"（升序），表单标题为"成绩查看"，最后将表单保存为 from1。

（2）在考生文件夹的下对数据库 rate 中的表 hl 的结构做如下修改：指定"外币代码"为主索引，索引名和索引表达式均为"外币代码"。指定"外币名称"为普通索引，索引名为和索引表达式均为"外币名称"。

【答案】

解答第一小题按如下步骤进行操作。

（1）选择 FoxPro 窗口中"文件"→"新建"命令，选中"表单"选项，单击"表单向导"按钮

（2）单击"数据库和表"右下边的按钮，选择考生目录下的 sc 表，如图所示。

（3）选择全部字段，并依次设置表单样式设置为"阴影式"，按钮类型为"图片按钮"，排

序字段选择"学号"（升序），表单标题为"成绩查看"。

（4）以文件名 Form1 保存并关闭表单。

解答第二小题按如下步骤进行操作。

（1）打开数据库设计器并右击 hl 表，选择"修改"命令打开表设计器。

（2）在"索引"选项卡中将字段索引名设置为"外币代码"，索引类型为"主索引"，字段表达式为"外币代码"

（3）以同样的方法为字段"外币名称"建立普通索引，表达式为"外币名称"。

（4）单击"确定"按钮。

**【解析】**

（1）本题考查了表单向导的使用。使用表单向导建立表单时可按照表单向导的提示对题目中的要求一步步设置。

（2）本题考查了表结构的修改，主要是对字段建立索引，需要注意考题所要求所建立索引的类型（主索引或普通索引）及索引的字段表达式。

## 第 46 题

（1）考生文件夹下有一个 score 表，使用菜单设计器制作一个名为 myMenu 的菜单，菜单只有一个菜单项"查看"。该菜单中有"查看学生"，"查看课程"和"退出" 3 个子菜单："查看学生"子菜单按"学号"排序查看成绩；"查看课程"子菜单按"课程号"排序查看成绩；"退出"子菜单负责返回系统菜单。

（2）在考生文件夹下有一个数据库 ec，其中有数据库表"购买"，在考生文件夹下设计一个表单，该表单为"购买"表的窗口输入界面，表单上还有一个标题为"退出"的按钮，单击该按钮，则退出表单。

**【答案】**

解答第一小题按如下步骤进行操作。

（1）以文件名 myMenu 创建菜单并打开菜单设计器。

（2）按题目要求输入主菜单名称"查看"并在"结果"下拉列表中选择"子菜单"。

（3）单击"创建"命令按钮，分别输入三个子菜单项："查看学生"、"查看课程"和"退出"，其"结果"下拉列表中都选择"命令"，分别输入命令为 Select * from score Order by 学号，Select * from score Order by 课程号 和 Set SysMenu To Default。菜单界面如图所示。

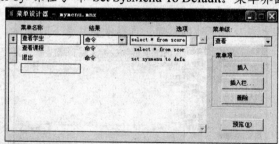

（4）单击 Visual FoxPro 窗口中的"菜单"→"生成"命令生成可执行菜单。

解答第二小题按如下步骤进行操作。

（1）以文件名 myForm 创建新的表单，并将"购买"表添加到表单数据环境中。

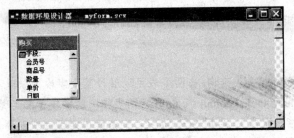

（2）将"购买"表从数据环境中直接拖到表单上。

（3）在表单中添加一个命令按钮，将其 Caption 属性改为"退出"，在其 Click 事件代码窗口内输入：

```
ThisForm.Release.
```

（4）关闭并保存表单。

**【解析】**

（1）本题考查菜单的建立与功能设计，请参照前面相关题目的解析。

（2）本题考查建立简单的表单，及表单数据环境的使用。将数据环境中的数据表直接拖入表单中即可实现表的窗口输入界面在表单中的编辑。

## 第 47 题

（1）在 ec 数据库中有"商品"表和"购买"表。用 SQL 语句查询会员号为"C1"的会员购买的商品的商品的信息（包括购买表的全部字段和商品名）。并将结果存放于表 newtable 中。

（2）在考生文件夹下有一个数据库"图书借阅"，其中有数据库表 loans。使用报表向导制作一个名为 repo 的报表。要求：选择表中的全部字段。报表样式为"带区式"，报表布局：列数 2，方向为"纵向"。排序字段为日期（升序）。报表标题为 loans。

**【答案】**

解答第一小题按如下步骤进行操作。

在命令窗口中输入如下代码并执行：

```
select 商品.商品名,购买.* from 商品 inner join 购买 on 商品.商品号=购买.商品号
Where 购买.会员号="C1" into table newtable
```

解答第二小题按如下步骤进行操作。

（1）新建并启动报表向导。

（2）在报表向导中加入 loans 表，可用字段选择全部字段；分组记录选择"无"；报表样式选择"带区式"；在定义报表布局中，列数选择 2，方向选择"纵向"；如图所示。

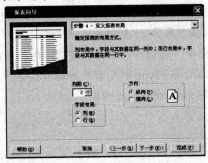

（3）选择索引标志为"日期"；设置报表标题为"loans"；单击"完成"按钮，以文件名 repo 保存报表。

**【解析】**

（1）本题考查 SQL 语句多表查询。当两个表可以通过某个字段关联时，可以使用 table1 inner join table2 on table1.colum=table2.colum（colum 为两表相同的字段）来实现表的连接（在本题中为两表共有的"商品号"字段）。再用 SQL Select 查询语句即可完成此题。

（2）使用报表向导建立报表较为简单，只需要根据报表向导中的提示按照题目中的要求一步步设置即可完成本题.

## 第 48 题

（1）prog1.prg 中的 SQL 语句用于对 books 表做如下操作：

    1）为每本书的"价格"加上 1 元

    2）统计 books 表中每个作者所著的书的价格总和。

    3）查询出版单位为"高等教育出版社"的书的所有信息。

现在该语句中有 3 处错误，请更正之。

（2）打开 myForm 表单，表单上有一个命令按钮和一个表格，数据环境中已经添加了表 books。按如下要求进行修改（注意要保存所做的修改）：单击表单中标题为"查询"的命令按钮控件查询 books 表中出版单位为"高等教育出版社"的书籍的书名、作者编号和出版单位；在有一个表格控件，修改相关属性，使在表格中显示命令按钮查询的结果。

**【答案】**

解答第一小题按如下步骤进行操作。

将代码修改为如下代码

```
Update books Set 价格=价格+1
Select sum(价格) from books Group by 作者编号
Select * from books Where 出版单位="高等教育出版社"
```

解答第二小题按如下步骤进行操作。

（1）在命令窗口里输入 Modify Form myForm 命令打开表单设计器。

（2）选中表格控件，在属性窗口里设置其 RecordSourceType 属性为"4-SQL 说明"，如图所示。

**【解析】**

（1）本题考查对 SQL 语句的掌握。正确掌握 SQL 语句的查询，更新和分组功能所使用的语法结构和关键字是做此类题目的关键。注意 Order 与 Group 的区别，前者是对记录排序，而后者则是对记录分组统计，具体参见第 21 题解析。

（2）本题考查了表单控件事件的编写及表格控件显示数据表的功能。通过对表格控件的两个属性 RecordSource 和 RecordSourceType 的设置来控制表格控件对表内容的显示，设置不同的 RecordSourceType，则 RecordSource 相应也不相同。

## 第 49 题

（1）编写程序 mat 计算 s=1+2+...+100。要求使用 do while 循环结构。

（2）myprog.prg 中的 SQL 语句用于查询出位于"福建"的仓库的"城市"字段以及管理这些仓库的职工的所有信息，现在该语句中有 3 处错误，分别出现在第 1 行、第 2 行和第 3 行，请更正之。

**【答案】**

解答第一小题按如下步骤进行操作。

（1）在命令窗口中输入 Modify Command mat 新建程序，并打开程序编辑窗口，在其中输入：

```
Set talk off
clea
s=0
i=0
do while i<=100
  s=s+i
  i=i+1
enddo
??"s=" ,s
```

保存程序，文件名为 mat。

解答第二小题按如下步骤进行操作。

将代码修改为如下代码：

```
Select 仓库.城市,职工.* from 仓库 inner join 职工 on 仓库.仓库号=职工.仓库号 Where 仓库.城市="福建"
```

**【解析】**

（1）本题考查 do while 循环结构的使用。注意该结构的完整形式，注意保证循环结构的完整，应该在结构的最后使用 enddo。在程序中使用 S 变量来记录运行结果。

（2）本题考查的是 SQL 语句的多表连接查询，具体请参阅第 34 题解析。

## 第 50 题

（1）在"员工管理"数据库中建立视图"view1"，显示字段包括"职工编码"，"姓名"和"职称代码"和"职称名称"等字段内容是职称名称为"讲师"的记录。

（2）建立表单"myForm"，标题为"查看视图"。在表单上显示上题中建立的视图"view1"的内容。表单上有一个标题为"退出"的命令按钮，单击该按钮，退出表单。

**【答案】**

解答第一小题按如下步骤进行操作。

（1）打开数据库"员工管理"设计器，新建视图，并将"员工"和"职称"表添加到视图设计器中。

（2）在视图设计器中的"字段"选项卡中，在"可用字段"列表中将题目要求显示的字段添加到"选定字段"列表框中，在"筛选"选项卡中设定筛选条件为"职称名称="讲师""。

（3）保存视图。

解答第二小题按如下步骤进行操作。

（1）在命令窗口中输入 Create Form myForm 新建表单并打开表单设计器。

（2）在将视图"view1"添加到表单数据环境中。

（3）将该视图从数据环境里直接拖到表单上。

（4）在表单上添加一个命令按钮，修改其 Caption 属性为"退出"，在"退出"命令按钮的 Click 代码窗口内输入：ThisForm.Release。表单运行界面如图所示。

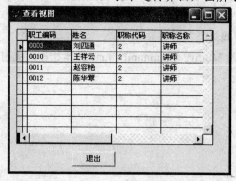

【解析】

（1）本题考查了视图的建立。使用视图向导建立查询，只需按照向导提示的步骤一步步完成题目中要求的设置即可。

（2）在表单中显示视图的一个简单的方法，是把视图先添加到数据环境中，将它从数据环境中直接拖入到表单中即可。数据环境中添加视图需要先把选定选项设置为"视图"。

## 第 51 题

（1）根据考生文件夹下的表"add"和表"sco"建立一个查询，该查询包含的字段有"姓名"、"国家"和"分数"。要求按"姓名"排序（升序），并将查询保存为"查询 1"

（2）使用表单向导制作一个表单，要求选择"员工档案"表中的所有字段。表单样式为"边框式"，按钮类型为"图片按钮"，排序字段选择"工号"（升序），表单标题为"员工档案"，最后将表单保存为"myForm"。

【答案】

解答第一小题按如下步骤进行操作。

（1）新建查询，并将表 add 和 sco 添加到查询设计器中。

（2）在"联接条件"对话框中默认两表通过"姓名"关联。

（3）在查询设计器中的"字段"选项卡中，将"可用字段"列表框中的题目要求的字段全部添加到"选定字段"列表框中，如图所示。

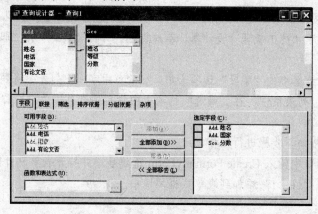

（4）在"排序依据"选项卡中将"姓名"添加到"排序条件"中并选择"升序"。

（5）完成查询设计，将查询以"查询1"为文件名保存。

解答第二小题按如下步骤进行操作。

（1）新建表单并启动表单向导，选择考生目录下的"员工档案"中的全部字段。

（2）在向导中依次设置表单样式为"边框式"，按钮类型为"图片按钮"，如图所示。

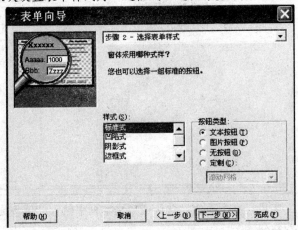

（3）在向导接下来的对话框中，在"排序"字段中选择"工号"（升序）；设置表单标题为"员工档案"。

**【解析】**

本题是一道使用向导建立查询和表单的题目。在设计向导中按照设计向导的步骤把题目中的要求一步步设置完成即可。

## 第 52 题

（1）在考生文件夹下有一个数据库"出勤"，其中有数据库表"出勤情况"。使用报表向导制作 一个名为"report"的报表。要求：选择表中的全部字段。报表样式为"简报"，报表布局：列数"2"，方向为"横向"；排序字段为"姓名"（升序），报表标题为"出勤情况"。

（2）在考生文件夹的下对数据库"出勤"中的表"员工档案"的结构做如下修改：指定"工号"为主索引，索引名和索引表达式均为"工号"。指定"姓名"为普通索引，索引名和索引表达式均为"姓名"。设置字段"职位"的默认值为"销售员"。

**【答案】**

解答第一小题按如下步骤进行操作。

（1）新建并启动报表向导，在向导中选择"出勤情况"表中的全部字段。

（2）在向导中依次将分组记录选择"无"；报表样式选择"简报式"；报表布局中列数选择"2"，方向选择"横向"；选择索引标志为"姓名"；设置报表标题为"出勤情况"。

（3）单击"完成"按钮，保存报表名为"report"。

解答第二小题按如下步骤进行操作。

（1）在打开在数据库设计器中，右击"员工档案"表，选择"修改"命令。

（2）在"索引"选项卡中，将字段索引名修改为"工号"，选择索引类型为"主索引"，字段表达式为"工号"

（3）用同样的方法设置"姓名"普通索引。如图所示。

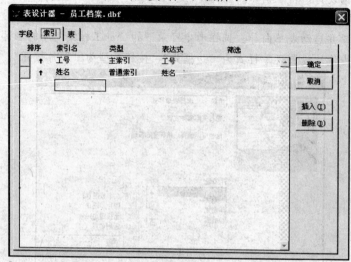

（4）选中"职位"字段，在下面的"默认值"文本框中输入"销售员"。

（5）单击"确定"按钮。

**【解析】**

（1）使用报表向导建立报表较为简单，只需要按照报表向导中的提示对题目中的要求一步步设置即可完成本题。

（2）本题考查了表结构的设置。表结构的设置在表设计器中进行，可在命令窗口里使用Modify Structure命令打开表结构设计器。

## 第 53 题

（1）在"SPXS"数据库中统计"家用电器部"销售的商品的"部门名"、"商品号"、"单价"和"销售数量"。并将结果放在表"mytable"中，将所使用到的 SQL 语句保存到mysql 中。

（2）在考生文件夹下有一个数据库"SPXS"，其中有数据库表"XS"。使用报表向导制作一个名为"myreport"的报表。要求：选择表中的全部字段。报表样式为"随意式"，报表布局：列数"2"，方向为"横向"；排序字段为"日期"，（升序）日期相同时按部门号排序（升序），报表标题设置为"销售浏览"。

**【答案】**

解答第一小题按如下步骤进行操作。

在命令窗口中输入如下代码：

```
SELECT bm.部门名,XS.商品号,XS.单价,XS.销售数量 from bm inner join xs on xs.部门号=bm.部门号 Where bm.部门名="家用电器部" into table mytable
```

解答第二小题按如下步骤进行操作。

（1）启动"报表向导"并将 xs 表可用字段全部选择；分组记录选择"无"；报表样式选择"随意式"；在定义报表布局中，列数选择 2，方向选择"横向"；选择索引标志为先选择字段"日期"，再选择字段"部门号"（均选择升序）；设置报表标题为"销售浏览"；如图所示。

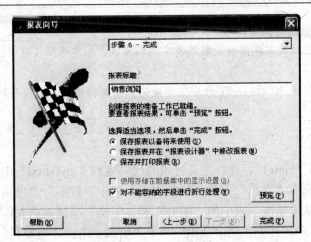

（2）单击"完成"按钮，保存报表名为"myreport"。

**【解析】**

（1）本题考查了对数据库中有关联的多个表的查询。当两个表可以通过某个字段关联时，可以使用 table1 inner join table2 on table1.colum=table2.colum（colum 为两表相同的字段，在本题中为"部门号"）来实现表的连接。再用 SQL Select 查询语句即可完成此题。

（2）使用报表向导建立报表较为简单，在前面已经多次介绍。

## 第 54 题

（1）在"支出"数据库中查询每个人的"剩余金额"（剩余金额=工资减去电话、电费和气费），查询结果中包括"编号"、"姓名"、"工资"和"剩余金额"字段，并将查询结果保存在一个新表"newtable"中。

（2）通过邮局向北京城邮寄"特快专递"，计费标准为每克 0.05 元，但是超过 100 克后，超出部分每克多加 0.02 元。编写程序 myprog，根据用户输入邮件重量，计算邮费。

**【答案】**

解答第一小题按如下步骤进行操作。

（1）在命令窗口中输入如下的 SQL 代码：

SELECT 日常支出.编号,日常支出.姓名,基本情况.工资, (基本情况.工资-日常支出.电话-日常支出.电费-日常支出.气费) as 剩余金额 from 基本情况 inner join 日常支出 on 日常支出.编号=基本情况.编号 into table newtable

解答第二小题按如下步骤进行操作。

（1）在命令窗口中输入 Modify Command myprog 命令新建程序。在程序编辑窗口中输入：

```
Set talk off
clea
input"请输入邮件重量: " to zhl
If zhl<=100
  yf=zhl*0.05
 else
   yf=zhl*0.05+(zhl-100)*0.02
endif
?yf
```

保存程序。

**【解析】**

（1）本题考查了对数据库中有关联的多个表的查询。注意选择关联字段，在本题中为两表共有"编号"字段。

（2）本题需要使用 if/else/endif 分支结构语句判断邮件重量，使用不同的资费计算方法计算邮费。

## 第 55 题

（1）建立视图"view1"，并将定义视图的代码放到"mytxt.txt"中。具体要求是：视图中的数据取自数据库"支出"下的"日常支出"表中"姓名"、"电话"、"电费"和"气费"字段，以及"基本情况"表中的"编号"和"工资"字段。两表以编号联接。按"剩余金额"排序（升序），其中"剩余金额"等于工资减去电话、电费和气费。

（2）考生文件夹下有一个"myForm"表单文件，其中有 2 个命令按钮"浏览"和"退出"。表单上还有一个表格控件。表单的数据环境里已经添加了表"日常支出"，要求编写两个命令按钮的 Click 事件，使得单击"浏览"按钮在表格中显示表"日常支出"的记录，单击"退出"按钮退出表单。

**【答案】**

解答第一小题按如下步骤进行操作。

（1）打开数据库设计器，新建视图文件并将"日常支出"表和"基本情况"表添加到视图设计器中。

（2）在视图设计器中的"字段"选项卡中，按题目要求将需要显示字段添加到"选定字段"列表框中，并在函数与表单式框中输入"工资-电话-电费-气费 as 剩余金额"，将其添加到选定字段列表。如图所示。

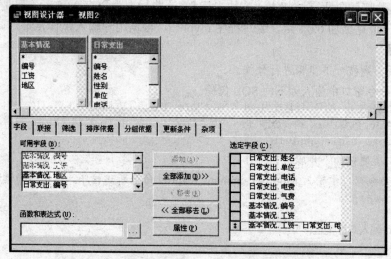

（3）在"排序依据"选项卡中将"剩余金额"添加到"排序条件"中（升序）。

（4）保存视图，视图名为 view1，然后单击视图工具栏中的"SQL"按钮，打开代码窗口，将定义视图的代码复制到题目所要求的文本文件中。

解答第二小题按如下步骤进行操作。

（1）使用 Modify Form myForm 命令打开表单设计器。，输入"浏览"命令按钮 Click 事件

的代码为:

```
ThisForm.grid1.RecordSourceType=0
ThisForm.grid1.RecordSource="日常支出.dbf"
```

（2）输入"退出"命令按钮的 Click 事件的代码为:

```
ThisForm.Release
```

（3）表单运行界面如图所示。

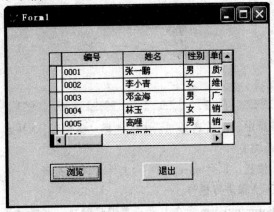

**【解析】**

（1）本题考查简单视图的建立。视图的建立在数据库设计器中完成。除了表中的字段可以作为视图显示的字段外，字段的运算（如求和或平均）的结果也可以作为视图的显示的内容。视图建立完成以后，只有在数据库中才能看的到。

（2）本题考查了表格控件数据表的显示，设置表格的 RecordSourceType 和 RecordSource 两个属性可在表格控件中显示表记录。设置的时候要注意两个属性的对应关系。例如，表格控件的 RecordSourceType 属性指定了表格数据源的类型，可以将其指定为"0-表格"、"1-别名"、"2-提示"、"3-查询"及"4-SQL 说明"等，而 RecordSource 属性则指定表格具体的数据源，根据 RecordSourceType 属性值，应当分别对应"表名称"、"视图名称"、"提示"、"查询文件名"或 SQL 语句，在以后的题目中，我们还会进一步说明这两个属性的用法。

## 第 56 题

（1）在考生文件夹下有一个数据库"供应产品"，其中有数据库表"产品"。使用报表向导制作一个名为"myreport"的报表。要求：选择显示表中的所有字段。报表样式为"帐务式"，报表布局：列数"3"，方向为"纵向"；排序字段为"产品编号"，标题"产品浏览"。

（2）请修改并执行名为"myForm"的表单，要求如下：为表单建立数据环境，并向其中添加表"产品"和"外型"。将表单标题改为"产品使用"；修改命令按钮下的 Click 事件的语句，使得单击该按钮时使用 SQL 语句查询出"S02"供应商供应的产品的"编号"、"名称"和"颜色"。

**【答案】**

解答第一小题按如下步骤进行操作。

（1）新建报表并启动报表向导，选择"产品"表中的全部字段；分组记录选择"无"；报表样式选择"帐务式"，如图所示。

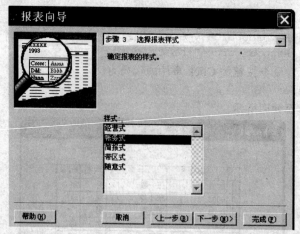

（2）在定义报表布局中，列数选择 3，方向选择"纵向"，选择索引标志为"产品编号"并设置报表标题为"产品浏览"。

（3）单击"完成"按钮，以"myreport"为文件名保存报表。

解答第二小题按如下步骤进行操作。

（1）使用 Modify Form myForm 命令打开表单编辑窗口，并将"产品"和"外型"表添加到表单的数据环境中。

（2）将表单的 Caption 属性修改为"产品查看"，然后双击"命令"按钮，在其 Click 事件代码窗口内输入：

```
Select 外型.* from 外型 inner join 产品 on 外型.产品编号=产品.产品编号 Where 产品.供应商号="S02"
```

【解析】

（1）使用报表向导建立报表较为简单，只需要按照报表向导中的提示对题目中的要求一步步设置即可完成本题。

（2）本题考查表单数据环境的使用及表单控件事件的编写。放入表单数据环境中的数据表可在控件事件中直接通过表调用，注意 SQL 语句如果没有"去向"子句（Into），则查询出的数据直接以浏览方式显示在当前窗口中。

## 第 57 题

（1）在"订购"数据库中查询客户"C10001"的订购信息，查询结果中包括"定货"表的全部字段和"总金额"字段。其中"总金额"字段为定货"单价"与"数量"的乘积。并将查询结果保存在一个新表"newtable"中。

（2）建立视图"myview"，并将定义视图的代码放到"mysql"中。具体要求是：视图中的数据取自"定货"表的全部字段和"货物"表中的"订购日期"字段。按"订购日期"排序，而订购日期相同的记录按订单号排序。（升序）。

【答案】

解答第一小题按如下步骤进行操作。

在命令窗口中输入如下的 SQL 代码并执行：

```
Select 定货.*,定货.单价*定货.数量 as 总金额 from 定货 inner join 客户 on 定货.订单号=客户.订单号 Where 客户.客户号="C10001" into table newtahle
```

解答第二小题按如下步骤进行操作。

（1）打开数据库"订购"设计器，新建视图并打开视图设计器。

（2）将"订货"和"货物"表添加到视图设计器中并在视图设计器中的"字段"选项卡中，将题目要求显示的字段全部添加到"选定字段"列表框中。

（3）在"排序依据"选项卡中将"选定字段"列表框中的"订购日期"和"订单号"依次添加到"排序条件"中（升序）如图所示。

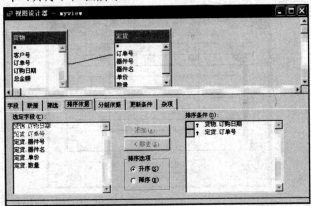

（4）保存视图，将其命名为 myview，单击视图工具栏上的"SQL"按钮打开视图代码窗口，复制其中的 SQL 代码并将其粘贴到题目指定的文件中。

【解析】

（1）本题考查了 SQL 语句的多表查询和查询去向。使用 SQL 语句中的 inner join 和 on 关键字实现多表连接。使用 Select 语句从连接了的表中查询出题目中要求的内容，并使用 into table tableName 把查询结果插入表中。

（2）本题考查简单视图的建立。视图的建立在数据库设计器中完成。当视图完成后，单击视图工具栏上的"SQL"按钮可以打开定义视图代码窗口，对其中的代码可以进行复制操作，但不允许修改。

# 第 58 题

（1）Prog1.prg 中有 3 行语句，分别用于：

1）查询出表 book 的书名和作者字段；

2）将价格字段的值加 2；

3）统计科学出版社出的书籍的平均价格

每一行中均有一处错误，请更正之。

（2）在考生文件夹下有表"book"，在考生文件夹下设计一个表单，标题为"book 输入界面"。该表单为"book"表的窗口输入界面，表单上还有一个标题为"退出"的按钮，单击该按钮，则退出

【答案】

解答第一小题按如下步骤进行操作。

（1）将代码修改为如下代码：

```
Select 书名, 作者 from book
```

```
Update book Set 价格=价格+2
Select avg(价格) from book Where 出版社="科学"
```

解答第二小题按如下步骤进行操作。

（1）使用 Create Form myForm 命令创建新表单，并打开表单设计器。

（2）打开数据环境设计器，将 book 表添加到表单数据环境中，然后将表 book 从数据环境里直接拖到表单上。如图所示。

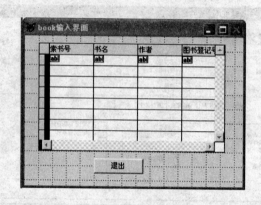

（3）双击"退出"命令按钮，在其 Click 事件代码窗口内输入 ThisForm.Release。

【解析】

（1）本题考查 SQL 语句的基本语法，正确掌握 SQL 语句关键字和语法结构是做此类题目的关键。参见第 21 题及 26 题解析部分。

（2）本题考查建立简单的表单，及表单数据环境的使用。将数据环境中的数据表直接拖入表单中即可实现表的窗口输入界面在表单中的编辑。

## 第 59 题

（1）建立一个名为 myMenu 的菜单，菜单中有两个菜单项"浏览"和"退出"。"浏览"下还有"排序"、"分组"两个菜单项。在"退出"菜单项下创建一个过程，负责返回到系统菜单。

（2）在数据库 mydb 中建立视图"视图 1"，并将定义视图的代码放到"myview.txt"中。具体要求是：视图中的数据取自表"数量"的全部字段和新字段收入并按"收入"排序（升序）。其中字段"收入等于(买入价-现价)*持有数量"。

【答案】

解答第一小题按如下步骤进行操作。

（1）使用 Create Menu myMenu 命令创建菜单并打开菜单编辑器。

（2）按题目要求输入主菜单名称"浏览"和"退出"。

（3）在"退出"菜单项的"结果"下拉列表中选择"命令"，在命令编辑框内输入：Set SysMenu To Default。

（4）在"浏览"菜单项的"结果"下拉列表中选择"子菜单"，单击"编辑"按钮。输入两个子菜单名称"排序"和"分组"。菜单界面如图所示。

148

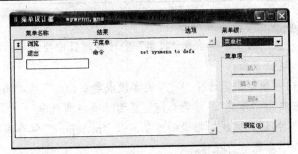

（5）单击 Visual FoxPro 窗口中的"菜单"→"生成"命令。

解答第二小题按如下步骤进行操作。

（1）打开数据库"mydb"设计器，新建视图文件，并将"数量"表添加到视图设计器中

（2）在视图设计器中的"字段"选项卡中，按题目要求将需要显示的字段添加到"选定字段"列表框中，在"函数与表达式"框中输入"(买入价-现价)*持有数量 as 收入"，如图所示。

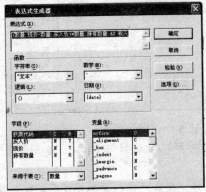

（3）在"排序依据"选项卡中将"选定字段"列表框中的"收入"添加到"排序条件"中（升序），保存视图，并将其命名为"视图 1"。

【解析】

此两题考查菜单的建立与功能设计及简单视图的建立，此种类型题目我们在前面已经多次加以介绍，请读者自行参阅相关题目。

## 第 60 题

（1）对数据库"仓库管理"使用一对多报表向导建立报表 myreport。要求：父表为"供应商"，子表为"订单"从父表中选择字段"供应商号"和"供应商名"从子表中选择字段"订购单号"和"订购日期"，两个表通过"供应商号"建立联系，按"供应商号"升序排序，报表样式选择"带区"式，方向为"横向"，报表标题设置为"供应商订单"。

（2）请修改并执行名为"myForm"的表单，要求如下：为表单建立数据环境，并向其中添加表"订单"；将表单标题改为"供应商统计"；修改命令按钮下的 Click 事件，使用 SQL 语句查询出表中每个供应商定货的总金额，查询结果中包含"供应商号"和"总金额"两个字段。（提示：使用 Group by 供应商号）

【答案】

解答第一小题按如下步骤进行操作。

（1）创建报表并启动一对多报表向导。

（2）分别从父表"供应商"表和子表"订单"中选择题目中要求显示的所有字段并默认两表以字段"供应商号"建立关系。

（3）在接下来的向导窗口中，选择"可用的字段或索引标志"为"供应商号"（升序），样式选择"带区"式，方向为"横向"，报表标题设置为"供应商订单"。

（4）单击"完成"按钮，完成对报表的建立，以"myreport"保存报表。

解答第二小题按如下步骤进行操作。

（1）输入 Modify Form myForm 打开表单，并将"订单"表加入到表单数据环境中。

（2）修改表单 Caption 属性为"供应商统计"，如图所示。

（4）修改命令按钮的 Click 事件代码，输入：

```
Select 供应商号,sum(总金额) from 订单 Group by 供应商号
```

【解析】

（1）使用一对多报表向导建立报表可在打开向导以后按照向导的提示按照题目的要求一步步设置即可。

（2）本题考查表单数据环境的使用及表单控件事件的编写。使用放入表单数据环境中的数据表可在控件事件中可直接打开使用。本题中按供应商号统计定货总金额需要使用到关键字 Group by。

## 第 61 题

（1）在考生文件夹下有一个表"学生"。使用报表向导制作一个名为"myreport"的报表。要求：选择"学号"、"姓名"、"系"和"宿舍"等字段。报表样式为"随意式"，报表布局：列数"2"，方向为"纵向"；排序字段为"学号"（降序），报表标题为"学生浏览"。

（2）请修改并执行名为"myForm"的表单，要求如下：为表单建立数据环境，并向其中添加表"学生"；将表单标题该为"学生浏览"；修改命令按钮下的 Click 事件，使用 SQL 语句按宿舍排序浏览表。

【答案】

解答第一小题按如下步骤进行操作。

（1）启动报表向导，并将"学生"表中，符合题目要求显示的字段加入到"可用字段"列表中。

（2）在接下来的向导窗口中，分组记录选择"无"、报表样式选择"随意"；在定义报表布

局中, 列数选择 "2", 方向选择 "纵向"; 选择索引标志为 "学号" (降序); 设置报表标题为 "学生浏览"。

（3）单击 "完成" 按钮, 保存报表名为 "myreport"。

解答第二小题按如下步骤进行操作。

（1）使用 Create Form myForm 建立新的表单并打开表单设计器。

（2）修改表单的 Caption 属性为 "学生浏览", 并将 "学生" 表添加到表单的数据环境中。

（3）双击命令按钮, 在其代码窗口内输入 Select * From 学生 Order by 宿舍。

**【解析】**

（1）使用报表向导建立报表较为简单, 只需要按照报表向导中的提示对题目中的要求一步步设置即可完成本题。

（2）本题考查表单数据环境的使用及表单控件事件的编写。放入表单数据环境中的数据表可在控件事件中直接打开使用, 对表排序使用关键字 Order by, 使用 SQL 语句如果不加去向语句, 则查询出的结果直接列出在当前窗口中, 在此题则是在表单中。

## 第 62 题

（1）在数据库 "员工管理" 中建立视图 "view1", 包括 "员工编码", "姓名", "职称名称" 和 "工资" 字段, 查询条件是 "工资>=2000"。

（2）建立表单 "myForm", 在表单上显示第 1 题建立的视图 "view1" 中内容。

**【答案】**

解答第一小题按如下步骤进行操作。

（1）打开数据库 "员工管理" 设计器, 新建视图文件并将 "员工" 和 "职称" 表添加到视图设计器中。

（2）在 "字段" 选项卡中, 按题目要求将字段添加到 "选定字段" 列表框中。

（3）在 "筛选" 选项卡中设定筛选条件为 "工资>=2000"。

（4）保存视图, 文件名为 view1。

解答第二小题按如下步骤进行操作。

（1）输入 Modify Form myForm 命令新建表单并打开表单设计器。

（2）打开数据环境设计器, 右击选择 "添加" 命令, 在打开的对话框内设定 "选定" 项为 "视图", 并选择 view1 视图。如图所示。

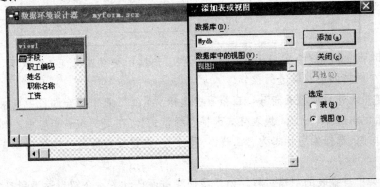

（3）将视图从数据环境中直接拖入表单中。

**【解析】**

本题考查了视图的建立与显示。在表单中显示视图，只需在数据环境中添加视图，并将其直接从数据环境中拖入表单即可。数据环境中不但可以添加数据表，还可以添加视图，关键是在"添加表或视图"对话框中，选定"视图"选项。

## 第 63 题

（1）"员工管理"数据库下有 2 个表，使用菜单设计器制作一个名为"菜单 1"的菜单，菜单只有一个"查看"菜单项。该菜单项中有"职称"，"工资"和"退出"两个子菜单："职称"子菜单查询"职称代码"为"4"的员工的"姓名"和"职称名称"；"工资"子菜单查询"工资"在 2000（含）以上的"职工"的全部信息；"退出"菜单项负责返回系统菜单。

（2）在考生文件夹下有一个数据库"员工管理"，使用报表向导制作一个名为"myreport"的报表，存放在考生文件夹下。要求，选择"员工"表中字段"职工编码"、"姓名"和"工资"。报表样式为"经营式"，报表布局：列数"1"，方向"横向"，按"工资"字段排序（降序），报表标题为"员工工资查看"。

**【答案】**

解答第一小题按如下步骤进行操作。

（1）使用 Create Menu 菜单 1 命令新建菜单并打开菜单设计器。

（2）按题目要求输入主菜单名称"查看"，并在其"结果"下拉列表中选择"子菜单"。

（3）单击"编辑"按钮。在子菜单编辑界面输入三个子菜单项"职称"、"工资"和"退出"。

（4）在三个子菜单项的"结果"下拉列表中均选择"命令"。在命令编辑框中分别输入："Select 员工.姓名,职称.职称名称 from 职称 inner join 员工 on 员工.职称代码=员工.职称代码"；"Select * from 员工 Where 工资>=2000"和"Set SysMenu To Default"。如图所示。

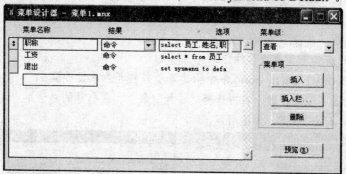

（5）单击 Visual FoxPro 窗口中的"菜单"→"生成"命令可执行菜单程序。

解答第二小题按如下步骤进行操作。

（1）新建报表并启动报表向导，在报表中选择"员工"表中符合题目中要求显示的字段。

（2）分组记录选择"无"；报表样式选择"经营式"；在定义报表布局中，列数选择"1"，方向选择"横向"；选择索引标志为"工资"（降序）；设置报表标题为"员工工资浏览"。

**【解析】**

本题考查菜单与报表的创建过程，由于我们在前面已经多次介绍过这类题目的操作方法，请读者参阅以前同类型的题目操作步骤及解析。

## 第 64 题

（1）建立一个名为 Menu1 的菜单，菜单中有两个菜单项"浏览"和"退出"。"查看"下还有子菜单"统计"。在"统计"菜单项下创建一个过程，负责统计各个城市的仓库管理员的工资总和，查询结果中包括"城市"和"工资总和"两个字段。"退出"菜单项负责返回系统菜单。

（2）打开 myForm 表单，表单的数据环境中已经添加了表"职工"。按如下要求进行修改（注意要保存所做的修改）：表单中有一个命令按钮控件，编写其 Click 事件，使得单击它的时候退出表单；还有一个"表格"控件，修改其相关属性，使在表格中显示"职工"表的记录。

### 【答案】

解答第一小题按如下步骤进行操作。

（1）在命令窗口中输入命令：Create Menu Menu1，单击"菜单"图标按钮启动菜单设计器。

（2）按题目要求输入主菜单名称"浏览"和"退出"。在"退出"菜单项的"结果"下拉列表中选择"命令"，在命令编辑框中输入：Set SysMenu To Default。

（3）在"浏览"菜单项的结果下拉列表中选择"子菜单"。输入子菜单名称"统计"，在"结果"下拉列表中选择"过程"，单击"编辑"按钮，输入如下代码：

```
Select 仓库.城市,sum(职工.工资) as 总和 from 职工 inner
join 仓库 on 仓库.仓库号=职工.仓库号 Group by 仓库.城市
```

（4）选择 Visual FoxPro 主窗口中的"菜单"→"生成"菜单命令。

解答第二小题按如下步骤进行操作。

（1）使用 Modify Form myForm 命令打开表单设计器。

（2）修改表格控件的属性。设置其 RecordSourceType 属性为 0，其 RecordSource 属性为"职工"表。如图所示。

（3）双击命令按钮，在其 Click 事件中输入如下代码：

```
ThisForm.Release
```

### 【解析】

（1）本题考查菜单的建立与功能设计。注意菜单项"结果"列的选择，由于"过程"用于输入多行的命令，所以在本题中对应"统计"菜单项的结果列选择了"过程"。

（2）本题考查了表单控件事件的编写及表格控件显示数据表的功能。通过对表格控件通过两个属性 RecordSource 和 RecordSourceType 的设置来控制表格控件对表内容的显示，设置不同的 RecordSourceType，则 RecordSource 相应的也不相同。本题中设置 RecordSourceType 为 0，则设置 RecordSource 为"职工"表.

## 第 65 题

（1）考生目录下有表 list，使用菜单设计器制作一个名为"菜单 1"的菜单，菜单只有一个菜单项运行。"运行"菜单中有"查询"，"平均"和"退出" 3 个子菜单："查询"

子菜单负责按"客户号"排序查询表的全部字段；选择"平均"子菜单则按"客户号"分组计算每个客户的平均总金额，查询结果中包含"客户号"和"平均金额"；选择"退出"菜单项返回到系统菜单。

（2）使用表单向导制作一个表单，要求显示"list"表中的全部字段。表单样式为"边框式"，按钮类型为"滚动网格"，排序字段选择"总金额"（升序），表单标题为"订购查看"，最后将表单保存为"myForm"。

**【答案】**

解答第一小题按如下步骤进行操作。

（1）在命令窗口中输入命令：Create Menu 菜单1，单击"菜单"图标按钮打开菜单设计器。

（2）按题目要求输入主菜单名称"运行"。在"运行"菜单项的"结果"下拉列表中选择"子菜单"。

（3）单击"创建"按钮创建子菜单，输入三个子菜单项"查询"、"平均"和"退出"，在"结果"下拉列表中均选择"命令"，在命令编辑框内依次输入：

```
Select * from list Order by 客户号；
Select 客户号,avg(总金额) from list Group by 客户号
Set SysMenu To Default。
```

（4）单击 Visual FoxPro 窗口中的"菜单"→"生成"命令。

解答第二小题按如下步骤进行操作。

（1）单击"开始"→"新建"→"表单"→"向导"→"表单向导"启动表单向导。

（2）单击"数据库和表"右下边的按钮，选择考生目录下的 list 表，选择全部字段。

（3）在接下来的向导对话框中，将表单样式设置为"边框式"，按钮类型为"滚动网格"，排序字段选择"总金额"（升序），设置表单标题为"订购查看"并保存表单。

**【解析】**

（1）本题考查菜单的建立与功能设计。菜单的建立一般在菜单设计器中进行。设计过程中注意菜单项"结果"的选择，由于本题中使用的是单行的命令，所以选择"命令"。

（2）本题考查了表单向导的使用。使用表单向导建立表单时可按照表单向导的提示对题目中的要求一步步设置。

## 第 66 题

（1）根据考生目录下的数据库"学籍"，建立视图"视图1"，包括学生表中的字段"学号"、"姓名"、"课程号"和和成绩表中的"成绩"字段。按"学号"升序排序。

（2）建立表单"myForm"，在表单上显示第1题中建立的视图"视图1"的内容。表单上还包含一个命令按钮，标题为"退出"。单击此按钮，关闭表单。

**【答案】**

解答第一小题按如下步骤进行操作。

（1）打开数据库"学籍"设计器，并在其中新建视图。

（2）将"学生"表添加到视图设计器中，在"字段"选项卡中，按题目中要求显示的的字段添加到"选定字段"列表框中。

（3）在"排序依据"选项卡中将"选定字段"列表框中的"学号"添加到排序字段中，顺序选择"升序"。

（4）以文件名"视图1"保存视图。

解答第二小题按如下步骤进行操作。

（1）在命令框内输入命令：Create Form myForm，打开表单设计器，并将"视图1"添加到表单的数据环境中。

（2）将在表单数据环境中的视图拖到表单上。

（3）单击表单控件工具栏上的"命令"按钮控件图标，向表单添加一个命令按钮，在属性对话框中将其 Caption 属性改为"退出"。

（4）双击该命令按钮，在其 Click 事件中输入如下代码：

`Thisfrom.Release`

（5）单击工具栏上的"保存"图标，以 myForm 为文件名保存表单。

表单运行结果如图所示。

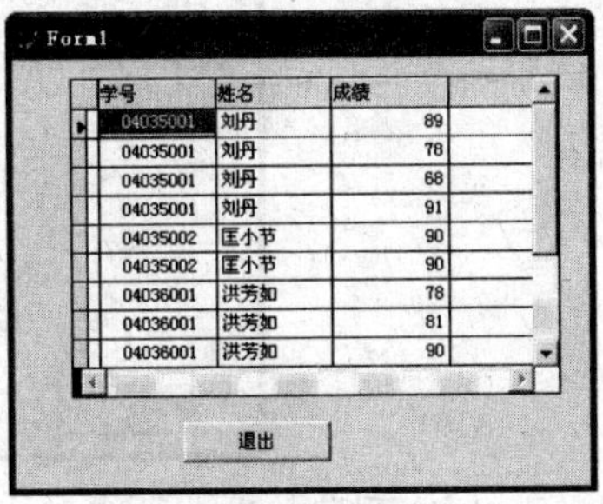

【解析】

本题考查了视图的建立与显示。使用视图向导建立查询，在表单中的数据环境中添加新建立的视图，从数据环境中将视图直接拖入表单中即可实现在表单中显示视图。

## 第 67 题

（1）用 SQL 语句完成下列操作：从 Rate_cxchange 和 Curency_sl 表中列出"张三丰"持有的所有"外币名称"和"持有数量"，并将检索结果按"持有数量"升序排序存储于表 mytable 中，同时将你所使用的 SQL 语句存储于新建的文本文件 mysql.txt 中。

（2）使用一对多报表向导建立报表。要求：父表为 rate_exchange，子表为 currency_sl，从父表中选择字段："外币名称"；从子表中选择全部字段；两个表通过"外币代码"建立联系；按"外币代码"降序排序；报表样式为"经营式"，方向为"横向"，报表标题为"外币持有情况"；生成的报表文件名为 myreport。

【答案】

解答第一小题按如下步骤进行操作。

（1）所使用的 SQL 代码如下：

```
SELECT Rate_exchange.外币名称, Currency_sl.持有数量;
FROM  currency_sl INNER JOIN rate_exchange ;
ON Currency_sl.外币代码 = Rate_exchange.外币代码;
WHERE Currency_sl.姓名 = "张三丰";
ORDER BY Currency_sl.持有数量;
INTO TABLE mytable.dbf
```

（2）执行该语句，并将其保存到文本文件 mysql.txt 中。

解答第二小题按如下步骤进行操作。

（1）单击 FoxPro 窗口中"文件"→"新建"命令，选中"报表"选项，依次单击"向导"→"一对多向导"启动一对多表单向导。

155

（2）从父表 rate_exchange 中选择字段"外币名称"。从子表 urrency_sl 中选择全部字段，并默认两表以字段"外币代码"建立关系，如图所示。

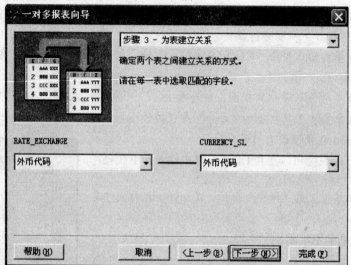

（3）在向导接下来的对话框中，选择可用的字段或索引标志为"外币代码"（降序），样式选择"经营式"式，方向为"横向"，报表标题设置为"外币持有情况"。

（4）单击"完成"按钮完成创建报表操作，以 report 作为文件名保存报表。

**【解析】**

（1）本题考查的是多表关联查询。在 SQL 代码注意每两个表的关联字段，在本题中是两表共有的"外币代码"字段。将查询结果输入到新表中的语句为 into table tableName。

（2）本题考查的是使用一对多报表向导建立报表。按照向导的提示对题目的要求进行设置即可。

## 第 68 题

（1）使用报表向导建立一个简单报表。要求选择客户表 Customer 中所有字段；记录不分组；报表样式为"随意式"；列数为 1，字段布局为"列"，方向为"纵向"；排序字段为"会员号"（升序）；报表标题为"客户信息一览表"；报表文件名为 myreport。

（2）使用命令建立一个名称为 sb_view 的视图，并将定义视图的命令代码存放到命令文件 pview.prg 中。视图中包括客户的"会员号"（来自 Customer 表）、"姓名"（来自 Customer 表）、客户所购买的"商品名"（来自 article 表）、"单价"（来自 OrderItem 表）、"数量"（来自 OrderItem 表）和"金额"（OrderItem.单价 * OrderItem.数量），结果按"会员号"升序排序。

**【答案】**

解答第一小题按如下步骤进行操作。

（1）启动报表向导，并将 Customer 表所有字段加入到报表的"可用字段"中。

（2）在向导中，设置分组记录为"无"，报表样式选择"随意式"，报表布局列数选择1，字段布局选择"列"，方向选择"纵向"，如图所示。

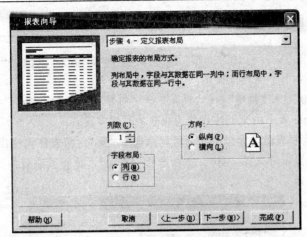

（3）选择索引标志为"会员号"（升序），并设置报表标题为"客户信息一览表"

（4）单击"完成"按钮并保存报表名为"myreport"。

解答第二小题按如下步骤进行操作。

（1）在 Visual FoxPro 命令窗口输入如下命令：

```
CREA VIEW sb_view as;
SELECT Customer.会员号, Customer.姓名, Article.商品名, Orderitem.单价,;
  Orderitem.数量, OrderItem.单价 * OrderItem.数量 as 金额;
FROM ecommerce!customer INNER JOIN ecommerce!orderitem;
  INNER JOIN ecommerce!article ;
  ON Article.商品号 = Orderitem.商品号 ;
  ON Customer.会员号 = Orderitem.会员号;
ORDER BY Customer.会员号
```

（2）输入 Modify Command pview.prg 命令打开程序编辑窗口，并将上述代码复制（或输入）到该文件中。

（3）退出并保存该 PRG 文件。

【解析】

（1）使用报表向导建立较为简单的报表，只需要按照报表向导中的提示对题目中的要求进行设置即可完成本题。

（2）本题考查利用 SQL 的定义视图功能，生成一个视图文件，在视图中要生成新字段名，需要通过关键字 AS 指定。

读者也可以使用窗口方式根据题意创建视图，然后保存生成视图的代码。

## 第 69 题

（1）在 SCORE_MANAGER 数据库中使用 SQL 语句查询学生的"姓名"和"年龄"（计算年龄的公式是：2004-Year(出生日期)，"年龄"作为字段名），结果保存在一个新表 mytable 中，将使用的 SQL 语句保存在 mytxt.txt 中。

（2）使用报表向导建立报表 myreport，用报表显示 mytable 表的内容。报表分组记录选择"无"，样式为"带区式"，列数为 3，字段布局为"行"，方向为"纵向"，报表中数据按"年龄"升序排列，年龄相同的按"姓名升序"排序。报表标题是"姓名-年龄"。

【答案】

解答第一小题按如下步骤进行操作。

所需代码如下：

Select 姓名，2004-year(出生日期) as 年龄 from student into table mytable。

解答第二小题按如下步骤进行操作。

（1）单击"开始"→"新建"→"报表"→"向导"→"报表向导"启动报表向导。

（2）选择 mytable 表中的全部字段作为报表的可用字段。

（3）在接下来的报表向导窗口中，分组记录选择"无"，报表样式选择"带区式"；报表布局列数选择"3"，字段布局选择"行"，方向选择"纵向"，选择索引标志为"年龄+姓名"，均选择"升序"如图所示。

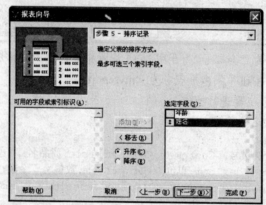

（4）设置报表标题为"姓名-年龄"，并以"myreport"文件名保存报表。

【解析】

（1）本题考查了 SQL 的查询，要在新表中命名新的字段，需要使用关键字 AS。本题中还要注意日期函数 year()的使用，其作用是查询日期中的年份。

（2）使用报表向导建立报表较为简单，只需要按照报表向导中的提示对题目中的要求一步步设置即可，在指定排序字段时，注意字段添加的先后顺序。

## 第 70 题

（1）用 SQL 语句对自由表"教师"完成下列操作：将职称为"教授"的教师"新工资"一项设置为"原工资"的120%，其他教师的"新工资"与"原工资"相等；插入一条新记录（姓名："林红"，职称："讲师"，原工资：10000，新工资：10200，同时将所使用的 SQL 语句存储于新建的文本文件 mysql.txt 中（两条更新语句，一条插入语句，按顺序每条语句占一行）。

（2）使用查询设计器建立一个查询文件 myquery,查询要求:选修了"英语"并且成绩大于等于 70 的学生的姓名和年龄，查询结果按"年龄"升序存放于 mytable.dbf 表中。

【答案】

解答第一小题按如下步骤进行操作。

（1）所需要代码如下：

```
Update 教师 Set 新工资=原工资*1.2 Where 职称="教授"
Update 教师 Set 新工资=原工资 Where 职称!="教授"
insert into 教师 values("林红","讲师",10000,10200)
```

（2）将上述代码保存到 MySql.txt 文件中。

解答第二小题按如下步骤进行操作。

（1）选择 FoxPro 窗口中的"文件"→"新建"命令，选中"查询"选项后单击"新建文件"按钮打开查询设计器。

（2）将表"选课"、"课程"和"成绩"添加到查询设计器中并在"联接条件"对话框中点击"确定"，默认"选课"与"学生"表之间使用"学号"字段联接，而"选课"与"课程"表之间使用"课程号"进行联接。

（3）在查询设计器中的"字段"选项卡中，将"可用字段"列表框中的题目要求的字段添加到"选定字段"列表框中。在"排序依据"选项卡中将"选定字段"列表框中的"年龄"字段添加到"排序条件"中，在"排序选项"中选择"升序"。在"筛选"选项卡中设置筛选条件如图所示。

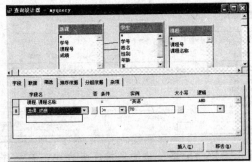

（3）单击"查询"→"查询去向"，选择"表"，输入表名"mytable"，如下图所示。

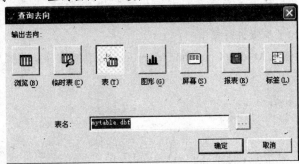

（4）完成查询设计，将查询以"myquery"为文件名保存。

【解析】

（1）本题考察了 SQL 的数据操作功能，数据更新使用 UPDATE 语句，插入新记录使用 INSERT 语句。

（2）多表查询文件的建立以要注意的是添加数据库中的表的顺序，系统将自动进行数据表间的关联，在此题之中随着表的加入，两次弹出"联接条件"对话框，并要求用户设置表与表之间的联系。而查询去向的选择需要选择 Visual FoxPro 主菜单中的"查询"→"查询去向"命令。

## 第 71 题

（1）对考生文件夹下的表 book，使用查询向导建立查询 muyquery1，查询"价格"在

159

10 元（含）以上的书籍的所有信息，并将查询结果保存在一个新表"newtable"中。

（2）编写程序 myprog 完成如下要求：从键盘输入 10 个数，然后找出其中的最大的数和最小的数，将它们输出到屏幕上。

**【答案】**

解答第一小题按如下步骤进行操作。

（1）新建查询向导，并将 book 表加入到查询中。。

（2）在"字段"选项卡里将所有字段全部添加到可用字段里；在"筛选"选项卡里输入筛选条件为"价格>=10"，如图所示。

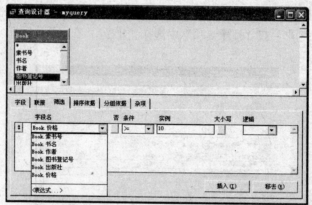

（3）在排序依据选项卡里将"价格"添加到排序条件中，在排序选项里选择"降序"。

（4）将查询去向选择为"表"，并输入表名"mytable"。

（5）保存查询，并在命令窗口中输入：Do Query mytable 运行查询。

解答第二小题按如下步骤进行操作。

（1）在文本框中输入 **Modify Command Myprog** 命令新建程序。在程序编辑窗口中输入：

```
Set talk off
clear
input "请输入一个数：" to a
store a to ma, mi
for i=2 to 10
  input "请输入一个数：" to a
  If ma<a
    ma=a
  endif
  If mi>a
    mi=a
  endif
endfor
?"最大值",ma
?"最小值",mi
Set talk on
```

（2）按下 **Ctrl+W** 键保存并关闭程序编辑窗口。

**【解析】**

（1）本题考查了查询的建立，使用查询向导建立查询，按照向导的提示对题目中的要求一步步设置，最后单击"查询"→"查询去向"，选择查询去向为表。

（2）先在程序中读入一个数，将其值赋予最大值及最小值的变量 ma 与 mi。然后进入循环语句，读入其他 9 个数。每读入一个数，就让该数分别与变量 ma 与 mi 进行比较，如果该数大于 ma，则将 ma 值使用该数进行替换，同理，mi 值也进行类似操作，则在两个变量中总是保存着目前位置已经读入的所有数据中的最大值和最小值，直至循环结束，则两个变量中保存的就是结果。

## 第 72 题

（1）在考生目录下的数据库销售中对其表 xs，建立视图"视图 1"，包括表中的全部字段，按"部门号"排序，同一部门则按"销售数量"排序。

（2）打开"myForm"表单，并按如下要求进行修改（注意要保存所做的修改）：表单中有"表格"控件修改相关属性，使在表格中显示（1）中建立的视图的记录。

【答案】

解答第一小题按如下步骤进行操作。

（1）打开数据库"销售"的数据库设计器，在其中新建视图，并将 xs 表添加到视图设计器中。

（2）在视图设计器中的"字段"选项卡中，将"可用字段"列表框中的字段全部添加到"选定字段"列表框中。

（3）在"排序依据"选项卡中将"选定字段"列表框中的"部门号"和"销售数量"依次添加到"排序条件"中。

解答第一小题按如下步骤进行操作。

（1）在命令窗口里输入 Modify Form myForm 打开表单设计器。

（2）单击右键，在弹出的菜单中选择数据环境，如图所示。

（3）在弹出的对话框中将"选定"选项改为视图，如图。

（4）将"视图1"添加到数据环境中。

（5）在表中插入一个表格控件，并在属性窗口中设置其 RecordSourceType 属性为"1-别名"，而 RecordSource 属性为"视图1"。保存表单。

**【解析】**

（1）本题考查了视图的建立，使用视图设计器建立视图，在设计器的各个选项卡中对题目中的要求进行进行设置即可。

（2）本题考查了表单中表格控件显示数据表的功能。将视图添加进表单的数据环境中，通过对表格控件通过两个属性 RecordSource 和 RecordSourceType 的设置来控制表格控件对视图内容的显示，设置不同的 RecordSourceType，则 RecordSource 相应的也不相同，详细介绍请参见第55题解析部分。

## 第 73 题

（1）在数据库产品中建立视图"view1"，并将定义视图的代码放到"mytxt.txt"中。具体要求是：视图中的数据取自数据库产品中的表"sp"。按"利润"排序（升序），"利润"相同的按商品号升序排序。其中字段"利润"为单价与出厂单价的差值。

（2）在考生文件夹下设计一个表单 myForm，该表单为"cp"表的窗口输入界面，表单上还有一个按钮，标题为"退出"，单击该按钮，则关闭表单。

**【答案】**

解答第一小题按如下步骤进行操作。

（1）打开数据库 cp 设计器，新建视图，并将 cp 表添加到视图设计器中。

（2）在视图设计器中的"字段"选项卡中，将"可用字段"列表框中的字段全部添加到"选定字段"列表框中，并在"函数与表达式"框中输入"单价-出厂单价 as 利润"，并将该表达式添加到"选定字段"列表框中。

（3）在"排序依据"选项卡中将"选定字段"列表框中的"利润"和"商品号"依次添加到"排序依据"选项卡中（升序），如图。

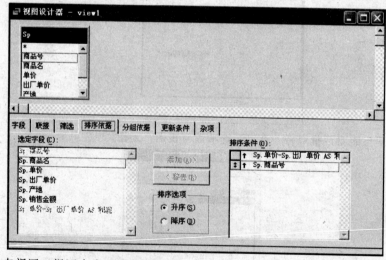

（4）保存视图，视图名为 view1。

解答第二小题按如下步骤进行操作。

（1）在命令窗口内输入 Create Form myForm 命令建立新的表单。

（2）打开数据环境设计器，并将 cp 表添加到表单的数据环境中。

（3）将表 cp 从数据环境里直接拖到表单上。

（4）在表单上添加一个命令按钮。在属性窗口中将其 Caption 属性改为"退出"，在其 Click 事件代码中输入：

```
ThisForm.Release
```

（5）保存表单。

【解析】

（1）本题考查简单视图的建立。视图的建立在数据库设计器中完成。除了表中的字段可以作为视图显示的字段外，字段的运算（如求和或平均）的结果也可以作为视图的显示的内容，方法是在"函数与表达式"框中输入要进行运算的表达式，并将其添加到选定字段列表框中。视图建立完成以后，只有在数据库中才能看的到。

（2）本题考查建立简单的表单，及表单数据环境的使用。将数据环境中的数据表直接拖入表单中即可实现表的窗口输入界面在表单中的编辑。

# 第 74 题

（1）在考生文件夹下有表 sc。用 SQL 语句统计每个考生的平均成绩，统计结果包括包括"学号"和"平均成绩"两个字段，并将结果存放于表"mytable"中。将使用到的 SQL 语句保存到 mytxt.txt 中。

（2）在员工管理数据库下建立视图"view1"，包括"员工"表中的全部字段和每个职工的"职称名称"。

【答案】

解答第一小题按如下步骤进行操作。

所用到的 SQL 语句包含如下代码：

```
Select 学号,avg(成绩) as 平均成绩 from sc Group by 学号 Order by 平均成绩 into;
table mytable
```

解答第二小题按如下步骤进行操作。

（1）打开数据库"员工管理"设计器，新建视图，并将"员工"和"职称"表添加到视图设计器中，此时弹出下图所示的表连接条件。

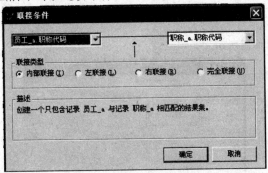

（2）单击"确定"按钮。

（3）在视图设计器中的"字段"选项卡中，将"可用字段"列表框中员工表中的全部字段和职称表中的"职称名称"字段添加到"选定字段"列表框中。

（4）保存视图，输入视图名为 view1。

**【解析】**

（1）本题考查 SQL 语句的统计查询功能。使用 avg 关键字对表记录进行平均值统计。使用 Group by 关键字实现表中记录的分组求平均，如将表中的所有学号相同的记录分到一个组，对这一组的成绩字段的值求平均。

（2）本题考查了视图的建立与显示。使用视图向导建立视图，当添加到视图设计器中的表存在相同字段时，设计器默认两表在此字段上建立关联。

## 第 75 题

（1）在"学籍"数据库中有"学生"表、"课程"表和"成绩"表。用 SQL 语句查询"成绩"表中每个学生"学号"、"姓名"、"课程号"、"课程名"、"成绩"和"开课院系"，并将结果存放于表"table1"中，查询结果按"学号"升序排序。将使用到的 SQL 语句保存到 mysql.txt 中。

（2）考生文件夹下有一个"表单 1"的表单文件，其中有 2 个命令按钮的 Click 事件下的语句是错误的。请按要求进行修改（要求保存所做的修改）："统计"命令按钮的 Click 事件对"学籍"数据库下的"成绩"表统计各课程的平均考试成绩。"退出"命令按钮的 Click 事件负责关闭表单。

**【答案】**

解答第一小题按如下步骤进行操作。

（1）所用到的 SQL 语句包含如下代码：

```
Select 学生.学号,学生.姓名,课程.课程编号,课程.课程名称,成绩.成绩,课程.开课院系; from 成绩 inner join 学生 on 成绩.学号=学生.学号 inner join 课程 on 成绩.课程编号=课程; .课程编号 Order by 学生.学号 into table table1
```

（2）将 SQL 语句输入到（或复制到）mysql.txt 文件中。

解答第二小题按如下步骤进行操作。

（1）输入 Modify Form myForm 命令打开表单设计器。

（2）双击"统计"命令按钮，修改其 Click 事件代码窗口中的代码为：

```
Select 课程编号, avg(成绩) from 成绩 Group by 课程编号
```

（3）双击退出命令按钮，修改其 Click 事件代码窗口中的代码为：

```
ThisForm.Release
```

（4）表单运行界面如图所示。

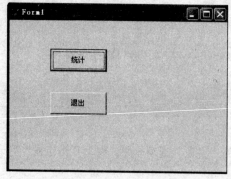

**【解析】**

（1）本题考查 SQL 语句多表查询。关键之处在于处理好三个表的内在连接语句及连接字段，在本题中为"成绩"表及其中的"学号"及"课程号"字段。

（2）使用 avg()关键字对表记录进行平均值统计。使用 Group by 关键字实现表中记录的分组求平均。关闭表单使用到的命令为 Release。

## 第 76 题

（1）在"员工管理"数据库中统计"职称"表中具有每个职称的人数，统计结果中包含字段"职称代码"、"职称名称"和"人数"，按"职称代码"排序。并将结果放在表"职称人数"中。

（2）打开"mytable"表单，并按如下要求进行修改（注意要保存所做的修改）：在表单的数据环境中添加 "员工"表。表单中有"表格"控件，修改其相关属性，在表格中显示"员工"表的记录。

**【答案】**

解答第一小题按如下步骤进行操作。

在命令窗口中输入如下代码：

```
Select 职称.职称代码,职称.职称名称,count(员工.职称代码) as 人数 from 职称; inner join 员工 on 职称.职称代码=员工.职称代码 Group by 员工.职称代码 Order by 职称.;职称代码 into table 职称人数
```

解答第二小题按如下步骤进行操作。

（1）在命令窗口里输入 Modify Form myForm，进入表单的设计器。

（2）单击"显示"→"数据环境"，打开数据环境设置器，单击右键，选择"添加"命令，在打开的对话框内选择"员工"表，如图所示。

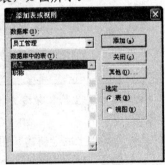

（3）在属性面板里修表格控件的属性，设置其 RecordSourceType 属性为 1，其 RecordSource 为表"员工"。保存表单。

**【解析】**

（1）本题考查了对数据库中有关联的多个表的查询和统计。当两个表可以通过某个字段关联时，可以使用 table1 inner join table2 on table1.colum=table2.colum（colum 为两表相同的字段）来实现表的连接。统计表中的个数时使用的关键字是 count，当需要分组统计时，使用关键字 Group by colunmName。

（2）本题考查了表单控件事件的编写及表格控件显示数据表的功能。通过对表格控件通过两个属性 RecordSource 和 RecordSourceType 的设置来控制表格控件对表内容的显示。

## 第 77 题

（1）"学籍"数据库下有 3 个表，使用菜单设计器制作一个名为"myMenu"的菜单，菜单只有一个"运行"菜单项。该菜单项中有"按学号"，"按课程号"和"退出" 3 个子菜单："按学号"和"按课程号"子菜单分别使用 SQL 语句的 avg 函数统计各学生和课程的平均成绩。统计结果中分别包括"学号"、"平均成绩"和"课程编号"、"平均成绩"。"退出"子菜单负责返回到系统菜单。

（2）在数据库图书中建立视图"myview"，显示表 loans 中的所有记录，并按"借书日期"升序排序。建立表单"表单 1"，在表单上添加"表格"控件显示新建立的视图的记录。

**【答案】**

解答第一小题按如下步骤进行操作。

（1）在命令窗口中输入命令：Create Menu myMenu，单击"菜单"图标按钮。

（2）按题目要求输入主菜单名称"运行"。在"运行"菜单项的结果下拉列表中选择"子菜单"。

（3）输入三个子菜单项"按学号"、"按课程号"和"退出"。在"结果"下拉列表中均选择"命令"，在命令编辑窗口中分别输入：

```
Select 学号,avg(成绩) from 成绩 Group by 学号
Select 课程编号,avg(成绩) from 成绩 Group by 课程编号
Set sysMenu to default
```

菜单界面如图所示。

（4）选择 Visual FoxPro 菜单"菜单"→"生成"命令。

解答第二小题按如下步骤进行操作。

（1）打开数据库图书设置器，单击工具栏上的"新建"图标，选择"新建文件"，将 loans 表添加到视图设计器中。

（2）在视图设计器中的"字段"选项卡中，将"可用字段"列表框中的字段全部添加到"选定字段"列表框中

（3）在"排序依据"选项卡中将"选定字段"列表框中的借书日期添加到"排序条件"中。

（4）保存视图，文件名为 myview。

（5）在命令窗口中输入：Create from 表单 1，建立新的表单。

（6）单击"显示"→"数据环境"，打开数据环境设置器，单击右键，选择"添加"命令，在打开的对话框内设置"选定"选项为"视图"，选择新建立的视图。

（7）单击表单工具栏上的"表格"图标，在表单上添加一个表格控件。在属性面板中将其 RecordSourceType 属性改为"1.- 别名"，属性 RecordSource 为"myview"。如图所示。

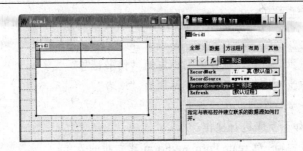

（8）保存表单。

**【解析】**

（1）本题考查菜单的建立与功能设计。菜单的建立一般在菜单设计器中进行。设计过程中注意菜单项结果的选择，一般可以选择"过程"、"命令"或"子菜单"等。每个选择项都有特定的用途。过程用于输入多行的命令，命令用来输入单行的命令，而子菜单是用来建立下级菜单的。本题中"运行"菜单项的结果选择为"子菜单"，三个子菜单的菜单项应选择为"命令"。菜单的建立完成后要使用菜单命令"菜单"→"生成"来生成菜单的可执行文件（.MPR）。

（2）本题考查了视图的建立与显示。使用视图向导建立视图，在表单中添加表格控件，设置其 RecordSourceType 属性为别名，其 RecordSource 属性为建立的视图。

## 第 78 题

（1）在考生文件夹下有一个数据库"图书借阅"，使用报表向导制作一个名为"myrepo"的报表，存放在考生文件夹下。要求，选择"brrows"表中的所有的字段。报表样式为"经营式"，报表布局：列数"1"，字段布局"列"，方向"纵向"，按"借书证号"字段升序排序，报表标题为"读者"。

（2）在考生文件夹下有一个数据库"图书借阅"，其中有数据库表"borrows"，在考生文件夹下设计一个表单，表单标题为"读者查看"。该表单为数据库中"borrows"表的窗口输入界面，表单上还有一个标题为"关闭"的按钮，单击该按钮，则关闭表单。

**【答案】**

解答第一小题按如下步骤进行操作。

（1）选择"文件"→"新建"命令，选中"报表"选项后，单击"向导"按钮，并选择"报表向导"

（2）单击"数据库和表"旁边的按钮，选择 borrows 表，

（3）单击"下一步"按钮，可用字段选择全部字段；分组记录选择"无"；如图所示。

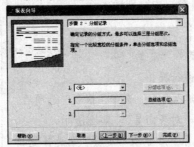

（4）单击"下一步"按钮，报表样式选择经营式；

（5）单击"下一步"按钮，在定义报表布局中，列数选择"1"，字段布局选择"列"，方向选择"纵向"；

（6）单击"下一步"按钮，选择索引标志为"借书证号"。

（7）单击"下一步"按钮，设置报表标题为"读者"。

（8）单击"下一步"按钮，保存报表。

解答第二小题按如下步骤进行操作。

（1）在命令窗口内输入 Create Form myForm 建立新的表单。

（2）单击"显示"→"数据环境"，打开数据环境设置器，单击右键，选择"添加"命令，在打开的对话框内选择 borrows 表。将表从数据环境里直接拖到表单上。

（3）单击表单工具栏上的"命令"按钮图标，在表单上添加一个"命令"按钮控件。在属性面板中将其 Caption 属性改为"关闭"，双击命令按钮，在其代码窗口内输入 ThisForm.Release。

（4）保存表单。

**【解析】**

（1）本题考查了报表的建立，使用向导建立报表，打开向导以后按照向导的提示对题目的要求一步步设置即可。

（2）本题考查建立简单的表单，及表单数据环境的使用。将数据环境中的数据表直接拖入表单中，即可实现表的窗口输入界面在表单中的编辑。

## 第 79 题

（1）建立一个名为 Menu1 的菜单，菜单中有两个菜单项"显示日期"和"退出"。单击"显示日期"菜单项将弹出一个对话框，其上显示当前日期。"退出"菜单项使用 set sysMenu to default 负责返回到系统菜单。

（2）对数据库"客户"中的表使用一对多报表向导建立报表 myrepo。要求：父表为"客户联系"，子表为"定货"。从父表中选择字段"客户编号"和"公司名称"，从子表中选择字段"订单编号"和"订单日期"，两个表通过"客户编号"建立联系，按"客户编号"升序排序；报表样式选择"帐务"式，方向为"横向"，报表标题为"客户定货查看"。

**【答案】**

解答第一小题按如下步骤进行操作。

（1）在命令窗口中输入命令：Create Menu Menu1，单击"菜单"图标按钮。

（2）按题目要求输入主菜单名称"显示日期"和"退出"。在菜单项的"结果"下拉列表中均选择"命令"。在命令编辑窗口中分别输入：

```
messagebox(dtoc(date()))
Set sysMenu to default
```

（3）选择 Visual FoxPro 菜单"菜单"→"生成"命令。

解答第二小题按如下步骤进行操作。

（1）选择"文件"→"新建"命令，选中"报表"选项后，单击"向导"按钮，并选择"一对多向导"，如图所示。

（2）分别从父表"客户联系"和子表"定货"中选择题目中要求的字段；

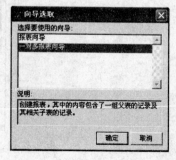

（3）单击“下一步”按钮，默认两表以字段“客户编号”建立关系。

（4）单击“下一步”按钮，选择“可用的字段或索引标志”为“客户编号”（升序）；

（5）单击“下一步”按钮，样式选择“帐务”式，方向为“横向”。

（6）单击“下一步”按钮，报表标题设置为“客户定货查看”。

（7）单击“完成”按钮，完成对报表的建立，以“myrepo”为文件名保存报表。

**【解析】**

（1）本题考查菜单的建立与功能设计。菜单的建立一般在菜单设计器中进行。设计过程中注意菜单项结果的选择，本题的结果应该选择为“命令”。显示对话框使用函数 messagebox()，显示日期的函数为 date()，返回的数据类型为日期型，使用 dtoc()函数将其转换为字符型，作为 messagebox()的参数。

（2）使用一对多报表向导建立报表，可在打开向导以后按照向导的提示对题目的要求一步步设置即可。

## 第 80 题

（1）在考生文件夹中有“股票”表和“数量”表。用 SQL 语句查询每种股票的“股票代码”、“股票简称”、“持有数量”和“净收入”，其中“净收入”等于每种股票的“现价”减去“买入价”乘以“持有数量”。查询结果按“净收入”升序排序，“净收入”相同的按“股票代码”排序，将结果存放于表“净收入”中，将使用到的 SQL 代码保存到 mytxt.txt 中。

（2）在考生文件夹下有表“数量”，在考生文件夹下设计一个表单 myForm，表单标题为“股票数量”。该表单为“数量”表的窗口输入界面，表单上还有一个标题为“结束”的按钮，单击该按钮退出表单。

**【答案】**

解答第一小题按如下步骤进行操作。

所用到的 SQL 语句包含如下代码：

```
Select 股票.股票代码,股票.股票简称,(数量.现价-数量.买入价)*数量.持有数量 as;
净收入 from 股票 inner join 数量 on 股票.股票代码=数量.股票代码 Order by ;
净收入, 数量.股票代码 into table 净收入
```

查询结果如图所示。

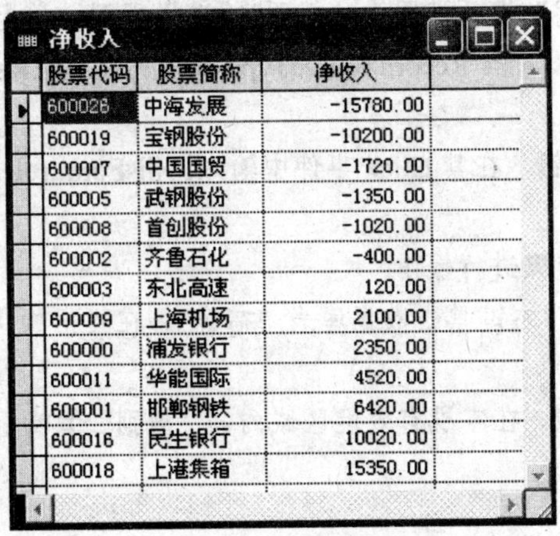


| 股票代码 | 股票简称 | 净收入 |
|---|---|---|
| 600028 | 中海发展 | -15780.00 |
| 600019 | 宝钢股份 | -10200.00 |
| 600007 | 中国国贸 | -1720.00 |
| 600005 | 武钢股份 | -1350.00 |
| 600008 | 首创股份 | -1020.00 |
| 600002 | 齐鲁石化 | -400.00 |
| 600003 | 东北高速 | 120.00 |
| 600009 | 上海机场 | 2100.00 |
| 600000 | 浦发银行 | 2350.00 |
| 600011 | 华能国际 | 4520.00 |
| 600001 | 邯郸钢铁 | 6420.00 |
| 600016 | 民生银行 | 10020.00 |
| 600018 | 上港集箱 | 15350.00 |

解答第二小题按如下步骤进行操作。

（1）在命令窗口内输入 Create Form myForm 建立新的表单。

（2）单击"显示"→"数据环境"，打开数据环境设置器，单击右键，选择"添加"命令，在打开的对话框内选择"数量"表。将表从数据环境里直接拖到表单上。

（3）单击表单工具栏上的"命令"按钮图标，在表单上添加一个"命令"按钮控件。在属性面板中将其 Caption 属性改为"结束"，双击命令按钮，在其代码窗口内输入 ThisForm.Release。

（4）保存表单。

**【解析】**

（1）本题考查 SQL 语句多表查询。当两个表可以通过某个字段关联时，可以使用 table1 inner join table2 on table1.colum=table2.colum（colum 为两表相同的字段）来实现表的连接。Inner join 子句只有在其他表中包含对应记录（一个或多个）的记录才出现在查询结果中。再用 SQL Select 查询语句即可完成此题。

（2）本题考查建立简单的表单，及表单数据环境的使用。将数据环境中的数据表直接拖入表单中，即可实现表的窗口输入界面在表单中的编辑。

## 第 81 题

（1）打开"显示视图"表单，并按如下要求进行修改（注意要保存所做的修改）：表单中有一个"表格"控件，修改其相关属性，使得在表格中显示数据库 student 中学生住宿视图中的记录。表单上还有一个标题为"关闭"的按钮，为按钮编写事件，使单击此按钮时退出表单。

（2）在考生文件夹的下对数据库"student"中的表"宿舍"的结构做如下修改：指定"宿舍"为主索引，索引名为"doc"索引表达式为"宿舍"。指定指定"电话"为普通索引，索引名为"tel"索引表达式为"电话"。设置"电话"字段的有效性为电话必须以"5"开头。

**【答案】**

解答第一小题按如下步骤进行操作。

（1）在命令窗口里输入 Modify Form myForm，进入表单的设计器。

（2）单击"显示"→"数据环境"，打开数据环境设置器，单击右键，选择"添加"命令，在打开的对话框内将"选定"选项设置为"视图"，选择视图"学生住宿"。

（3）选中表格控件，设置其 RecordSourceType 属性为 1，其 RecordSource 为视图"学生住宿"。

（4）双击"关闭"按钮，在其 Click 事件中输入：hisForm.release。

（5）保存表单。

解答第二小题按如下步骤进行操作。

（1）在数据库设计器中右键单击数据库表"宿舍"，在弹出的快捷菜单中选择"修改"，进入表的设计界面

（2）选中"电话"字段，在字段有效性区域内的"规则"编辑框内输入：subster(电话,1,1)="5"，如图所示。

（3）单击"索引"选项卡，将字段索引名修改为 doc，在"索引"下拉框中选择索引类型为"主索引"，将字段表达式修改为"宿舍"；用同样的方法为表的"电话"字段建立普通索引"tel"。

（4）单击"确定"按钮。

**【解析】**

（1）本题考查了表单控件事件的编写及表格控件显示数据表的功能。通过对表格控件通过两个属性 RecordSource 和 RecordSourceType 的设置来控制表格控件对表内容的显示。本题可以先将视图添加到数据环境中，设置前一属性为 1，设置后一属性为添加到数据环境中的视图。

（2）本题考查了表结构的设置。表结构的设置在表设计器中进行，按照设计器的各个选项卡的提示完成题目中的要求即可。可在命令窗口里使用 Modify Structure 命令打开表结构设计器。

## 第 82 题

（1）建立一个名为 Menu1 的菜单，菜单中有两个菜单项"操作"和"返回"。"操作"菜单项下还有两个子菜单项"操作 1"和"操作 2"。"操作 1"菜单项负责查询 sco 表中等级为"一等"的学生的信息；"操作 2"菜单项负责查询 add 表中有论文的学生的信息。在"返回"菜单项下创建一个命令，负责返回到系统菜单。

（2）考生文件夹下有一个文件名为"表单 1"的表单文件，其中有 2 个命令按钮"统计"和"关闭"。它们的 Click 事件下的语句是错误的。请按要求进行修改（要求保存所做的修改）：单击"统计"按钮查询 add 表中"中国"国籍的学生数，统计结果中含"国家"和"数量"2 个字段。"关闭"按钮负责退出表单。

**【答案】**

解答第一小题按如下步骤进行操作。

（1）在命令窗口中输入命令：Create Menu Menu1，单击"菜单"图标按钮。

（2）按题目要求输入主菜单名称"操作"和"返回"。在"返回"菜单项的结果下拉列表中选择"命令"，在命令编辑框中输入：Set SysMenu to default。

（3）在"操作"菜单项的结果下拉列表中选择"子菜单"，单击"编辑"按钮。输入两个子菜单名称"操作 1"和"操作 2"。选择"结果"均为"命令"，分别在命令编辑窗口中输入：

```
Select * from sco Where 等级="一等";
Select * from add Where 有论文否=.t.
```

（4）选择 Visual FoxPro 菜单"菜单"→"生成"命令。

解答第二小题按如下步骤进行操作。

（1）在命令窗口里输入 Modify Form myForm，进入表单的设计器。

（2）双击"统计"按钮，修改命令其 Click 事件代码窗口中的代码为：

```
Select 国家,count(国家) from add Where 国家="中国"
```

（3）双击退出按钮，修改命令其代码窗口中的代码为：

```
ThisForm.Release
```

（4）保存表单。

## 【解析】

（1）本题考查菜单的建立和基本的 SQL 语句使用。菜单的建立一般在菜单设计器中进行。设计过程中注意菜单项结果的选择，一般可以选择"过程"、"命令"或"子菜单"等。使用 SQL 语句进行条件查询属于简单的 SQL 应用，正确掌握 SQL 语句的语法结构和关键字即可完成此题。

（2）本题考查基本的 SQL 查询。使用 Where 条件语句进行条件判断的时候要注意，如果字段的数据类型为字符型，则等号后面的值应该用双引号引起来。退出表单使用 Thisform.Release 命令。Quit 命令是退出 Visual FoxPro。

## 第 83 题

（1）"程序 1.prg"中的 SQL 语句对商品表完成如下三个功能：

　　①查询"产地"为"广东"的表记录

　　②将所有的商品的"单价"增加 10%

　　③删除"商品号"为"1041"的商品的记录

现在该语句中有 3 处错误，分别出现在第 1 行、第 2 行和第 3 行，请更正之。

（2）根据数据库仓库管理中的表"仓库"和表"职工"建立一个查询，该查询包含的字段有"仓库号"、"城市"和"职工号"。查询条件为"仓库面积"在 400 平米（含（以上）。要求按"仓库号"升序排序，并将查询保存为"查询 1"。

## 【答案】

解答第一小题按如下步骤进行操作。

在命令窗口中输入 Modify Command. 程序 1，打开程序编辑窗口，将代码修改为如下代码：

```
Select * from 商品 Where 产地="广东"
Update 商品 Set 单价=单价*1.1
delete from 商品 Where 商品号="1041"
```

解答第二小题按如下步骤进行操作。

（1）选择"文件"→"新建"命令，选中"查询"选项后，单击→"新建查询"按钮。

（2）将"仓库"表和"职工"表添加到查询设计器中。在"联接条件"对话框中单击"确定"按钮，默认两表通过"仓库号"关联。

（3）在查询设计器中的"字段"选项卡中，将"可用字段"列表框中的题目要求的字段全部添加到"选定字段"列表框中。

（4）单击"筛选"选项卡，设置筛选条件为"面积>=400"。

（5）在"排序依据"选项卡中将"选定字段"列表框中的"仓库号"添加到"排序条件"中，在"排序选项"中选择"升序"，如图所示。

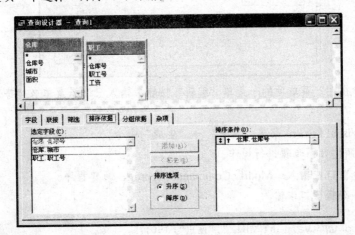

（6）完成查询设计，将查询以"查询1"为文件名保存。

【解析】

（1）使用 SQL 语句查询和删除时使用限定条件是所用到的关键字是 Where，而不是 on 和 for 。

数据更新时，使用 SET Column_Name1 = eExpression1 子句

（2）本题是一道建立查询的题目。打开查询设计向导后，按照设计向导的步骤，对题目中的要一步步设置即可。

## 第 84 题

（1）使用菜单设计器制作一个名为"菜单 2"的菜单，菜单有两个菜单项"工具"和"视图"。"工具"菜单项有"拼写检查"和"字数统计"两个子菜单；"视图"菜单项下有"普通"、"页面"和"表格"三个子菜单。

（2）对"仓库管理"数据库编写程序 myprog，完成如下操作：

1）在仓库表中插入一条记录（WH12,南京，450）

2）统计各个城市的仓库个数和总面积，统计结果中包含"城市"、"仓库个数"和"仓库总面积"三个字段。将统计结果保存在表 mytable 中。

【答案】

解答第一小题按如下步骤进行操作。

（1）在命令窗口中输入命令：Create Menu 菜单 2，单击"菜单"图标按钮。

（2）按题目要求输入主菜单名称"工具"和"视图"。在两个菜单项的结果下拉列表中均选择"子菜单"。

（3）单击"工具"菜单项的子菜单"编辑"按钮，输入两个子菜单名"拼写检查"和"字数统计"。

（4）在菜单级的组合框里选择"菜单栏"（如图所示）返回上一级菜单。

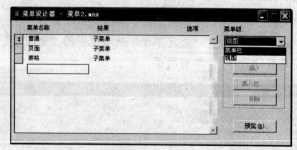

（5）单击"视图"菜单项的子菜单"编辑"按钮，输入三个子菜单名"普通"、"页面"和"表格"。

（6）选择 Visual FoxPro 菜单"菜单"→"生成"命令。

解答第二小题按如下步骤进行操作。

（1）在命令窗口中输入：Modify Command. Myprog，新建程序。

（2）在程序编辑窗口中输入：

```
Set talk off
insert into 仓库 values("WH12","南京",450)
Select 城市,count(仓库号) as 仓库数,sum(面积) as 总面积 from 仓库 Group by 城市;
into table mytable
Set talk on
```

（3）执行程序。

【解析】

（1）本题考查菜单的建立。菜单的建立一般在菜单设计器中进行，在命令窗口中输入：Create Menu MenuName，打开菜单设计器。设计过程中注意菜单项结果的选择，本题中主菜单结果都应该选择"子菜单"。

（2）本题考查了命令程序的建立与编写。使用命令 Modify Command. CommandName 新建程序，并打开程序编辑窗口。在书写程序时，使用 SQL 语句的插入功能，基本格式为 insert into tableName value (eExpression1, eExpression2…)。

## 第 85 题

（1）在数据库出勤中建立视图"视图 1"，包括员工的"工号"、"姓名"、"职位"和"出勤的月份"、"天数"、"迟到天数"及"准到天数"，其中"准到天数"等于"出勤天数"减去"迟到天数"。按"工号"升序排序。

（2）建立表单 myForm，在表单上添加"表格"控件，并通过"表格"控件显示表"出勤情况"的内容（要求表格的 RecordSourceType 属性必须为 0）。

【答案】

解答第一小题按如下步骤进行操作。

（1）打开数据库"出勤"设置器，单击工具栏上的"新建"图标，选择"新建文件"。将表出勤情况和员工档案添加到视图设计器中

（2）在视图设计器中的"字段"选项卡中，将"可用字段"列表框中题目要求显示的字段添加到"选定字段"列表框中，在"函数与表达式"框中输入：出勤情况.出勤天数-出勤情况.迟到次数 AS 准到天数。如图所示。

174

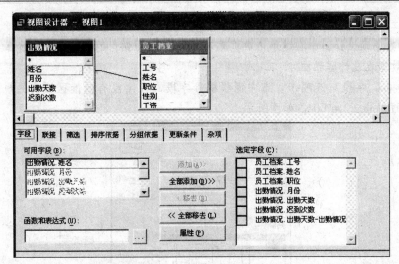

（3）在"排序依据"选项卡中。将"选定字段"列表框中的"工号"字段添加到排序条件列表框中。

（4）保存视图，文件名为"视图1"。

解答第二小题按如下步骤进行操作。

（1）在命令窗口里输入 Modify Form myForm，进入表单的设计器。

（2）单击"显示"→"数据环境"，打开数据环境设置器，单击右键，选择"添加"命令，选择表"出勤情况"。

（3）选中表格控件，设置其 RecordSourceType 属性为 0，其 RecordSource 为表"住宿管理"。

【解析】

（1）本题考查了视图的建立。在数据库中建立视图，在视图设计器中按照设计器中的各个选项卡的提示对题目中的要求进行设置即可。

（2）表格控件主要是通过其属性 RecordSourceType（数据源类型）和 RecordSource（数据源）实现表格显示的内容。表格的数据源类型设置为表，则在设计表单的同时，应该将相应的数据表添加到表单的数据环境中。

# 第86题

（1）在"学籍"数据库中查询选修了微积分课的学生的所有信息，并将查询结果保存在一个表"微积分"中。

（2）在考生文件夹的下对数据库中的表"课程"的结构做如下修改：指定"课程编号"为主索引，索引名为和索引表达式均为"课程编号"。指定指定"课程名称"为普通索引，索引名和索引表达式均为"课程名称"。设置字段课程编号的有效性为中间两个字符必须为"00"。

【答案】

解答第一小题按如下步骤进行操作。

在命令窗口中输入如下的 SQL 代码：

```
Select 学生.* from 成绩 inner join 课程 on 成绩.课程编号=课程.课程编号;
inner join 学生 on 成绩.学号=学生.学号 Where 课程.课程名称="微积分";
into table 微积分
```

解答第二小题按如下步骤进行操作。

（1）在数据库设计器中右键单击数据库表"课程"，在弹出的快捷菜单中选择"修改"，进入课程表的数据表设计器界面

（2）单击"字段"选项卡，选中课程编号字段，在字段有效性区域内的规则里输入：SUBSTR(课程编号,2,2)="00"，如图所示。

（3）单击"索引"选项卡，将字段索引名修改为"课程名称"，在"索引"下拉框中选择索引类型为"主索引"，将字段表达式修改为"课程编号"；用同样的方法设置"课程名称"为普通索引。

（4）单击"确定"按钮。

【解析】

（1）本题考查了 SQL 语句的多表查询，使用 inner join 关键字建立成绩表与学生表、课程表分别在字段"学号"和"课程编号"上的连接。三表连接的基本语法为：

```
Table1 inner join table2 on table1.column1=table2.column1 inner join table2
on table1.column2=table3.column2
```

其中 table1 一定要是与另外两个表都有公共字段的表，在本题中为"成绩"表中的"课程号"和"学号"。使用 Where 条件判断关键字筛选连接后形成的表的记录。

（2）本题考查了表结构的设置。表结构的设置在表设计器中进行，可在命令窗口里使用 Modify Structureure 命令打开表结构设计器，也可以在数据库中右击表，选择"修改"菜单项进入表结构设计器。

## 第 87 题

（1）使用 Modify Command 命令建立程序"程序1"，查询数据库"学籍"中选修了3门以上课程的学生的全部信息，并按"学号"升序排序，将结果存放于表"newtable"中，将使用的 SQL 语句保存在 mytxt 中。

（2）使用"一对多报表向导"建立报表"学生成绩"。要求：父表为"学生"，子表为"成绩"。从父表中选择字段"学号"和"姓名"。从子表中选择字段"课程编号"和"成绩"，两个表通过"学号"建立联系，报表样式选择"带区"式，方向为"横向"，按学号升序排序。报表标题为"学生成绩"。

【答案】

解答第一小题按如下步骤进行操作。

（1）在命令窗口中输入 Modify Command 程序1。

（2）在程序编辑窗口中输入如下代码：

```
Set talk off
Select 学生.学号,count(成绩.学号) as 门数 from 成绩 inner join 学生 on 成绩.学号;
=学生.学号 Group by 成绩.学号 into cursor temp
Select 学生.* from temp inner join 学生 on temp.学号=学生.学号 Where temp.;
门数>=3 Order by 学生.学号 into table mytable
Set talk on
```

解答第二小题按如下步骤进行操作。

（1）选择"文件"→"新建"命令，选中"报表"选项后，单击选择"向导"→"一对多报表向导"。

（2）从父表和子表中分别选择题目中要求显示的字段。

（3）单击"下一步"按钮，默认两表以字段"学号"建立关系。

（4）单击"下一步"按钮，选择"可用的字段或索引标志"为"学号"（升序）。

（5）单击"下一步"按钮，样式选择"带区"式，方向为"横向"。

（6）单击"下一步"按钮，报表标题设置为"学生成绩"。

（7）单击"完成"按钮，完成对报表的建立，以文件名"学生成绩"保存报表。

**【解析】**

（1）本题考查 SQL 语句多表查询。统计记录个数要使用的函数为 count()，但应当注意的是，如果使用这些函数，则一定要对记录进行分组操作，使用"Group by 分组字段"子句完成此项操作。将查询结果输入到表中使用的语句为 into table tableName。

（2）使用一对多报表向导建立报表，可在打开向导以后按照向导的提示对题目的要求一步步设置即可。

# 第 88 题

（1）考生文件夹下有一个名为 myForm 的表单，表单中有两个命令按钮的 Click 的事件下的语句都有错误，其中一个按钮的名称有错误。请按如下要求进行修改，并保存所做的修改。

　　1）将按钮"察看员工信息"改为"查看员工信息"。

　　2）单击"查看员工信息"按钮时，使用 select 查询员工表中的所有信息。

　　3）单击"退出"按钮，关闭表单。

（2）在考生文件夹下有一个数据库"员工管理"，其中有数据库表"员工"。使用报表向导制作一个名为"report1"的报表。要求：选择表中的全部字段。报表样式为"随意式"，报表布局：列数"2"，字段布局"行"，方向为"横向"；排序字段为"工资"（升序）。报表标题为"员工信息浏览"。

**【答案】**

解答第一小题按如下步骤进行操作。

（1）在命令窗口里输入 Modify Form myForm，进入表单设计界面。

（2）选中"察看员工信息"命令按钮，在属性面板里修该其 Caption 属性为"查看员工信息"，如图所示。

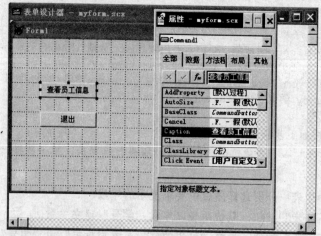

（3）双击该按钮，修改其 Click 事件为：Select * from 员工。双击"退出"按钮，修改其 Click 事件为 ThisForm.Release。

（4）保存表单。

解答第二小题按如下步骤进行操作。

（1）新建并启动报表向导，并且选择"员工"表中的全部字段作为报表的可用字段。

（2）在接下来的报表向导对话框中，设置分组记录为"无"，报表样式为"随意式"，报表布局列数为"2"，字段布局为"行"，方向选择"横向"，选择索引标志为"工资"（升序）

（3）设置报表标题为"员工信息浏览"，并保存报表，名为"report1"。

**【解析】**

（1）在属性面板中修改表单控件的属性，控制控件标题的属性为 Caption。查看表的所有字段*代替所有字段名。退出表单使用到的语句为 ThisForm.Release。

（2）使用报表向导建立报表较为简单，只需要按照报表向导中的提示，对题目中的要求一步步设置即可。

### 第 89 题

（1）在数据库仓库管理中建立视图"视图 1"，包括表"订单"中的所有字段，并按"职工号"排序，"职工号"相同的，按"订单号"排序。

（2）建立表单 myForm，在表单的数据环境里添加刚建立的视图。在表单上添加"表格"控件，设置表格的相关属性，使表格中显示的是刚建立的视图的内容。

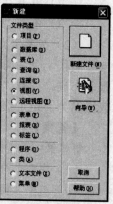

**【答案】**

解答第一小题按如下步骤进行操作。

（1）打开数据库"视图 1"的设置器，单击工具栏上的"新建"图标，选择"新建文件"，如图所示。

（2）将"订单"表添加到视图设计器中

（3）在视图设计器中的"字段"选项卡中，将"可用字段"列表框中的字段全部添加到"选定字段"列表框中，

（4）在"排序依据"选项卡中将"选定字段"列表框中的"职工号"和"订单号"依次添

加到排序条件中。

（5）保存视图，文件名为视图1。

解答第二小题按如下步骤进行操作。

（1）在命令窗口内输入 Create Form myForm 建立新的表单。

（2）单击"显示"→"数据环境"，打开数据环境设置器，单击右键，选择"添加"命令，在打开的对话框内将选定项设置为"视图"，选择"视图1"。

（3）单击表单工具栏上的表格控件，在表单上添加一个表格，在属性面板里设置其 RecordSourcerype 属性为"1"，设置其 RecordSource 属性为"视图1"。

（4）保存表单。

【解析】

（1）本题考查了视图的建立与显示。在视图设计器中，按照设计器中的各个选项卡的提示对题目中的要求进行设置即可。

（2）控制表格控件显示记录的属性为 RecordSourceType 和 RecordSource。可将其 RecordSourceType 属性设置为别名，其 RecordSource 属性设置为建立的视图。

## 第90题

（1）在考生文件夹下的数据库"考试成绩"中建立视图"myview"，并将定义视图的代码放到"mytxt.txt"中。具体要求是：视图中的数据取自表"student"。按"出生年份"排序（升降序），"年份"相同的按"学号"排序。其中字段"年份"等于系统的当前时间中的年份减去学生的年龄。

（2）使用表单向导制作一个表单，要求选择"sc"表中的所有字段。表单样式为"标准式"，按钮类型为"图片按钮"，表单标题为"成绩查看"，最后将表单保存为"myForm"。

【答案】

解答第一小题按如下步骤进行操作。

（1）打开数据库"考试成绩"设计器，单击工具栏上的"新建"图标，选择"新建文件"。

（2）将 student 表添加到视图设计器中，

（3）在视图设计器中的"字段"选项卡中，将"可用字段"列表框中的字段全部添加到"选定字段"列表框中，在"函数与表达式"框中输入"YEAR(DATE())-Student_a.年龄 AS 出生年份"，并将该表达式添加到选定字段中。

（4）在"排序依据"选项卡中将"选定字段"列表框中的"出生年份"和学号依次添加到"排序条件"中（升序）。

（5）将视图以 myview 文件名保存。

解答第二小题按如下步骤进行操作。

（1）单击"开始"→"新建"→"表单"→"向导"→"表单向导"；

（2）单击"数据库和表"右下边的按钮，选择考生目录下的 sc 表，选择全部字段；

（3）单击"下一步"按钮，表单样式设置为"标准式"，按钮类型为"图片按钮"，如图所示。

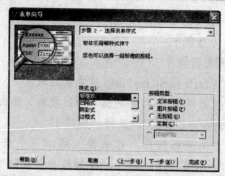

（4）单击两次"下一步"按钮，设置表单标题为"成绩查看"。

（5）保存表单，文件名为 myForm。

**【解析】**

（1）本题考查简单视图的建立。视图的建立在数据库设计器中完成。除了表中的字段可以作为视图显示的字段外，字段的运算（如求和或平均）的结果也可以作为视图的显示的内容，取得当前系统时间中年份的方法是使用 year(date())。视图建立完成以后，只有在数据库中才能看的到。

（2）本题考查了表单向导的使用。使用表单向导建立表单时，可按照表单向导的提示对题目中的要求一步步设置。

## 第 91 题

（1）在考生文件夹下，有一个数据库 SDB，其中有数据库表 STUDENT、SC 和 COURSE。在表单向导中选取"一对多表单向导"创建一个表单。要求：从父表 STUDENT 中选取字段"学号"和"姓名"，从子表 SC 中选取字段"课程号"和"成绩"，表单样式选"浮雕式"，按钮类型使用"文本按钮"，按"学号"降序排序，表单标题为"学生成绩"，最后将表单存放在考生文件夹中，表单文件名为 myForm。

（2）在考生文件夹中有一数据库 SDB，其中有数据库表 STUDENT，SC 和 COURSE。建立"成绩大于等于 60 分"、按"学号"升序排序的本地视图 GRADELIST，该视图按顺序包含字段"学号"、"姓名"、"成绩"和"课程名"。

**【答案】**

解答第一小题按如下步骤进行操作。

（1）新建报表并启动一对多表单向导。

（2）在向导中，父表在子表分别选择考生目录下的表 STUDEN 和 SC，并分别选择题目中要求显示的字段；如图所示。

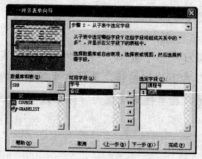

（3）在接下来的表单向导对话框中，设置表单样式为"浮雕式"，按钮类型为"文本按钮"，排序字段选择"学号"（降序），表单标题为"学生成绩"。

（4）保存表单，文件名为 MyForm。

解答第二小题按如下步骤进行操作。

（1）打开数据库，单击工具栏上的"新建"图标，选择"新建文件"。

（2）将数据库表 STUDENT，SC 和 COURSE 添加到视图设计器中

（3）在视图设计器中的"字段"选项卡中，将"可用字段"列表框中题目要求显示的字段全部添加到"选定字段"列表框中，

（4）在"排序依据"选项卡中将"选定字段"列表框中的"学号"添加到"排序条件"中（升序）。

（5）在"筛选"选项卡中，设置筛选条件为"成绩>=60"。

（6）保存视图，文件名为 gradelist。

【解析】

（1）使用一对多表单向导建立表单时，可按照表单向导的提示对题目中的要求一步步设置，向导默认自动选择两个表中具有相同名称及类型的字段做为联接字段，在本题就是两个表共有的"学号"字段。

（2）本题考查简单视图的建立.视图的建立在数据库设计器中完成.使用命令 open Database dbName 打开数据库设计器，在其上右击，选择"新建本题视图"，可打开视图设计器。视图建立完成以后，只有在数据库中才能看得到。

# 第 92 题

（1）在 salarydb 数据库中创建一个名称为 sview 的视图，该视图查询 salarydb 数据库中 salarys 表(雇员工资表)的"部门号"、"雇员号"、"姓名"、"工资"、"补贴"、"奖励"、"失业保险"、"医疗统筹"和"实发工资"，其中实发工资由"工资"、"补贴"和"奖励"三项相加，再减去"失业保险"和"医疗统筹"得出，结果按"部门号"降序排序。

（2）设计一个名称为 Form1 的表单，表单以表格方式显示 salarydb 数据库中 salarys 表的记录，供用户浏览。在该表单的右下方有一个命令按钮，标题为"退出浏览"，当单击该按钮时退出表单。

【答案】

解答第一小题按如下步骤进行操作。

（1）打开数据库 salarydb，单击工具栏上的"新建"图标，选择"新建文件"。

（2）将 salarys 表添加到视图设计器中

（3）在视图设计器中的"字段"选项卡中，将"可用字段"列表框中题目要求显示的字段添加到"选定字段"列表框中，在"函数与表达式"框中输入"工资+补贴+奖励-失业保险-医疗统筹 as 实发工资"，并将表达式添加到选定字段列表框中，如图所示。

181

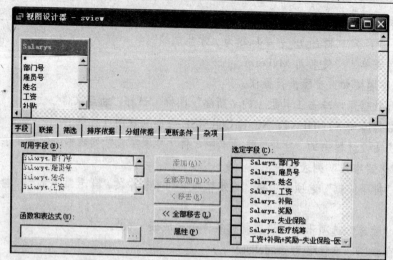

（4）在"排序依据"选项卡中将"选定字段"列表框中的"部门号"添加到"排序条件"中（降序）。

（5）保存视图，文件名为 sview。

解答第二小题按如下步骤进行操作。

（1）在命令窗口内输入 Create Form Form1 建立新的表单。

（2）单击"显示"→"数据环境"，打开数据环境设置器，单击右键，选择"添加"命令，选择"salarys"表。将表从数据环境里直接拖到表单上。

（3）通过表单控件工具栏在表单上添加一个命令按钮，在属性面板中修改其 Caption 属性为"退出"。

（4）双击命令按钮，在其代码窗口内输入 ThisForm.Release。

（5）保存表单。

【解析】

（1）本题考查简单视图的建立。在视图设计器中按照设计器中的各个选项卡的提示对题目中的要求进行设置即可。除了表中的字段可以作为视图显示的字段外，字段的运算（如求和或平均）的结果也可以作为视图的显示的内容，方法是在"字段"选项卡里的函数与表达式编辑框内输入运算表达式，并将表达式添加到选定字段列表框中。建立的视图只能在数据库设计器中看到。

（2）在表单的数据环境中添加表，将表从中直接拖入表单上，即可实现在表单上浏览表的内容。

### 第 93 题

（1）考生文件夹下有数据库"订货管理"，其中有表 customer 和 orderlist。用 SQL SELECT 语句完成查询：列出目前有订购单的客户信息（即有对应的 order_list 记录的 customer 表中的记录），同时要求按"客户号"升序排序，将结果存储到 results 表中，将使用的 SQL 语句保存到 mysql.txt 中。要求查询结果不重复，即查询结果中同一客户的信息只显示一次。

（2）打开并按如下要求修改 Form1 表单文件（最后保存所做的修改）：

1）在"确定"命令按钮的 Click 事件(过程)下的程序有两处错误，请改正之；

2）设置 Text2 控件的有关属性，使用户在输入口令时显示"*"。

**【答案】**

解答第一小题按如下步骤进行操作。

在命令窗口中输入:

```
Select distinct customer.* from customer inner join orderlist on;
customer.客户号=orderlist.客户号 Order by customer.客户号 into table results
```

解答第二小题按如下步骤进行操作。

（1）双击"确定"按钮，修该其 Click 事件代码为:

```
If ThisForm.text1.text = ThisForm.text2.text
  wait "欢迎使用……" window timeout 1
ThisForm.Release
else
  wait "用户名或口令不对，请重新输入……" window timeout 1
endif
```

（2）选中文本框 text2，在属性面板中修改其 passwordchar 属性为"*"，如图所示。

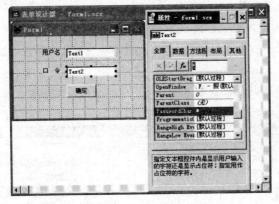

**【解析】**

（1）本题考查多表联接查询，注意两表联接的公共字段。在查询结果中只显示一次查询结果可在查询项前使用关键字 distinct，将查询结果保存到表中使用 into table tableName。

（2）两个文本框内容的比较是比较其 value 或 text 值。退出表单的命令为 release。控制文本框输入值的掩饰码的属性为 passwordchar，将其属性设置为"*"后，则在其中输入的文字以"*"代表。

## 第 94 题

（1）建立视图 NEW_VIEW，该视图含有选修了课程但没有参加考试(成绩字段值为 NULL)的学生信息(包括"学号"、"姓名"和"系部"3 个字段)。

（2）建立表单 MYFORM，在表单上添加"表格"控件，并通过该控件显示表 course 的内容（要求 RecordSourceType 属性必须为 0）。

**【答案】**

解答第一小题按如下步骤进行操作。

（1）打开数据库，单击工具栏上的"新建"图标，选择"新建文件"。

（2）将 student 表、score1 和 course 表添加到视图设计器中

（3）在视图设计器中的"字段"选项卡中，将"可用字段"列表框中属于 student 的字段添加到"选定字段"列表框中，在"筛选"选项卡中设定筛选条件为"course.课程号 否 is null"和"score1.成绩 is null"，如图所示。

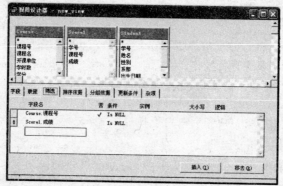

（4）保存视图，文件名为 new_view。

解答第二小题按如下步骤进行操作。

（1）在命令窗口内输入 Create Form myForm 建立新的表单。

（2）单击"显示"→"数据环境"，打开数据环境设置器，单击右键，选择"添加"命令，在打开的对话框内选择 course 表。

（3）通过表单控件工具栏在表单上添加一个表格，在属性面板上设置其 RecordSourceType 为 0，设置其 RecordSource 属性为 course。如图所示。

（4）保存表单。

**【解析】**

（1）在视图设计器中按照设计器中的各个选项卡的提示对题目中的要求进行设置即可。在输入视图筛选条件时，分别在"字段名"、"条件"及"实例"三个下拉列表中选择筛选条件的组成项目。在"条件"选项里选择"is null"来判断的表的字段值是否为空。

（2）表格控件显示数据表的两个重要属性为 RecordSourceType 和 RecordSource。可先将表添加到表单的数据环境中，设置前者属性为 0，后者属性为刚添加的表即可。

## 第 95 题

（1）请修改并执行名称为 Form1 的表单，要求如下：

1）为表单建立数据环境，并将"雇员"表添加到数据环境中；

2）将表单标题修改为"公司雇员信息维护"；

3）修改命令按钮"刷新日期"的 Click 事件下的语句，使用 SQL 的更新命令，将"雇员"表中"日期"字段值更换成当前计算机的日期值。注意：只能在原语句上进行修改，不可以增加语句行。

（2）建立一个名称为 Menu1 的菜单，菜单栏有"文件"和"编辑浏览"两个菜单。"文件"菜单下有"打开"、"关闭退出"两个子菜单；"浏览"菜单下有"雇员编辑"、"部门编辑"和"雇员浏览"三个子菜单。

**【答案】**

解答第一小题按如下步骤进行操作。

（1）在命令窗口中输入：Modify Form Form1，打开表单设计器。

（2）单击"显示"→"数据环境"，打开数据环境设置器，单击右键，选择"添加"命令，在打开的对话框内选择"雇员"表。

（3）选中表单控件，修改其 Caption 属性为"公司雇员信息维护"。

（4）双击"刷新日期"命令按钮，修改其 Click 事件为：Update 雇员 Set 日期=DATE()。如图所示。

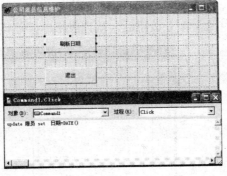

（5）保存表单。

解答第二小题按如下步骤进行操作。

（1）在命令窗口中输入命令：Create Menu Menu1，单击"菜单"图标按钮。

（2）按题目要求输入主菜单名称"文件"和"编辑浏览"。

（3）在"文件"菜单项的结果下拉列表中选择"子菜单"，单击"创建"按钮，输入两个子菜单"打开"和"关闭退出"。

（4）在左边组合框里选择"菜单栏"，在主菜单"编辑浏览"结果项里选择"子菜单"，单击创建按钮，输入三个子菜单"雇员编辑"、"部门编辑"和"雇员浏览"。

（5）选择 Visual FoxPro 菜单"菜单"→"生成"命令。菜单界面如图所示。

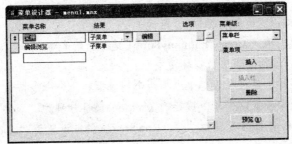

**【解析】**

（1）在属性面板中设置表单控件的属性，控制表单标题的属性为 Caption。如果更新表中所有记录的字段值，可在 Update 语句中不使用 Where 条件语句即可，没必要在 Update 后加 all。

（2）本题考查菜单的建立。菜单的建立在菜单设计器中进行，在命令窗口中输入 Create Menu 命令建立新菜单，同时打开菜单设计器。设计过程中注意菜单项结果的选择，一般可以选择"过程"、"命令"或"子菜单"等，其中子菜单是用来建立下级菜单的。

## 第 96 题

（1）在考生文件夹中有一个数据库 SDB，其中有数据库表 STUDENT、SC 和 COURSE 表。在考生文件夹下有一个程序 myprog.PRG，该程序的功能是检索同时选修了课程号 C1 和 C2 的学生的学号。请修改程序中的错误，并调试该程序，使之正确运行。考生不得增加或删减程序行。

（2）设计表单 myForm1，表单中有两个列表框，其中左边的列表框中有 student 表中的所有字段名就。表单中有两个命令按钮"添加"和"移除"，在左边的列表框中选择字段名并单击"添加"命令按钮后，在右边的列表框中添加该字段名。在右边的列表框中选择字段名，并单击"移除"命令按钮后，从列表框中移除该字段名。表单界面如图所示。

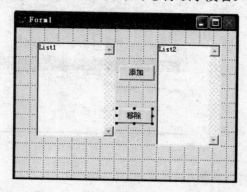

**【答案】**

解答第一小题按如下步骤进行操作。

在命令窗口中输入 Modify Command. Myprog 打开命令编辑窗口，将其中代码修改为：

```
SELECT 学号;
FROM SC ;
WHERE  课程号 = 'c1' AND 学号 IN ;
SELECT 学号 FROM SC ;
WHERE  课程号 = 'c2' )
```

解答第二小题按如下步骤进行操作。

（1）在命令窗口内输入 Create Form myForm1 建立新的表单。

（2）将 student 表添加到表单数据环境中。

（3）通过表单控件工具栏在表单上添加两个列表框和两个命令按钮。

（4）在属性面板中设置两个命令按钮的 Caption 属性分别为"添加"和"移除"，将列表框 list1 的 RowSourceType 属性设置为"8"，RowSource 属性设置为"student"。如图所示。

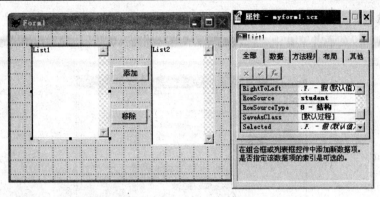

（5）双击"添加"命令按钮，在其 Click 事件中输入：

```
ThisForm.list2.additem(ThisForm.list1.value)
```

（6）双击"移除"命令按钮，在其 Click 事件中输入：

```
i=1
do while i<=ThisForm.list2.listcount
    if ThisForm.list2.selected(i)
        ThisForm.list2.removeitem(i)
    else
        i=i+1
    endif
enddo
```

（7）保存表单。

【解析】

（1）本题考查 SQL 的基本的嵌套查询，查询设计中注意 in（包含）短语的使用，并注意在每个数据表中字段的选取。

（2）本题考查列表框的属性设置和方法使用。在列表框中添加和移除条目分别使用函数 Additem()和 Removeitem()。注意后一函数的参数是数值型的，即列表框中第几条条目被移除。统计列表框中条目的个数的函数为 Listcount（）。

## 第 97 题

（1）根据 sdb 数据库中的表用 SQL SELECT 命令查询学生的学号、姓名、课程号和成绩，结果按"课程号"升序排序，"课程号"相同时按"成绩"降序排序，并将查询结果存储到 newtable 表中，将使用的 SQL 语句保存到 mytxt.txt 中。

（2）使用表单向导选择 student 表生成一个名为 myForm 的表单。要求选择 student 表中所有字段，表单样式为"阴影式"；按钮类型为"图片按钮"；排序字段选择"学号"（升序）；表单标题为"学生基本数据输入维护"。

【答案】

解答第一小题按如下步骤进行操作。

在命令窗口中输入：

```
Select student.学号,student.姓名,sc.课程号,sc.成绩 from student inner join sc
on;
    student.学号=sc.学号  Order by sc.课程号,sc.成绩 desc into table newtable
```

解答第二小题按如下步骤进行操作。

（1）新建表单并启动表单向导，选中考生目录下的 student 表中全部字段。

（2）在接下来的向导窗口中，将表单样式设置为"阴影式"，按钮类型为"图片按钮"，如图所示。

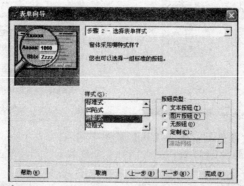

（3）设置排序字段为"学号"（升序），表单标题为"学生基本数据输入维护"。

（4）保存表单，文件名为 myForm。表单运行界面如图。

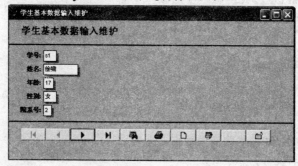

**【解析】**

（1）本题考查基于两表的联接查询。当排序字段有两个时，要注意排序字段的先后顺序。降序排序使用的关键字为 desc。

（2）本题考查了表单向导的使用。使用表单向导建立表单，可按照表单向导的提示对题目中的要求进行设置。

## 第 98 题

（1）设计一个如下图所示的时钟应用程序，具体描述如下：

表单名和表单文件名均为 timer，表单标题为"时钟"，表单运行时自动显示系统的当前时间；

1）显示时间的为标签控件 label1（标签文本对齐方式为居中）；

2）单击"暂停"命令按钮（Command1）时，时钟停止；

3）单击"继续"命令按钮（Command2）时，时钟继续显示系统的当前时间；

4）单击"退出"命令按钮（Command3）时，关闭表单。

（2）使用查询设计器设计一个查询，要求如下：

1）基于自由表 currency_sl.DBF 和 rate_exchange.DBF；

2）按顺序含有字段"姓名"、"外币名称"、"持有数量"、"现钞买入价"及表达式"现钞买入价*持有数量"；

3）先按"姓名"升序排序，再按"持有数量"降序排序；

4）完成设计后将查询保存为 query1 文件。

**【答案】**

解答第一小题按如下步骤进行操作。

（1）在命令窗口里输入 Modify Form timer，进入表单的设计器。

（2）在属性面板中对表单的控件属性进行设置。修改表单的 Name 属性为"timer"，Caption 属性为"时钟"。

（3）通过表单控件工具栏在表单上添加一个时钟控件，设置其 Interval 属性值为 1000；添加三个命令按钮，设置其 Caption 属性分别为"暂停"、"继续"和"退出"。

（4）添加一个标签控件，设置其 alignment 属性为"2"。如图所示。

（5）双击 timer1 控件，在其 timer 事件中输入如下代码：

```
ThisForm.label1.Caption=time()
```

（6）在三个命令按钮的 Click 事件中依次输入的代码为：

```
ThisForm.timer1.Interval=0;
ThisForm.timer1.Interval=1000;
ThisForm.Release
```

（7）保存表单。

解答第二小题按如下步骤进行操作。

（1）单击"文件"→"新建"→"查询"→"新建文件"命令。

（2）将表 currency_sl.DBF 和 rate_exchange.DBF 添加到查询设计器中。在"联接条件"对话框中单击"确定"按钮。

（3）在查询设计器中的"字段"选项卡中，将"可用字段"列表框中的题目要求的字段全部添加到"选定字段"列表框中。在"函数和表达式"框内输入"Currency_sl.持有数量*Rate_exchange.现钞买入价"，并添加到"选定字段"列表框中。

（4）在"排序依据"选项卡中将"选定字段"列表框中的"姓名"和"持有数量"添加到

189

"排序条件"中，在"排序选项"中分别选择"升序"和"降序"，如图所示。

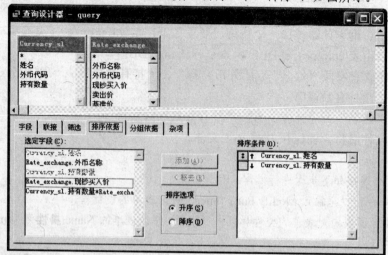

（5）完成查询设计，将查询以"query1"为文件名保存。

【解析】

（1）本题的关键之处在于时钟控件的设计。该控件的一个重要属性为 Interval，该属性值的大小，决定表单中控件变化的速度的快慢，为 0 时，该控件下的事件代码不再执行。

（2）本题使用查询设计器设计查询的步骤及在两个表之间建立查询时联接方法，在查询设计器中按各个选项卡的提示对题目中的要求一步步设置即可，但需要注意的是，进行多表查询时，查询设计器自动选择两个表中具有相同名称及类型的字段做为联接字段，在本题就是两个表共有的"外币代码"字段。另外需要注意的是，要生成新的字段，可以通过"字段"选项卡中的"表达式生成器"生成。

## 第 99 题

（1）用 SQL 语句完成下列操作：检索"田亮"所借图书的"书名"、"作者"和"价格"，结果按"价格"降序存入 booktemp 表中。

（2）在考生文件夹下有一个名为 Menu_lin 的下拉式菜单，请设计表单 frmMenu，将菜单 Menu_lin 加入到该表单中，使得运行表单时菜单显示在本表单中，并在表单"退出"时释放菜单。表单运行界面如图。

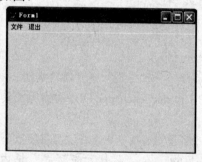

【答案】

解答第一小题按如下步骤进行操作。

在命令窗口中输入:

```
Select book.书名,book.作者,book.价格 from loans inner join;
book on loans.图书登记号=book.图书登记号;
inner join borrows on loans.借书证号=borrows.借书证号;
Where borrows.姓名="田亮"
```

解答第二小题按如下步骤进行操作。

（1）在命令窗口里输入 Modify Form frmMenu，进入表单的设计器。

（2）双击表单控件，在其 Init 事件中输入：DO MENU_LIN.MPR WITH THIS。

（3）在表单的 Destroy 事件中输入：RELEASE MENU MENU_LIN EXTENDED。

【解析】

（1）本题考查 SQL 的多表联接查询，注意每两个表之间关联时的字段的选择。三表连接的基本语法为：

```
Table1 inner join table2 on table1.column1=table2.column1 inner join table2
on table1.column2=table3.column2
```

其中 table1 一定要是与两外两个表都有公共字段的表，在本题中为 loans 表中的"图书登记号"和"借书证号"。

（2）本题考查在表单中调用菜单的功能的设计。在表单的 init 事件中调用菜单，则表单运行时，菜单文件也自动运行。调用菜单的命令格式为 DO MenuName WITH THIS，释放菜单的命令格式为：RELEASE MENU MenuName EXTENDED。

## 第 100 题

（1）在考生文件夹中有一个数据库 STSC，其中有数据库表 STUDENT、SCORE 和 COURSE 利用 SQL 语句查询选修了"C++"课程的学生的全部信息，并将结果按"学号"升序存放在 CPLUS.DBF 文件中（库的结构同 STUDENT，并在其后加入"课程号"和"课程名"字段）。

（2）在考生文件夹中有一个数据库 STSC，其中有数据库表 STUDENT，使用报表向导制作一个名为 myreport 的报表，存放在考生文件夹中。要求：选择 STUDENT 表中所有字段，报表式样为"经营式"；报表布局：列数为 1，方向为"纵向"，字段布局为"列"；排序字段选择"学号"（升序），报表标题为"学生基本情况一览表"。

【答案】

解答第一小题按如下步骤进行操作。

在命令窗口中输入：

```
Select student.*,course.课程号,course.课程名;
from score inner join student;
on score.学号=student.学号;
inner join course;
on score.课程号=course.课程号;
Where course.课程名="C++" Order by student.学号;
into table CPLUS
```

解答第二小题按如下步骤进行操作。

（1）新建并启动报表向导，选择 student 表中的全部字段作为报表的可用字段。

（2）在接下来的报表向导中，分组记录选择"无"、报表样式选择"经营式"、报表布局中，列数选择 1，字段布局选择"列"，方向选择"纵向"。

（3）索引标志为"学号"（升序），并设置报表标题为"学生基本情况一览表"。

（4）保存报表名为"myreport"。

**【解析】**

（1）本题考查 SQL 的多表联接查询，注意每两个表之间关联时的字段的选择。三表连接的基本语法为：

```
Table1 inner join table2 on table1.column1=table2.column1 inner join table2
on table1.column2=table3.column2
```

其中 **table1** 一定要是与两外两个表都有公共字段的表，在本题中为 score 表中的"学号"和"课程号"。

（2）使用报表向导建立报表较为简单，只需要按照报表向导中的提示，对题目中的要求一步步设置即可。

# 第三部分　综合应用题

综合应用 1 小题，计 30 分。

★★★★★★★★★★★★★★★★★★★★★★★★★★★★★★★★★★★★★★★★★★

## 第 1 题

在考生文件夹下的仓库数据库 GZ3 包括两个表文件：

ZG（仓库号 C(4)，职工号 C(4)，工资 N(4)）

DGD（职工号 C(4)，供应商号 C(4)，订购单号 C(4)，订购日期 D，总金额 N(10)）

在 GZ3 库中建立"工资文件"数据表：GJ3(职工号 C(4)，工资 N(4))，设计一个名为 YEWU3 的菜单，菜单中有两个菜单项"查询"和"退出"。程序运行时，单击"查询"应完成下列操作：检索出与供应商 S7、S4 和 S6 都有业务联系的职工的"职工号"和"工资"，并按"工资"降序存放到所建立的 GJ3 文件中。单击"退出"菜单项，程序终止运行。

（注：相关数据表文件存在于考生文件夹下）。

【答案】

（1）在命令窗口中输入命令：Create Menu YEWU3，单击"菜单"图标按钮，如图所示。

（2）按题目要求输入主菜单名称"查询"和"退出"。

（3）在"查询"菜单项的"结果"下拉列表中选择"过程"，单击"编辑"按钮，在程序编辑窗口中输入：

```
SET TALK OFF
OPEN DATABASE GZ3
USE DGD
CREATE TABLE GJ3(职工号 C(4),工资 N(4))
SELECT 职工号 FROM DGD WHERE 供应商号 IN ("S4","S6","S7");
GROUP BY 职工号;
HAVING COUNT(DISTINCT 供应商号)=3;
INTO CURSOR CurTable
SELECT ZG.职工号,工资 FROM ZG,CurTable WHERE ZG.职工号=CurTable.职工号;
ORDER BY 工资 DESC;
INTO ARRAY AFieldsValue
INSERT INTO GJ3 FROM ARRAY AFieldsValue
CLOSE ALL
SET TALK ON
```

（4）在"退出"菜单项的结果下拉列表中选择"命令"，在命令编辑窗口中输入：Set SysMenu to Default 。

（5）选择 Visual FoxPro 主窗口中的"菜单"→"生成"菜单命令。

【解析】

本题考查菜单的建立与功能设计。菜单的建立一般在菜单设计器中进行。使用命令 Create Menu menuname 新建菜单，并打开菜单设计器。在设计过程中注意菜单项结果的选择，一般可以选择"过程"、"命令"或"子菜单"等。

- "过程"用于输入多行命令。
- "命令"用于输入单行命令。
- "子菜单"用来建立下级菜单。

本题考查的另一个知识点是使用命令方式建立多表 SQL 语句查询。新建表的 SQL 命令格式为：

```
CREATE TABLE TABLENAME(COLUMNNAME1 DATAFORMAT（WIEDTH）…)
```

将查询结果输入表中的命令格式为：

```
Insert Into tablename
```

在对表查询的 SQL 语句中，可以先将查询结果放在临时表或数组中，再从数组中输入表。

★★★★★★★★★★★★★★★★★★★★★★★★★★★★★★★★★★★★★★★★★★★

## 第 2 题

在考生文件夹下，打开学生数据库 SDB，完成如下综合应用。

设计一个表单名为 sform 的表单，表单文件名为 SDISPLAY，表单的标题为"学生课程教师基本信息浏览"。表单上有一个包含三个选项卡的"页框"（Pageframe1）控件和一个"退出"按钮（Command1）。其他功能要求如下：

（1）为表单建立数据环境，向数据环境依次添加 STUDENT 表、CLASS 表和 TEACHER 表。

（2）要求表单的高度为 280，宽度为 450；表单显示时自动在主窗口内居中。

（3）三个选项卡的标签的名称分别为"学生表"（Page1）、"班级表"（Page2）和"教师表"（Page3），每个选项卡分别以表格形式浏览"学生"表、"班级"表和"教师"表的信息。选项卡位于表单的左边距为 18，顶边距为 10，选项卡的高度为 230，宽度为 420。

（4）单击"退出"按钮时关闭表单。

【答案】

（1）在 Visual FoxPro 的命令窗口内输入命令：Create Form SDISPLAY，打开表单设计器，在属性面板中设置其 Name 属性为 sform，Caption 属性为"学生课程教师基本信息浏览"；Height 属性为 280，Wideth 属性值为 450，AutoCenter 属性为"T－真"，如图所示。

（2）依次选择 Visual FoxPro 主窗口中的"显示"→"数据环境"菜单命令，右击，选择"添加"，在打开的对话框内选择 STUDENT 表、COURSE 表和 TEACHER 表。

（3）单击表单控件工具栏上的"命令按钮"控件图标，向表单添加一个命令按钮，选中该命令按钮，在属性对话框中将其 Caption 属性改为"退出"。

（4）双击该命令按钮，在 Click 事件中输入如下代码：

```
Thisform.Release
```

（5）单击表单控件工具栏上的"页框"控件图标，在表单里添加一个页框控件，设置其属性 PageCount 为 3，Left 为 18，Top 为 10，Height 为 230，Wideth 为 420。

（6）右键单击页框，选择"编辑"命令对三个页面进行编辑，如图所示。

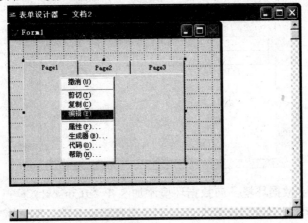

（7）将三个页面的 Caption 属性分别设置为"学生表"、"班级表"和"教师表"。将数据环境中的 3 个表分别拖入对应的页面中。

（8）单击工具栏上的"保存"图标保存表单。

表单运行结果如图所示。

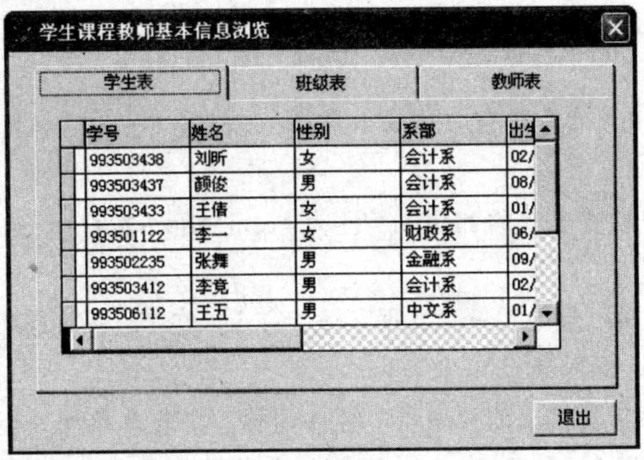

**【解析】**

本题考查表单的建立与表单控件属性的设置。

选中表单上要设置属性的控件，在属性面板中选择要设置的属性，在属性框中选择输入属性值。控件高度的属性为 Height，宽度属性为 Wideth，左边距属性为 Left，顶边距属性为 Top，位于中央的属性为 AutoCenter。打开表单数据环境的方法为单击主菜单"显示"→"数据环境"。

要在表单控件上显示表内容，可直接将表从数据环境中拖入表单控件中。

★★★★★★★★★★★★★★★★★★★★★★★★★★★★★★★★★★★★★★★★★★★★★★★

# 第3题

在考生文件夹下完成如下综合应用。

设计一个表单名为 Form_one、表单文件名为 YEAR_SELECT、表单标题名为"部门年

度数据查询"的表单,其表单界面如图所示。其他要求如下:

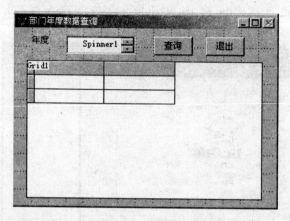

(1)为表单建立数据环境,向数据环境添加 S_T 表(Cursor1)。

(2)当在"年度"标签微调控件(Spinner1)中选择年度并单击"查询"按钮(Command1)时,则会在下边的表格(Grid1)控件内显示该年度各部门的四个季度的"销售额"和"利润"。指定微调控件上箭头按钮(SpinnerHighValue 属性)与下箭头按钮(SpinnerLowValue 属性)值范围为 2010-1999,缺省值(Value 属性)为 2003,增量(Imcrement 属性)为 1。

(3)单击"退出"按钮(Command2)时,关闭表单。

要求:表格控件的 RecordSourceType 属性设置为"4-SQL 说明"。

【答案】

(1)在 Visual FoxPro 的命令窗口内输入命令:Create Form YEAR_SELECT,打开表单设计器。

(2)在属性面板中设置表单的 Name 属性为 Form_one,其 Caption 属性值为"部门年度数据查询";

(3)选择主菜单中的"显示"→"数据环境"命令,在"数据环境"窗口中右击,选择"添加"命令,在打开的对话框内选择 S_T 表。

(4)单击表单控件工具栏上的"微调"控件图标,向表单添加一个"微调"控件。在属性面板中将其 SpinnerHighValue 和 SpinnerLowValue 属性分别改为 2010 和 1999,其 Value 属性为 2003,Imcrement 属性为 1。

(5)单击表单控件工具栏上的"表格"控件图标,向表单添加一个"表格"控件。在属性面板中将其 RecordSource 属性改为"4-SQL 说明"。

(6)单击表单控件工具栏上的"命令"按钮控件图标,向表单添加两个命令按钮,在属性面板中将其 Caption 属性分别改为"查询"和"退出"。

(7)双击"退出"命令按钮在 Click 事件中输入如下程序段:Thisform.Release。

(8)双击"查询"命令按钮,在其 Click 事件中输入如下程序段:

```
ThisForm.Grid1.RecordSource="Select * From S_T Where ;
年度=alltrim(Thisform.spinner1.text) Into Cursor temp"
```

(7)单击工具栏上的"保存"图标保存表单。

表单运行结果如图所示。

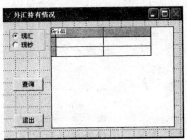

【解析】

本题考查表单的建立、控件的属性设置及简单的 SQL 查询。

设置表单控件属性只需选中要修改的控件，在属性面板中设置相关属性的值即可。在表格控件中显示查询结果需要设置两个属性值，一个是 RecordSourceType，一个是 RecordSource。根据题目的要求，在前者设置为 SQL 说明的情况下，后者应该设置为 SQL 查询语句，即 thisform.grid1.RecordSource="SQL 查询语句"，SQL 查询语句用引号引起来。本题的 SQL 查询属于简单查询。

☆☆☆☆☆☆☆☆☆☆☆☆☆☆☆☆☆☆☆☆☆☆☆☆☆☆☆☆☆☆☆☆☆☆☆☆☆☆☆☆☆☆☆☆

## 第 4 题

设计一个文件名和表单名均为 myaccount 的表单。表单的标题为"外汇持有情况"，界面如图所示。

表单中有一个选项按钮组控件（myOption）、一个表格控件（Grid1）以及两个命令按钮"查询"（Command1）和"退出"（Command2）。其中，选项按钮组控件有两个按钮"现汇"（Option1）、"现钞"（Option2）。运行表单时，在选项组控件中选择"现钞"或"现汇"，单击"查询"命令按钮后，根据选项组控件的选择将"外汇账户"表的"现钞"或"现汇"（根据"钞汇标志"字段确定）的情况显示在表格控件中。

单击"退出"按钮，关闭并释放表单。

注：在表单设计器中将表格控件 Grid1 的数据源类型设置为"SQL 说明"。

【答案】

（1）在 Visual FoxPro 的命令窗口内输入命令：Create Form myaccount，打开表单设计器，设置其 Caption 属性值为"外汇持有情况"。

（2）单击主菜单"显示"→"数据环境"命令，右击数据环境窗口，选择"添加"命令，在打开的对话框内选择"外汇帐户"表，如图所示。

（3）单击表单控件工具栏上的"选项按钮"控件图标，在表单里添加一个选项按钮组控件，设置 ButtonCount 属性为 2，右键单击选项按钮组，选择"编辑"，分别设置按钮的 Caption 属性为"现汇"和"现钞"。

（4）单击表单控件工具栏上的"表格"控件图标，向表单添加一个"表格"控件，在属性面板中将其 RecordSource 属性改为"4-SQL 说明"。

（5）单击表单控件工具栏上的"命令按钮"控件图标，向表单添加两个命令按钮，在属性面板中将其 Caption 属性分别改为"查询"和"退出"。

（6）双击"退出"命令按钮在 Click 事件中输入如下程序段：

Thisform.Release。

（7）双击"查询"命令按钮，在其 Click 事件中输入如下程序段：

```
SELECT 外汇账户
DO CASE
   CASE THISFORM.myOption.VALUE=1
   THISFORM.GRID1.RECORDSOURCE="SELECT 外币代码, 金额;
   FROM 外汇账户;
   WHERE 钞汇标志 = [现汇];
   INTO CURSOR TEMP"
   CASE THISFORM.myOption.VALUE=2
   THISFORM.GRID1.RECORDSOURCE="SELECT 外币代码, 金额;
   FROM 外汇账户;
   WHERE 钞汇标志 = [现钞];
   INTO CURSOR TEMP"
ENDCASE
```

（8）单击工具栏上的"保存"图标，保存表单。

表单运行结果如图所示。

【解析】

选项按钮组属于容器型控件，对其中的子控件进行属性设置时，应右击按钮组，选择"编辑"命令，再选择要设置属性的子控件，在属性面板里设置属性。

在表格控件中显示查询结果需要设置其两个属性值，一个是 RecordSourceType，一个是 RecordSource，根据题目的要求，在前者设置为 SQL 说明的情况下，后者应该设置为 SQL 查询语句。

查询命令按钮的事件中使用 do case 分支查询结构辨别用户单击了哪个选项按钮。

★★★★★★★★★★★★★★★★★★★★★★★★★★★★★★★★★★★★★★★★★★

## 第 5 题

建立表单，表单文件名和表单名均为 myform_a，表单标题为"商品浏览"，表单样例如图所示。

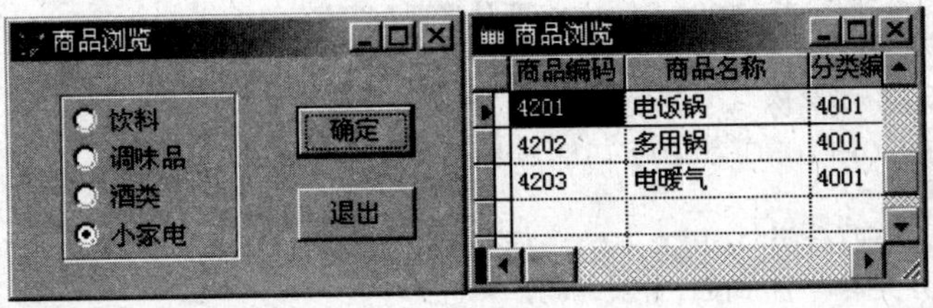

其他功能要求如下：

（1）用选项按钮组（OptionGroup1）控件选择商品分类（饮料（Option1）、调味品（Option2）、酒类（Option3）、小家电（Option4））；

（2）单击"确定"（Command2）命令按钮，显示选中分类的商品，要求使用 DO CASE 语句判断选择的商品分类（如右图所示）；

（3）在右图所示界面中按 Esc 键返回左图所示界面；

（4）单击"退出"（Command1）命令按钮，关闭并释放表单。

注：选项按钮组控件的 Value 属性必须为数值型。

【答案】

（1）在 Visual FoxPro 的命令窗口内输入命令：Create Form myform_a，打开表单设计器，设置其 Name 属性为 myform_a，Caption 属性值为"商品浏览"；

（2）单击主菜单"显示"→"数据环境"命令，右击数据环境窗口，选择"添加"命令，在打开的对话框内选择"分类"表和"商品"表。

（3）单击表单控件工具栏上的"选项按钮"控件图标，在表单里添加一个选项按钮组控件，设置其属性 ButtonCount 为 4，右键单击选项按钮组，选择"编辑"对四个按钮进行编辑，如图所示。

分别设置按钮的 Caption 属性分别为"饮料"、"调味品"、"酒类"和"小家电"。

（4）单击表单控件工具栏上的"命令按钮"控件图标，向表单添加两个命令按钮，在属性面板中将其 Caption 属性分别改为"确定"和"退出"。双击"退出"命令按钮在 Click 事件中输入如下程序段：Thisform.Release。双击"确定"命令按钮，在其 Click 事件中输入如下程序段：

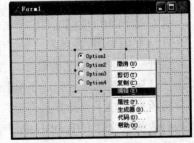

```
DO CASE
   CASE THISFORM.OPTIONGROUP1.VALUE=1
     SELECT 商品.*;
     FROM  商品管理!分类 INNER JOIN 商品管理!商品 ;
     ON  分类.分类编码 = 商品.分类编码;
     WHERE 分类.分类名称 = "饮料"
CASE THISFORM.OPTIONGROUP1.VALUE=2
     SELECT 商品.*;
     FROM  商品管理!分类 INNER JOIN 商品管理!商品 ;
     ON  分类.分类编码 = 商品.分类编码;
     WHERE 分类.分类名称 = "调味品"
CASE THISFORM.OPTIONGROUP1.VALUE=3
     SELECT 商品.*;
     FROM  商品管理!分类 INNER JOIN 商品管理!商品 ;
     ON  分类.分类编码 = 商品.分类编码;
     WHERE 分类.分类名称 = "酒类"
CASE THISFORM.OPTIONGROUP1.VALUE=4
     SELECT 商品.*;
     FROM  商品管理!分类 INNER JOIN 商品管理!商品 ;
     ON  分类.分类编码 = 商品.分类编码;
     WHERE 分类.分类名称 = "小家电"
ENDCASE
```

（5）单击工具栏上的"保存"图标，保存表单。

表单运行结果如图所示。

【解析】

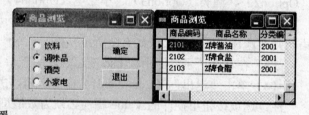

在命令按钮中使用 SQL 查询语句，则执行表单时将以表格形式显示查询结果，按 Esc 键返回。选项按钮组的 Value 属性默认为数值型，所以不需要特别设置。

在"确定"按钮的事件中使用 do case 语句，判断用户选择了哪个选项命令按钮。

退出表单使用 release 命令。

★★★★★★★★★★★★★★★★★★★★★★★★★★★★★★★★★★★★★★★★★

## 第 6 题

在考生文件夹下有学生成绩数据库 XUESHENG3，包括如下所示三个表文件：

（1）XS.DBF(学生文件：学号 C8，姓名 C8，性别 C2，班级 C5；)

（2）CJ.DBF(成绩文件：学号 C8，课程名 C20，成绩 N5.1；)

（3）CJB.DBF(成绩表文件：学号 C8，姓名 C8，班级 C5，课程名 C12，成绩 N5.1)

设计一个名为 XS3 的菜单，菜单中有两个菜单项"计算"和"退出"。程序运行时，单击"计算"菜单项应完成下列操作：

将所有选修了"计算机基础"的学生的"计算机基础"成绩，按成绩由高到低的顺序填列到成绩表文件 CJB.DBF 中（事前须将文件中原有数据清空）。

单击"退出"菜单项，程序终止运行。

【答案】

（1）在命令窗口中输入命令：Create Menu XUESHENG3，单击"菜单"图标按钮。

（2）按题目要求输入主菜单名称"计算"和"退出"，如图所示。

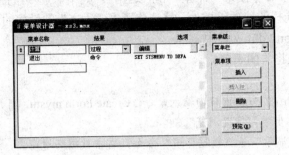

（3）在"计算"菜单项的结果下拉列表中选择"过程"，单击"编辑"按钮，在程序编辑窗口中输入：

```
SET TALK OFF
OPEN DATABASE XUESHENG3
SELECT Cj.学号, Xs.班级, Xs.姓名, Cj.课程名, Cj.成绩;
FROM  xuesheng3!xs INNER JOIN xuesheng3!cj ;
ON  Xs.学号 = Cj.学号;
WHERE Cj.课程名 = '计算机';
ORDER BY Cj.成绩 DESC;
INTO ARRAY AFieldsValue
DELETE FROM CJB
INSERT INTO CJB FROM ARRAY AFieldsValue
CLOSE ALL
USE CJB
PACK
USE
SET TALK ON
```

（4）在"退出"菜单项的结果下拉列表中选择"命令"，在命令编辑窗口中输入：Set SysMenu to Default.。

（5）选择 Visual FoxPro 主窗口中的"菜单"→"生成"菜单命令。

表单运行结果如图所示。

【解析】

菜单的建立一般在菜单设计器中进行。使用命令 Create Menu menuname 新建菜单，并打开菜单设计器。

在设计过程中注意菜单项结果的选择，"计算"菜单项应使用"过程"，而"退出"菜单项应使用"命令"结果。

在编写计算的过程代码中，可以先将查询结果存入临时数组中，使用 Delete From table 语句清空表，用 insert Into tablename From array arraryname 插入查询结果。

## 第 7 题

设计名为 mystu 的表单。表单标题为"学生学习情况浏览"。表单中有一个选项组控件（名为 myoption）、两个命令按钮"计算"和"退出"。其中，选项组控件有两个按钮"升序"和"降序"。根据选择的选项组控件，将选修了"C 语言"的学生的"学号"和"成绩"分别存入 sort1.dbf 和 sort2.dbf 文件中。

单击"退出"按钮将关闭表单。

【答案】

（1）在 Visual FoxPro 的命令窗口内输入命令：Create Form mystu，打开表单设计器，设置其 Caption 属性值为"学生学习情况浏览"。

（2）单击主菜单"显示"→"数据环境"命令，右击数据环境窗口，选择"添加"命令，在打开的对话框内选择"选课"表和"学生"表，如图所示。

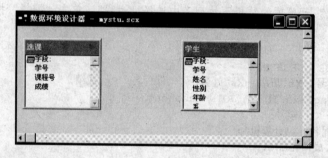

（3）单击表单控件工具栏上的"选项按钮"控件图标，在表单里添加一个选项按钮组控件，设置其属性 ButtonCount 为 2。

（4）右键单击选项按钮组，选择"编辑"，对两个按钮进行编辑。分别设置按钮的 Caption 属性为"升序"和"降序"。

（5）单击表单控件工具栏上的"命令按钮"控件图标，向表单添加两个命令按钮，选中第一个命令按钮，在属性对话框中将其 Caption 属性改为"计算"。

（6）双击该命令按钮，在 Click 事件中输入如下代码：

```
close all
if Thisform.myoption.option1.Value=1
    Select 学生.学号, 选课.成绩 From 学生 inner join 选课 on 学生.学号=选课.学;号
Where 选课.课程号 in (Select 课程号 From 课程 Where 课程名称='C 语言') order; by 选课.
成绩 asc Into table sort1.dbf
    else
    Select 学生.学号, 选课.成绩 From 学生 inner join 选课 on 学生.学号=选课.学;号
Where 选课.课程号 in (Select 课程号 From 课程 Where 课程名称='C 语言') order; by 选课.
成绩 desc Into table sort2.dbf
    endif
```

（7）选中第二个命令按钮，在属性对话框中将其 Caption 属性改为"退出"。双击该命令按钮，在 Click 事件中输入如下代码：Thisfrom.release。

（8）单击工具栏上的"保存"图标保存表单。

表单运行结果如图所示。

**【解析】**

本题考查了表单的设计。

在设计控件属性时，注意区分控件的 Name 属性和 Caption 属性。

程序部分可使用 do case 的分支选择语句，每个分支中包含一个相应的 SQL 查询语句。根据选项按钮组中的单选项的内容，查找相应的数据记录存入新表中。

★★★★★★★★★★★★★★★★★★★★★★★★★★★★★★★★★★★★★★★★★★★★

# 第 8 题

在考生文件夹下完成如下综合应用。

（1）将 books.dbf 中所有书名中含有"计算机"三个字的图书复制到表 pcbook 中，以下操作均在 pcbook 表中完成；

（2）复制后的图书价格在原价基础上降价 5%

（3）从图书价格高于 28 员（含 28 元）的出版社中，查询并显示图书价格最低的出版社名称以及价格，查询结果保存在表 new 中（字段名为"出版单位"和"价格"）。

（4）编写程序 combook.prg 完成以上操作，并将 combook.prg 保存在考生文件夹中。

**【答案】**

在命令窗口中输入：Modify Command Pcbook，新建程序文件，同时打开程序编辑窗口，在其中输入：

```
Select * From  books Where at("计算机",书名)>0 Into tables pcbook
Update  pcbook Set 价格=价格*0.95
Select pcbook
go Top
jiage=价格
do while not eof()
    if 价格<jiage and 价格>=28
       jiage=价格
    endif
    skip
 enddo
Select 出版单位,价格 From pcbook Where 价格=jiage Into tables new
```

**【解析】**

使用 at()函数（at("计算机",书名)>0）判断书名中是否含有计算机三个字。

将查询结果输入表中使用 into table tablename 语句。

更新表字段的值使用的语句为：

```
Update tablename Set column=newValue。
```

★★★★★★★★★★★★★★★★★★★★★★★★★★★★★★★★★★★★★★★★★★★★

# 第 9 题

设计名为 bookbd 的表单（控件名为 form1，文件名为 bookbd）。标题为"出版社情况统计"，表单界面如图所示。

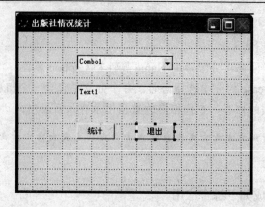

表单中有一个组合框、一个文本框和两个命令按钮"统计"和"退出"。运行表单时组合框中有四个条目"清华出版社","经济科学出版社","国防出版社","高等教育出版社"可供选择,在组合框中选择出版社名称以后,如果单击"统计"命令按钮,则文本框中显示 books 表中该出版社图书的总数。单击"退出"按钮则关闭表单。

**【答案】**

(1) 在命令窗口内输入: Create Form bookbd,建立新的表单。

(2) 单击主菜单"显示"→"数据环境"命令,右击数据环境窗口,选择"添加"命令,在打开的对话框内选择 books 表。

(3) 双击表单,在其 init 事件中输入如下代码:

```
Thisform.combo1.additem("清华出版社")
Thisform.combo1.additem("经济科学出版社")
Thisform.combo1.additem("国防出版")
Thisform.combo1.additem("高等教育出版社")
```

(4) 单击表单控件工具栏上的"组合框"控件图标,在表单中添加一个组合框控件。单击表单控件工具栏上的"文本框"控件图标,在表单里添加一个文本框。单击表单控件工具栏上的"命令按钮"控件图标,在表单里添加两个命令按钮,设置其 Caption 属性分别为"统计"和"退出"。

(5) 双击"统计"按钮,在其 Click 事件里输入下列代码:

```
Select books
shuliang=0
go Top
do while not eof()
   if allt(出版单位)=allt(Thisform.combo1.DisplayValue)
      shuliang=shuliang+1
   endif
   skip
enddo
Thisform.text1.Value=shuliang
Thisform.refresh
```

(6) 双击"退出"按钮,在其 Click 事件里输入下列代码:

```
Thisform.Release
```

表单运行界面如图所示。

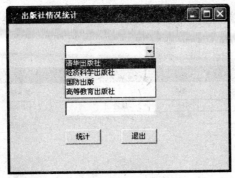

（7）单击工具栏上的"保存"图标保存表单。

**【解析】**

为组合框中添加条目可使用 additem 函数。在"统计"按钮的事件代码中，可使用两种方法统计符合查询条件的图书数：

● 一种是使用 do while 循环语句遍历表中的每条记录，设置一个初始值为 0 的变量，表中的记录满足条件时，变量值加 1

● 另一种方法是使用 SQL 的 Count 关键字来统计符合条件的记录数，语法结构为：

Select Count(出版单位) From books Where 出版单位=Thisform.combo1.DisplayValue to 变量

最后再将文本框的值设为变量的值即可。

★★★★★★★★★★★★★★★★★★★★★★★★★★★★★★★★★★★★★★★★★★★

# 第 10 题

在考生文件夹下有工资数据库 WAGE3，包括数据表文件：ZG（仓库号 C(4)，职工号 C(4)，工资 N(4)）。

设计一个名为 TJ3 的菜单，菜单中有两个菜单项"统计"和"退出"。程序运行时，单击"统计"菜单项应完成下列操作：检索出工资小于或等于本仓库职工平均工资的职工信息，并将这些职工信息按照"仓库号"升序排列，在"仓库号"相同的情况下，再按"职工号"升序排列存放到文件 lever 中，该数据表文件和 ZG 数据表文件具有相同的结构。

单击"退出"菜单项，程序终止运行。

**【答案】**

（1）在命令窗口中输入命令

```
Create Menu TJ3
```

（2）单击"菜单"图标按钮。按题目要求输入主菜单名称"统计"和"退出"。

（3）在"统计"菜单项的结果下拉列表中选择"过程"，单击"编辑"按钮，在程序编辑窗口中输入：

```
Set talk off
open DATABASE WAGE3.DBC
SELECT 仓库号,AVG(工资) AS AvgGZ FROM ZG GROUP BY 仓库号 INTO CURSOR CurTable;
SELECT ZG.* FROM ZG, CurTable WHERE ZG.仓库号=CurTable.仓库号 and;
ZG.工资<CurTable.AvgGZ ORDER BY zg.仓库号,zg.职工号 INTO TABLE lever
Set talk on
```

（4）在"退出"菜单项的结果下拉列表中选择"命令"，在命令编辑窗口中输入：
Set SysMenu to Default.
菜单界面如图所示。

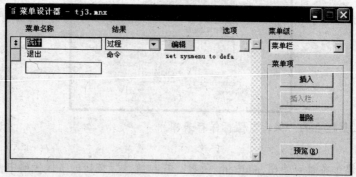

（5）选择 Visual FoxPro 主窗口中的"菜单"→"生成"菜单命令。

**【解析】**

在菜单设计过程中，注意菜单着"结果"的选择，"统计"菜单项应使用"过程"结果，而"退出"菜单项应使用"命令"结果。在编写计算的过程代码中，可以先将查询结果存入临时表中，再将临时表与表 ZG 联接查询。使用 Insert Into tablename 子句将查询结果插入到新表中。

★★★★★★★★★★★★★★★★★★★★★★★★★★★★★★★★★★★★★★★★★★★

## 第 11 题

对考生文件夹下的"零件供应"数据库及其中的"零件"表和"供应"表建立如下表单：

设计名为 projectsupply 的表单（表单控件名和文件名均为 projectsupply）。表单的标题为"工程用零件情况浏览"，界面如图所示。

表单中有一个表格控件和两个命令按钮"查询"和
"退出"。运行表单时，单击"查询"命令按钮后，表
格控件中显示了工程号"J1"所使用的零件的零件名、
颜色和重量。

单击"退出"按钮关闭表单。

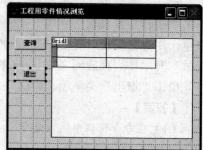

**【答案】**

（1）在 Visual FoxPro 的命令窗口内输入命令：Create
Form projectsupply，打开表单设计器。设置其 Name 属性为 projectsupply，其 Caption 属性值为
"工程用零件情况浏览"。

（2）选择"显示"→"数据环境"命令，右击数据环境窗口，选择"添加"命令，在打开
的对话框内选择"零件"表和"供应"表。

（3）单击表单控件工具栏上的"表格"控件图标，在表单里添加一个"表格"控件，设置
其属性 RecordSourceType 为 4。

（4）单击表单控件工具栏上的"命令按钮"控件图标，向表单添加两个命令按钮。

（5）选中第一个命令按钮，在属性对话框中将其 Caption 属性改为"查询"。双击该按钮，在其 Click 事件里输入如下代码：

Thisform.grid1.RecordSource = "Select distinct 零件名,颜色,重量 From 零件 Where; 零件号 in (Select 零件号 From 供应 Where 工程号='J1')Into Cursor temp"。

（6）选中第二个命令按钮，在属性对话框中将其 Caption 属性改为"退出"，双击该命令按钮在 Click 事件中输入如下程序段：Thisform.Release。

（7）单击工具栏上的"保存"图标，以 myform 保存表单。

表单运行结果如图所示。

【解析】

本题考查表单的建立与表格的显示。

在表格中显示查询结果，关键是对表格的两个属性的 RecordSourceType 和 RecordSource 设置。本题中 RecordSourceType 为"4-SQL 说明"，在"查询"命令按钮的 Click 事件里将其 RecordSource 设为 SQL 查询即可。

注意在 SQL 语句的最后要使用 into Cursor temp 将查结果放入临时表，否则查询结果将不但表格中显示，还会弹出一个表来显示查询结果。

★★★★★★★★★★★★★★★★★★★★★★★★★★★★★★★★★★★★★★★★★★

## 第 12 题

在考生文件夹下有仓库数据库 CK3,包括如下所示两个表文件：

CK（仓库号 C(4)，城市 C(8)，面积 N(4)）

ZG（仓库号 C(4)，职工号 C(4)，工资 N(4)）

设计一个名为 ZG3 的菜单，菜单中有两个菜单项"统计"和"退出"。程序运行时，单击"统计"菜单项应完成下列操作：检索出所有职工的工资都大于 1220 元的职工所管理的仓库信息，将结果保存在 wh1 数据表（WH1 为自由表）文件中，该表结构和 CK 数据表文件的结构一致，并按"面积"升序排序。

单击"退出"菜单项，程序终止运行。

【答案】

（1）在命令窗口中输入命令：Create Menu ZG3，单击"菜单"图标按钮。

（2）按题目要求输入主菜单名称"统计"和"退出"。在"统计"菜单项的结果下拉列表中选择"过程"，单击"编辑"按钮，在程序编辑窗口中输入：

```
SET TALK OFF
SET SAFETY OFF
OPEN DATABASE ck3.dbc
USE CK
SELECT * FROM CK WHERE 仓库号 NOT IN;
(SELECT 仓库号 FROM ZG WHERE 工资<=1220);
 AND 仓库号 IN (SELECT 仓库号 FROM ZG);
ORDER BY 面积;
INTO TABLE wh1.dbf
```

```
CLOSE ALL
SET SAFETY ON
SET TALK ON
```

（3）在"退出"菜单项的结果下拉列表中选择"命令"，在命令编辑窗口中输入：Set SysMenu to Default.。

菜单界面如图所示。

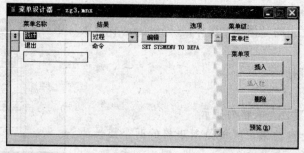

（4）选择 Visual FoxPro 主窗口中的"菜单"→"生成"菜单命令。

**【解析】**

在命令窗口中输入命令：Create Menu menuname 新建菜单同时打开菜单设计器。菜单的建立在菜单设计器中进行。

在设计过程中注意菜单项结果的选择，统计菜单项要输入多行代码，所以应使用过程结果，而退出菜单项应使用命令结果。

编写统计过程中的 SQL 语句时，排序关键字使用 Order by，查询结果输入表中使用 into table tablename。

☆☆☆☆☆☆☆☆☆☆☆☆☆☆☆☆☆☆☆☆☆☆☆☆☆☆☆☆☆☆☆☆☆☆☆☆☆☆☆☆

# 第 13 题

在考生文件夹下有仓库数据库 CHAXUN3 包括三个表文件：

　　ZG（仓库号 C(4)，职工号 C(4)，工资 N(4)）

　　DGD（职工号 C(4)，供应商号 C(4)，订购单号 C(4)，订购日期 D，总金额 N(10)）

　　GYS（供应商号 C(4)，供应商名 C(16)，地址 C(10)）

设计一个名为 CX3 的菜单，菜单中有两个菜单项"查询"和"退出"。程序运行时，单击"查询"应完成下列操作：检索出"工资"多于 1230 元的职工向"北京"的供应商发出的订购单信息，并将结果按"总金额"降序排列存放在 caigou 文件（和 DGD 文件具有相同的结构，caigou 为自由表）中。

单击"退出"菜单项，程序终止运行。

**【答案】**

（1）在命令窗口中输入命令：Create Menu CX3，单击"菜单"图标按钮。

（2）按题目要求输入主菜单名称"查询"和"退出"。

（3）在"统计"菜单项的结果下拉列表中选择"过程"，单击"编辑"按钮，在程序编辑窗口中输入：

```
SET TALK OFF
```

```
SET SAFETY OFF
SELECT * FROM DGD;
WHERE;
职工号 IN (SELECT 职工号 FROM ZG WHERE 工资>1240) ;
AND 供应商号 IN (SELECT 供应商号 FROM GYS WHERE 地址="北京") ;
ORDER BY 总金额 DESC ;
INTO TABLE caigou
SET SAFETY ON
SET TALK ON
```

（4）在"退出"菜单项的结果下拉列表中选择"命令"，在命令编辑窗口中输入：Set SysMenu to Default.。

菜单界面如图所示。

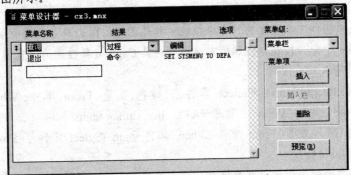

选择 Visual FoxPro 主窗口中的"菜单"→"生成"菜单命令。

【解析】

编写"统计"菜单项过程的 SQL 代码时，查询语句的条件部分可使用 where 职工号 in (Select 职工号 From ZG Where 工资>1240)，即先从 ZG 表中查询出工资大于 1240 的职工的职工号，在把 DGD 表中的职工号是否在其中作为查询的条件。

供应商号的条件设定可使用相同的方法，即先从 GYS 表中查询出地址为北京的所有供应商号，再使用 in 函数判断 DGD 表中供应商号是否在其中作为查询的判断条件。

★★★★★★★★★★★★★★★★★★★★★★★★★★★★★★★★★★★★★★★★★

## 第 14 题

在考生文件夹下设计名为 Supper 的表单（表单的控件名和文件名均为 Supper），表单的标题为"机器零件供应情况"。表单中有一个表格控件和两个命令按钮查询和关闭。

运行表单时单击查询命令按钮后，表格控件中显示"供应"表工程号为"A7"所使用的零件的"零件名"、"颜色"、和"重量"。并将结果放到表 CI 中。

单击"关闭"按钮关闭表单。

【答案】

（1）在 Visual FoxPro 的命令窗口内输入命令：Create Form supper，打开表单设计器，设置其 Name 属性为 supper，其 Caption 属性值为 "机器零件供应情况"。

（2）单击"显示"→"数据环境"命令，右击数据环境窗口，选择"添加"命令，在打开的对话框内选择"零件"表和"供应"表。

（3）单击表单控件工具栏上的"表格"控件图标，在表单里添加一个"表格"控件，设置其 RecordSourceType 属性为"4 - SQL 说明"，如图所示。

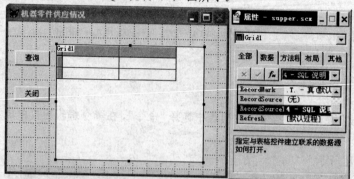

（4）单击表单控件工具栏上的"命令按钮"控件图标，向表单添加两个命令按钮。

（5）选中第一个命令按钮，在属性对话框中将其 Caption 属性改为"查询"，双击该按钮，在其 Click 事件里输入如下代码：

Thisform.grid1.RecordSource="Select 零件名,颜色,重量 From 零件 Where 零件号 in;
(Select 零件号 From 供应 Where 工程号='A7') Into Cursor temp"

Select 零件名,颜色,重量 From 零件 Where 零件号 in (Select 零件号 From 供应; Where 工程号='A7') Into Table ci

（6）选中第二个命令按钮，在属性对话框中将其 Caption 属性改为"关闭"，双击该命令按钮在 Click 事件中输入如下程序段：Thisform.Release。

（7）单击工具栏上的"保存"图标，以 myform 保存表单。

表单运行结果如图所示。

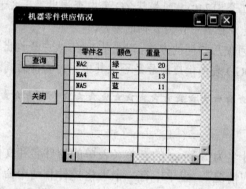

**【解析】**

本题考查表单的建立与表格的显示。

在表格中显示查询结果,关键是对表格 RecordSourceType 和 RecordSource 两个属性的设置。本题中设置 RecordSourceType 为"4-SQL 说明",在查询命令按钮的 Click 事件里将其 RecordSource 设为 SQL 查询即可。

注意在 SQL 语句的最后要使用 Into Cursor temp 子句将查结果放入临时表,否则查询结果将不但表格中显示,还会弹出一个表来显示查询结果。

查询条件部分可使用 Where 零件号 in; (Select 零件号 From 供应 Where 工程号='A7'),

即先从供应表中查询出工程号为 A7 的"零件号",再使用 in 函数判断零件表中的"零件号"是否在其中作为查询的条件。

★★★★★★★★★★★★★★★★★★★★★★★★★★★★★★★★★★★★★★★★★★★★

## 第 15 题

考生文件夹下存在数据库 spxs,其中包含表 dj 和表 xs,这两个表存在一对多的联系。对数据库建立文件名为 myform 的表单,其中包含两个表格控件。第一个表格控件用于显示表 dj 的记录,第二个表格控件用于显示与表 dj 当前记录对应的 xs 表中的记录。

表单中还包含一个标题为"退出"的命令按钮,要求单击此按钮退出表单。

【答案】

(1) 在 Visual FoxPro 的命令窗口内输入命令:Create Form myform,打开表单设计器。

(2) 单击主菜单"显示"→"数据环境"命令,右击数据环境窗口,选择"添加"命令,在打开的对话框内选择 dj 表和 xs 表(数据库中的两个表的关联已经建立)。将数据环境中的两个表依次拖入到表单中。

(3) 单击表单控件工具栏上的"命令按钮"控件图标,向表单添加一个命令按钮,选中该命令按钮,在属性对话框中将其 Caption 属性改为"退出"。双击命令按钮,在 Click 事件中输入如下程序段:

```
Thisform.Release
```

表单运行界面如图。

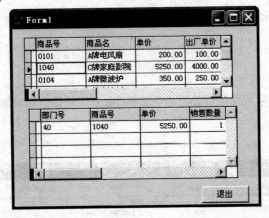

【解析】

本题考查了存在一对多关联的两个数据库表的关系。当在表单的数据环境添加了存在一对多关联的两个表后,表单运行时子表将只显示父亲的当前记录对应的子表记录。

解答本题时注意考生文件夹中是否已经对两表建立关联,如果没有,应当先建立关联,再往表单的数据环境中添加两表。添加到数据环境中的两表的关联将继续保留。

★★★★★★★★★★★★★★★★★★★★★★★★★★★★★★★★★★★★★★★★★★★★

## 第 16 题

现有医院数据库DOCT3,包括三个表文件:YISHENG.DBF(医生)、YAO.DBF(药品)、CHUFANG.DBF(处方)。设计一个名为CHUFANG的菜单,菜单中有两个菜单项

"查询"和"退出"。

程序运行时，单击"查询"应完成下列操作：查询同一处方中，包含"感冒"两个字的药品的"处方号"、"药名"和"生产厂"，以及医生的"姓名"和"年龄"，把查询结果按"处方号"升序排序存入result数据表中。result的结构为:(姓名，年龄，处方号，药名，生产厂)。最后统计这些医生的人数（注意不是人次数），并在result中追加一条记录，将"人数"填入该记录的"处方号"字段中。

单击"退出"菜单项，程序终止运行。

（注：相关数据表文件存在于考生文件夹下）

**【答案】**

（1）在命令窗口中输入命令：Create Menu CHUFANG，单击"菜单"图标按钮。

（2）按题目要求输入主菜单名称"查询"和"退出"。

（3）在"统计"菜单项的结果下拉列表中选择"过程"，单击"编辑"按钮，在程序编辑窗口中输入：

```
SET TALK OFF
SET SAFETY OFF
SELECT 姓名,年龄,处方号,药名,生产厂;
FROM yisheng,yao,chufang ;
WHERE CHUFANG.药编号=YAO.药编号 AND CHUFANG.职工号=YISHENG.职工号;AND 药名 IN ("感冒");
ORDER BY 处方号;
INTO TABLE result
SELECT * FROM result GROUP BY 姓名 INTO CURSOR CurTable
COUNT TO J
INSERT INTO result (处方号) VALUES (J)
SET SAFETY ON
SET TALK ON
```

（4）在"退出"菜单项的结果下拉列表中选择"命令"，在命令编辑窗口中输入：Set SysMenu to Default.

菜单界面如图所示。

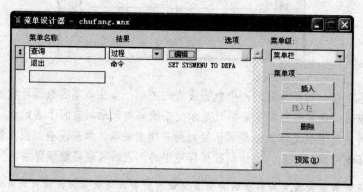

（5）选择 Visual FoxPro 主窗口中的"菜单"→"生成"菜单命令。

**【解析】**

本题的难点是如何设计 SQL 语句。

涉及到三表的关联查询可使用如下的查询结构：

Select columns Form table1,table2,table3 Where table1.column1=table2.column and table1.column2=table3.column2,其中 table1 是与另外两个表都有共同字段的表。

判断药名中是否有"感冒"两个字，可使用"药名 IN ("感冒")"判断语句。

统计记录数可使用的关键字为 Count to。

☆☆☆☆☆☆☆☆☆☆☆☆☆☆☆☆☆☆☆☆☆☆☆☆☆☆☆☆☆☆☆☆☆☆☆☆

## 第 17 题

在考生文件夹下，打开Ecommerce数据库，完成如下综合应用（所有控件的属性必须在表单设计器的属性窗口中设置）：

设计一个文件名和表单名均为myform2的表单，表单标题为"客户基本信息"，表单界面如图所示。

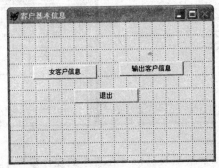

要求该表单上有"女客户信息"(Command1)、"输出客户信息"(Command2)、和"退出"(Command4)三个命令按钮。

各命令按钮功能如下：

（1）单击"女客户信息"按钮，使用 SQL 的 SELECT 命令查询客户表 Customer 中女客户的全部信息。

（2）单击"输出客户信息"按钮，调用考生文件夹中的报表文件 myreport 在屏幕上预览（PREVIEW）客户信息。

（3）单击"退出"按钮，关闭表单。

【答案】

（1）在 Visual FoxPro 的命令窗口内输入命令：Create Form myform2，打开表单设计器。设置其 Name 属性为 myform2，其 Caption 属性值为"机器零件供应情况"。

（2）单击"显示"→"数据环境"命令，右击数据环境窗口，选择"添加"命令，如图所示。

在打开的对话框内选择 customer 表、orderitem 表和 article 表。

（3）单击表单控件工具栏上的"命令按钮"控件图标，向表单添加三个命令按钮。

（4）选中第一个命令按钮，在属性对话框中将其 Caption 属性改为"女客户信息"，双击该按钮，在其 Click 事件里输入如下代码：Select * From Customer Where 性别="女"

（5）选中第二个命令按钮，在属性对话框中将其 Caption 属性改为"输出客户信息"，双击该按钮，在其 Click 事件里输入如下代码：Report Form myreport preview。

（6）选中第三个命令按钮，在属性对话框中将其 Caption 属性改为"退出"，双击该命令按钮在 Click 事件中输入如下程序段：Thisform.Release。

（7）单击工具栏上的"保存"图标，保存表单。

表单运行结果如图所示。

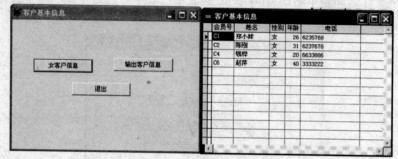

**【解析】**

向表单的数据环境中添加数据表后，可在表单的控件事件中直接调用表。调用报表的命令格式为：Report Form reportname Preview，使用 Preview 子句表示输出结果在屏幕上显示。

★★★★★★★★★★★★★★★★★★★★★★★★★★★★★★★★★★★★★★★★★★

**第 18 题**

对考生文件夹下的数据库"员工管理"中的"员工"表和"职工"表完成如下操作：

（1）为表"职称"增加两个字段"人数"和"明年人数"，字段类型均为整型。

（2）编写命令程序 myprog，查询职工中拥有每种职称的人数，并将其填入表"职称"的"人数"字段中，根据职称表中的"人数"和"增加百分比"，计算"明年人数"的值，如果增加的人数不足一个，则不增加。

（3）运行该程序。

**【答案】**

（1）在命令窗口中输入 Modify Command myprog 建立一个程序，在程序编辑窗口中输入：

```
Select 员工.职称代码,count(职称代码) as 今年人数 From 员工 Group by 职称代码 Into;
Cursor temp
    do while not eof()
        Update 职称 Set 人数=temp.今年人数 Where 职称.职称代码=temp.职称代码
        skip
    enddo
        Update 职称 Set 明年人数=int(人数*(100+增加百分比)/100)
```

（2）单击主菜单"程序"→"运行"，运行程序。

**【解析】**

本题考查表结构的修改和表记录的更新。

使用 Count 和 Group by 关键字统计员工表中各个职称的人数，并特其放入一个临时表中。

使用 do while 循环语句遍历该表，并更新职称表中与其有相同职称代码的记录的人数字段值。

明年人数的更新要使用到 int 函数，该函数功能是取整，将小数位数去掉。

★★★★★★★★★★★★★★★★★★★★★★★★★★★★★★★★★★★★★★★★★★★★★★★★

## 第 19 题

在考生文件夹下有表 score（含有学号、物理、高数、英语和学分 5 个字段，具体类型请查询表结构），其中前 4 项已有数据。

请编写符合下列要求的程序并运行程序：

设计一个名为 myform 的表单，表单中有两个命令按钮，标题分别为"计算"和"关闭"。程序运行时，单击"计算"按钮应完成下列操作：

（1）计算每一个学生的总学分并存入对应的"学分"字段。学分的计算方法是：物理 60 分以上（包括 60 分）2 学分，否则 0 分；高数 60 分以上（包括 60 分）3 学分，否则 0 分；英语 60 分以上（包括 60 分）4 学分，否则 0 分。

（2）根据上面的计算结果，生成一个新的表 result，(要求表结构的字段类型与 score 表对应字段的类型一致)，并且按"学分"升序排序，如果"学分"相等，则按"学号"降序排序。

单击"关闭"按钮，程序终止运行。

【答案】

（1）在 Visual FoxPro 的命令窗口内输入命令：Create Form myform，打开表单设计器。

（2）单击"显示"→"数据环境"命令，右击数据环境窗口，选择"添加"命令，选择打开的对话框中的表"score"。如图所示。

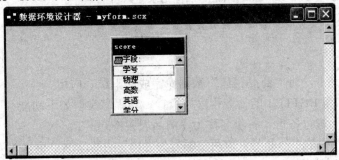

（3）单击表单控件工具栏上的"命令按钮"控件图标，向表单添加两个命令按钮。

（4）选中第一个命令按钮，在属性对话框中将其 Caption 属性改为"计算"。以同样的方法，将第二个命令按钮的 Caption 属性改为"关闭"。

（5）双击命令按钮"计算"，在 Click 事件中输入如下程序段：

```
Set talk off
open data books
Update score Set 学分=0
Update score Set 学分=学分+2 Where 物理>=60
```

```
Update score Set 学分=学分+3 Where 高数>=60
Update score Set 学分=学分+4 Where 英语>=60
Select * From score Order by 学分,学号 desc Into table result.dbf
Set talk on
```

（6）双击命令按钮"退出"，在 Click 事件中输入如下程序段：

`Thisform.Release.`

（7）保存表单。在命令窗口中输入命令：do Form myform，在运行表单界面中单击"计算"命令按钮，系统将计算结果自动保存在新表 result 中。

表单运行结果如图所示。

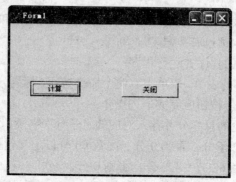

【解析】

本题考查的主要是通过对表单控件编写事件代码，来完成数据的查询操作。

命令按钮的单击事件放在 Click 事件中，控件属性修改可以在属性对话框中完成。

对于程序设计部分，可以通过 do while....enddo 来遍历表中的每条记录，通过条件语句进行分类统计，也可以使用 SQL 语句 Update 和条件语句 Where 进行记录的更新。

由于不知道"学分"字段中是否有值（对于简单的表来说，可以查看，但如果表中记录很多，则可能会出现意想不到的错误，所以首先将"学分"字段的值全部设置为 0。

最后用 SQL 语句 Into Table tablename 来将记录插入新的表中。

☆☆☆☆☆☆☆☆☆☆☆☆☆☆☆☆☆☆☆☆☆☆☆☆☆☆☆☆☆☆☆☆☆☆☆☆☆☆☆☆☆☆☆

## 第 20 题

在考生文件夹下，对"商品销售"数据库完成如下综合应用。

（1）编写名为 BETTER 的命令程序并执行，该程序实现如下功能：

将"商品表"进行备份，备份名称为"商品表备份.dbf"；

将"商品表"中的"商品号"前两位编号为"10"的商品的单价修改为出厂价的 10%；

（2）设计一个名为"form"，标题为"调整"的表单，表单中有两个标题分别为"调整"和"退出"的命令按钮。

单击"调整"命令按钮时，调用程序 BETTER，对商品"单价"进行调整。

单击"退出"命令按钮时，关闭表单。

表单文件名保存为 myform

【答案】

（1）在命令窗口中输入 Modify Command Better，新建一个命令程序文件；在命令程序文

件中输入以下代码:

```
Set talk off
Set exac on
Set safety on
open database 商品销售
use 商品表
copy to 商品表备份
replace all 单价 with 出厂单价*0.1 for allt(subs(商品号,1,2))="10"
Set exac off
Set talk on
```

保存该命令程序。

（2）在 Visual FoxPro 的命令窗口内输入命令：Create Form myform，打开表单设计器。

（3）单击表单控件工具栏上的"命令按钮"控件图标，向表单添加两个命令按钮。

（4）选中第一个命令按钮，在属性对话框中将 Caption 属性改为"调整"。以同样的方法，将第二个命令按钮的 Caption 属性改为"退出"。

（5）双击命令按钮"调整"，在 Click 事件中输入如下程序段：

**Do better.prg**

（6）双击命令按钮退出，在 Click 事件中输入如下程序段：

```
Thisform.Release
```

（7）保存表单，在命令窗口中输入命令：do Form myform，在运行表单界面中单击"调整"命令按钮，系统将计算结果自动保存在新表商品表备份.dbf 中。

表单运行结果如图所示。

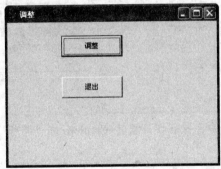

**【解析】**

（1）本题考查了考生对 Visual FoxPro 命令程序的建立及对表操作的命令的掌握能力。新建一个命令文件可以在命令窗口里输入 Modify Command，也可以使用菜单栏里的菜单。

（2）本题考查了考生对建立一个简单表单及对调用命令程序的掌握能力。调用命令程序可使用 do programename.prg 来实现。

☆☆☆☆☆☆☆☆☆☆☆☆☆☆☆☆☆☆☆☆☆☆☆☆☆☆☆☆☆☆☆☆☆☆☆☆☆☆☆☆☆

## 第 21 题

对考生文件夹下的 book 表新建一个表单，完成以下要求。表单标题为"图书信息浏览"，文件名保存为 myform，Name 属性为 form1。表单内有一个组合框，一个命令按钮和四对标签和文本框的组合。

表单运行时组合框内是 book 表中所有书名（表内书名不重复）供选择。当选择书名后，四对标签和文本框将分别显示表中除书名字段外的其他四个字段的字段名和字段值。

单击"退出"按钮退出表单。表单运行界面如图所示。

**【答案】**

（1）在命令窗口内输入：Create Form myform 建立新的表单。单击"显示"→"数据环境"命令，右击数据环境窗口，选择"添加"命令，在打开的对话框内选择 book 表。

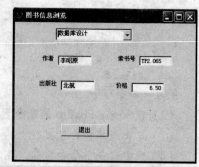

（2）在表单中添加一个组合框控件，设置组合框的 RowSourceType 属性为"字段"，设置其 SourceType 属性为"book.书名"，双击组合框，在其 InterActiveChange 事件里添加如下代码：

```
Set exac on
Select book
locate for allt(书名)=allt(Thisform.combo1.displayValue)
Thisform.refresh
```

（4）将数据环境中的表 book 的字段"作者"、"索书号"、"出版社"、和"价格"拖入表单，可看到表单中自动添加了四对标签和文本框，如图所示。

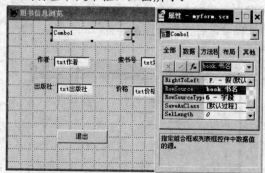

（5）在表单里添加一个命令按钮，设置其 Caption 为"退出"。双击"退出"按钮，在其 Click 事件里输入下列代码：

```
Thisform.Release
```

（6）保存表单，文件名为 myform。

表单运行结果如图所示。

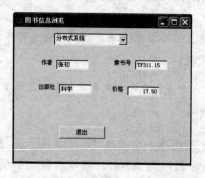

**【解析】**

218

本题考查了表单的建立、表内容查询及数据环境的使用。

先将 book 表放入数据环境中，题目中要求的四对标签和文本框无须从表单控件工具栏中拖入表单，只需从数据环境中将相应字段拖入表单中即可。

组合框中的书名选项通过设置组合框的 RowSourceType 属性为"字段"，设置其 SourceType 属性为"book.书名"实现。

★★★★★★★★★★★★★★★★★★★★★★★★★★★★★★★★★★★★★★★★★★★

## 第 22 题

对考生文件夹中的"学生"表，"课程"表和"选课"表新建一个表单，界面如图所示。

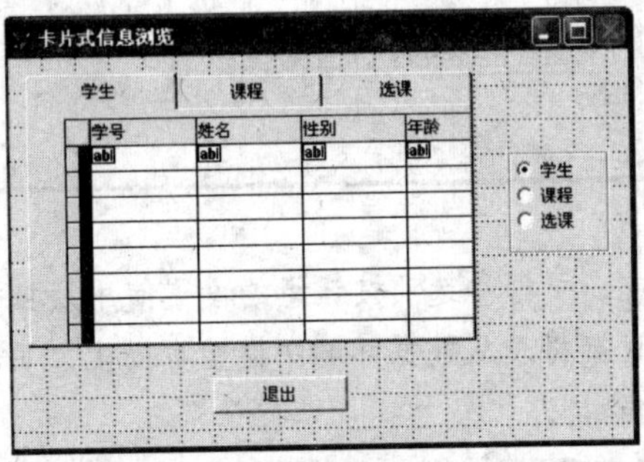

在表单上有一页框，页框内有 3 个选项卡，标题分别为"学生"，"课程"和"选课"。表单运行时对应的三个页面上分别显示"学生"表，"课程"表和"选课"表。

表单上还有一选项按钮组，共有 3 个待选项，标题分别为"学生"，"课程"，"选课"。当单击该选项按钮组选择某一选项时，页框将在对应页面上显示对应表，如单击"课程"选项时，页框将在课程页面上显示"课程"表。表单上有一命令按钮，标题为"退出"，单击此按钮，表单将退出。

以文件名 myform 保存表单。

【答案】

（1）在命令窗口内输入 Create Form myform 建立新的表单。

（2）单击"显示"→"数据环境"命令，右击数据环境窗口，选择"添加"命令，在打开的对话框内选择"学生"表，"课程"表和"选课"表。

（3）在表单里添加一个页框控件，设置其属性 PageCount 为 3，右键单击页框，选择"编辑"对三个页面进行编辑。分别设置页面的 Caption 属性为学生，课程和选课。将数据环境里的三个表分别拖入对应页面中。

（4）在表单里添加一个选项按钮组控件，设置其属性 ButtonCount 为 3，右键单击选项按钮组，选择"编辑"对三个按钮进行编辑。分别设置按钮的 Caption 属性为学生，课程和选课。双击选项按钮组控件，在其 Click 事件里输入下列代码：

```
do case
        case this.Value=1
            Thisform.pageframe1.ActivePage=1
        case this.Value=2
            Thisform.pageframe1.ActivePage=2
        case this.Value=3
            Thisform.pageframe1.ActivePage=3
```

endcase

（5）在表单里添加一个命令按钮，设置其 Caption 为 "退出"。双击 "退出" 按钮，在其 Click 事件里输入下列代码：Thisform.Release。

（6）保存表单，文件名为 myform

表单运行界面如图所示。

**【解析】**

本题考查简单表单的建立、页框和选项按钮组的设置使用及数据环境的使用技巧。

在页面上显示表内容在直接将表从数据环境中拖至页面上。页框和选项按钮组内子控件的设置方法是右键单击选择 "编辑"。

退出表单使用命令 Thisform.Release。

✮✮✮✮✮✮✮✮✮✮✮✮✮✮✮✮✮✮✮✮✮✮✮✮✮✮✮✮✮✮✮✮✮✮✮✮✮✮✮✮✮✮✮✮

# 第 23 题

对考生文件夹下的 student 数据库设计一个表单，表单标题为 "宿舍查询"，表单中有三个文本框和两个命令按钮 "查询" 和 "退出"。

运行表单时，在第一个文本框里输入某学生的学号（S1----S9），单击 "查询" 按钮，则在第二个文本框内会显示该学生的 "姓名"，在第三个文本框里会显示该学生的的 "宿舍号"。

如果输入的某个学生的学号对应的学生不存在，则在第二个文本框内显示 "该生不存在"，第三个文本框不显示内容；如果输入的某个学生的学号对应的学生存在，但在宿舍表中没有该学号对应的记录，则在第二个文本框内显示该生的 "姓名"，第三个文本框显示 "该生不住校"。

单击 "退出" 按钮关闭表单。表单运行界面如图所示。

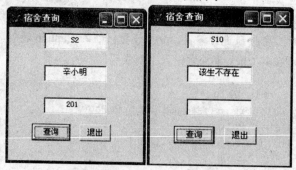

【答案】

（1）在命令窗口内输入：Create Form myform 建立新的表单。设置其 Caption 属性为"宿舍查询"。

（2）通过表单控件工具栏，在表单上添加三个文本框和两个命令按钮："查询"和"退出"。

（3）单击"显示"→"数据环境"命令，右击数据环境窗口，选择"添加"命令，在打开的对话框内选择"学生"表和"宿舍"表。

（4）双击查询按钮，在其 Click 事件中添加如下代码：

```
Set exac on
Select 学生
locate for allt(学号)=allt(Thisform.text1.Value)
if found()
   Thisform.text2.Value=allt(姓名)
   Select 宿舍
   locate for allt(学号)=allt(Thisform.text1.Value)
   if found()
      Thisform.text3.Value=allt(宿舍)
   else
      Thisform.text3.Value="该生不住校"
   endif
else
   Thisform.text2.Value="该生不存在"
   Thisform.text3.Value=""
endif
Thisform.refresh
```

（5）双击"退出"按钮，在其 Click 事件里输入下列代码：

```
Thisform.Release
```

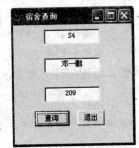

（6）保存表单，文件名为 myform。

表单运行结果如图所示。

【解析】

本题考查了表单的建立、文本框的使用和表内容的查询。

当表单设计到多个表的操作时，建议使用数据环境，这样能够加快和方便对表的操作。

做本题可以不用建立表之间的关联，对数据库中的两个表分别使用 locate 命令查询即可。

## 第 24 题

在考生文件夹中有"销售"数据库，内有"定货"表和"货物"表。货物表中的"单价"与"数量"之积应等于定货表中的"总金额"。

现在有部分"定货"表记录的"总金额"字段值不正确，请编写程序挑出这些记录，并将这些记录存放到一个名为"修正"的表中（与定货表结构相同，自己建立），根据货物表的"单价"和"数量"字段修改修正表的"总金额"字段（注意一个修正记录可能对应几条定货记录）。最后修正表的结果要求按"总金额"升序排序。

编写的程序最后保存为 myprog.prg。

**【答案】**

在窗口中输入 Modify Command Myprog 建立新的程序，并进入程序编辑器。在程序编辑器中输入如下代码：

```
SET TALK OFF
SET SAFETY OFF
SELECT 订单号,SUM(单价*数量) AS 总金额;
FROM 货物;
GROUP BY 订单号;
INTO CURSOR CurTable
SELECT 定货.*;
FROM 定货,CurTable;
WHERE 定货.订单号=CurTable.订单号 AND 定货.总金额<>CurTable.总金额;
INTO TABLE 修正
USE 修正
DO WHILE NOT EOF()       &&遍历 OD_MOD 中的每一条记录
    SELECT CurTable.总金额 FROM CurTable;
    WHERE CurTable.订单号=修正.订单号;
    INTO ARRAY AFieldsValue
    REPLACE 总金额 WITH AFieldsValue
    SKIP
ENDDO
CLOSE ALL
SELECT * FROM 修正 ORDER BY 总金额;
INTO CURSOR CurTable
SELECT * FROM CurTable INTO TABLE 修正
SET TALK ON
SET SAFETY ON
```

**【解析】**

本题主要考查的是 SQL 语句的应用，包括数据库定义，数据修改和数据查询功能。设计过程中注意数据表和数据表中字段的选取。

修改每条记录时，可利用 do while 循环语句逐条处理表中的每条记录。

★★★★★★★★★★★★☆★★★★★★★★★★★★★★★★★★★★★★★★★★★★★★★★

## 第 25 题

在考生文件夹下有学生管理数据库 stu_7，该库中有"成绩"表和"学生"表，各表结构如下：

（1）"成绩"表（学号 C(9)、课程号 C(3)、成绩 N(7.2)），该表用于记录学生的考试成绩，单一个学生可以有多项记录（登记一个学生的多门成绩）。

（2）学生表（学号 C(9)、姓名 C(10)、平均分 N(7.2)），该表是学生信息，一个学生只有一个记录（表中有固定的已知数据）。

请编写并运行符合下列要求的程序：

设计一个名为 myform 的表单，标题为"统计平均成绩"，表单中有两个命令按钮，按钮的标题分别为"统计"和"关闭"。程序运行时，单击"统计"按钮应完成下列操作：

（1）根据 CHENGJI 表计算每个学生的"平均分"，并将结果存入学生表的"平均分"

字段。

（2）根据上面的计算结果，生成一个新的自由表 myfree，该表的字段按顺序取自学生表的"学号"、"姓名"和"平均分"三项，并且按"平均分"升序排序，如果"平均分"相等，则按"学号"升序排序。

单击"关闭"按钮，程序终止运行。

【答案】

（1）在命令窗口内输入：Create Form myform 建立新的表单，设置其 Caption 属性为"统计平均成绩"。

（2）在表单中添加两个命令按钮，设置其 Caption 分别为"统计"和"退出"

（3）单击"显示"→"数据环境"命令，右击数据环境窗口，选择"添加"命令，在打开的对话框内选择"成绩"表和"学生"表，如图所示。

（4）双击"统计"按钮，在其 Click 事件中添加如下代码：

```
SET TALK OFF
SET SAFETY OFF
Select 学生
DO WHILE NOT EOF()
    SELECT AVG(成绩) FROM 成绩;
    WHERE 学号=学生.学号 INTO ARRAY pj
    REPLACE 平均分 WITH pj(1,1)
    SKIP
ENDDO
SELECT 学号,姓名,平均分 FROM 学生;
ORDER BY 平均分,学号;
INTO TABLE mynew
CLOSE ALL
SET TALK ON
SET SAFETY ON
```

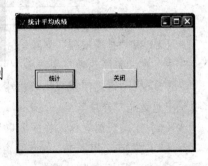

（5）双击"退出"按钮，在其 Click 事件里输入下列代码：Thisform.Release。

（6）保存表单，文件名为 myform。

表单运行界面如图所示。

【解析】

在设计器中通过属性面板来设置控件的属性，如在 Caption 框后输入控件的标题。

程序部分可以利用一个 do 循环来依次浏览表中的记录，利用 SQL 语句查询符合条件的记录存放到数组中。

最后使用数组保存的记录存入到新的表中。

★★★★★★★★★★★★★★★★★★★★★★★★★★★★★★★★★★★★★★★★★★★

## 第26题

学籍数据库里有"学生"、"课程"和"选课"三个表，建立一个名为 myview 的视图，该视图包含"学号"、"姓名"、"课程名"和"成绩"4 个字段。要求先按"学号"升序排序，再按"课程名"升序排序。

建立一个名为 myform 的表单，表单标题为"学籍查看"，表单中含有一个表格控件，该控件的数据源是前面建立的视图 myview。在表格控件下面添加一个命令按钮，该命令按钮的标题为"退出"，要求单击按钮时弹出一个对话框提问"是否退出？"，运行时如果选择"是"则关闭表单，否则不关闭。表单运行界面如图所示。

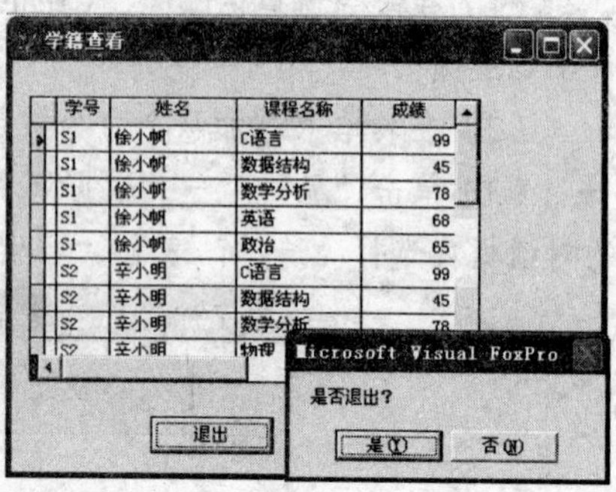

**【答案】**

（1）打开"学籍"数据库设计器，单击主菜单上的"新建"图标，选择"新建视图"。

（2）将"学生"、"课程"和"选课"表添加到视图设计器中

（3）在视图设计器中的"字段"选项卡中，将"可用字段"列表框中的"学生.学号"，"学生.姓名"，"课程.课程名"和"选课.成绩"字段添加到"选定字段"列表框中，如图所示。

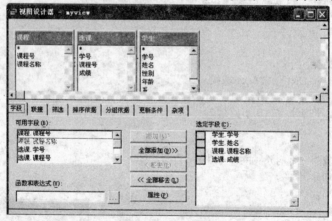

（4）在"排序依据"选项卡中将"选定字段"列表框中的"学生.学号"添加到"排序条件"中，在"排序选项"中选择"升序"。

（5）将"选定字段"列表框中的"课程.课程名称"添加到"排序条件"中，在"排序选项"中也选择"升序"，

（6）完成视图设计，将视图以 myview 为文件名保存。

（7）在 Visual FoxPro 的命令窗口内输入命令：Create Form myform，打开表单设计器，设置其 Caption 属性值为"学籍查看"。

（8）单击"显示"→"数据环境"命令，右击选择"添加"命令，在打开的对话框内选择"学生"、"课程"和"选课"表及 myview 视图。

（9）单击表单控件工具栏上的"表格"控件图标，向表单添加一个表格控件，选中该控件，在属性对话框中将其 RecordSourceType 属性改为"1-别名"，将 RecordSource 属性改为"myview"。

（10）单击表单控件工具栏上的"命令按钮"控件图标，向表单添加一个命令按钮，选中该命令按钮，在属性对话框中将其 Caption 属性改为"退出"。

双击命令按钮 comp，在 Click 事件中输入如下程序段：

```
if MessageBox("是否退出？",4)=6
    Thisform.Release
endif
```

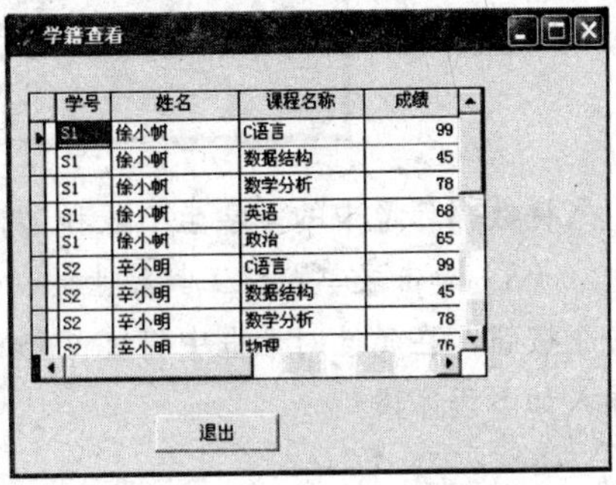

（10）单击工具栏上的"保存"图标保存表单。

表单运行界面如图所示。

**【解析】**

本题包括建立视图和建立表单两大步骤。在视图的建立过程中可以在是使用视图设计器建立，也可以用命令直接建立，建立好的视图只能在数据库中看到。

建立表单时要正确设置表格控件的数据源和相关属性。

本题另一考查点是表格的关闭方法以及消息对话框的使用，要求考生准确掌握 MessageBox() 函数的各个参数的含义及使用方法。

☆☆☆☆☆☆☆☆☆☆☆☆☆☆☆☆☆☆☆☆☆☆☆☆☆☆☆☆☆☆☆☆☆☆☆

## 第 27 题

在考生文件夹下有 student 数据库，其中包含表"宿舍"和"学生"。这两个表之间存在一对多的关系。对该数据库建立名为 myform、标题为"住宿管理"的表单文件，完成如下要求：

（1）在表单中包含两个表格控件，第一个用于显示"宿舍"表中的记录，第二个表格用于显示与"宿舍"表中的当前记录对应的学生表中的记录，如图所示。

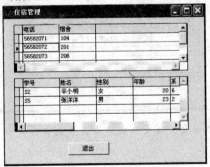

（2）在表单中包含一个"退出"命令按钮，单击该按钮时退出表单。

**【答案】**

（1）在 Visual FoxPro 的命令窗口内输入命令：Create Form myform，打开表单设计器，设置其 Caption 属性值为"住宿管理"。

（2）单击"显示"→"数据环境"，在"数据环境"窗口中右击，选择"添加"命令，在打开的对话框内选择"学生"表和"宿舍"表（数据库中的两个表的关联已经建立），如图所示。

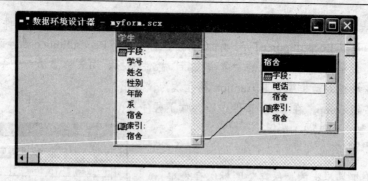

将数据环境中的"学生"表和"宿舍"表拖入到表单中。

（3）单击表单控件工具栏上的"命令按钮"控件图标，向表单添加一个命令按钮，选中该命令按钮，在属性对话框中将其 Caption 属性改为"退出"。双击此命令按钮，在 Click 事件中输入如下程序段：

```
Thisform.Release
```

（4）单击工具栏上的"保存"图标，以 myform 保存表单。

【解析】

本题考查了存在一对多关联的两个数据库表的关系。

当在表单的数据环境添加了这样的两个表后，表单运行时子表将只显示父亲的当前记录对应的子表记录。

解答本题时应首先注意考生文件夹中的数据库是否已经对两表建立关联，如果没有，应当先建立关联再往表单的数据环境中添加两表。添加到数据环境中的两表的关联将继续保留。

表单运行结果如图所示。

★★★★★★★★★★★★★★★★★★★★★★★★★★★★★★★★★★★★★★★★★★★★★★

## 第 28 题

成绩管理数据库中有 3 个数据库表"学生"、"成绩"和"课程"。建立文件名为 myform，标题为"成绩查询"的表单，表单包含 3 个命令按钮，标题分别为"查询最高分"、"查询最低分"和"退出"。

单击"查询最高分"按钮时，调用 SQL 语句查询出每门课的最高分，查询结果中包含"姓名"，"课程名"和"最高分"三个字段，结果在表格中显示，如图所示。

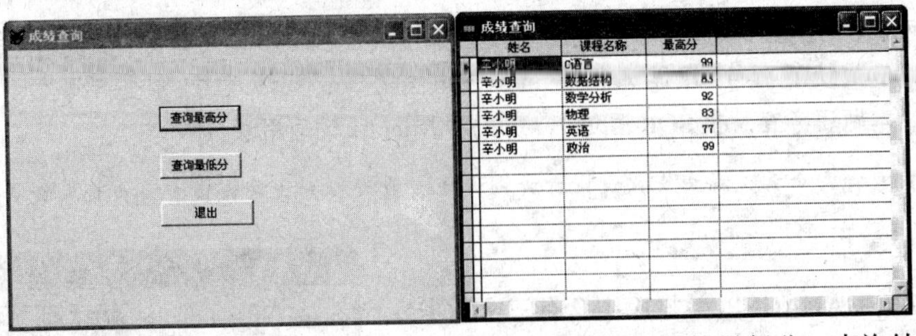

单击"查询最低分"按钮时，调用 SQL 语句查询出每门课的最低分，查询结果中包含"姓名"，"课程名"和"最低分"三个字段，结果在表格中显示。

单击"退出"按钮时关闭表单。

【答案】

（1）在 Visual FoxPro 的命令窗口内输入命令：Create Form myform，打开表单设计器，设置其 Caption 属性值为"成绩查询"

（2）单击"显示"→"数据环境"命令，右击数据环境窗口，选择"添加"命令，在打开的对话框内选择"学生"表、"课程"表和"成绩"表。

（3）单击表单控件工具栏上的"命令按钮"控件图标，向表单添加三个命令按钮。

（4）选中第一个命令按钮，在属性对话框中将其 Caption 属性改为"查询最高分"。双击该命令按钮，在 Click 事件中输入如下代码：

```
Select 学生.姓名,课程.课程名称,max(成绩.成绩) as 最高分 From 成绩 inner join 学生 on 成绩.学号=学生.学号 inner join 课程 on 成绩.课程号=课程.课程号 Group by 课程.课程名称
```

（5）选中第二个命令按钮，在属性对话框中将其 Caption 属性改为"查询最低分"。双击该命令按钮，在 Click 事件中输入如下代码：

```
Select 学生.姓名,课程.课程名称,min(成绩.成绩) as 最低分 From 成绩 inner join 学生 on 成绩.学号=学生.学号 inner join 课程 on 成绩.课程号=课程.课程号 Group by 课程.课程名称
```

（6）选中第三个命令按钮，在属性对话框中将其 Caption 属性改为"退出"。双击该命令按钮，在 Click 事件中输入如下代码：

```
Thisfrom.release
```

（7）单击工具栏上的"保存"图标，以 myform 为文件名保存表单。

表单运行结果如图所示。

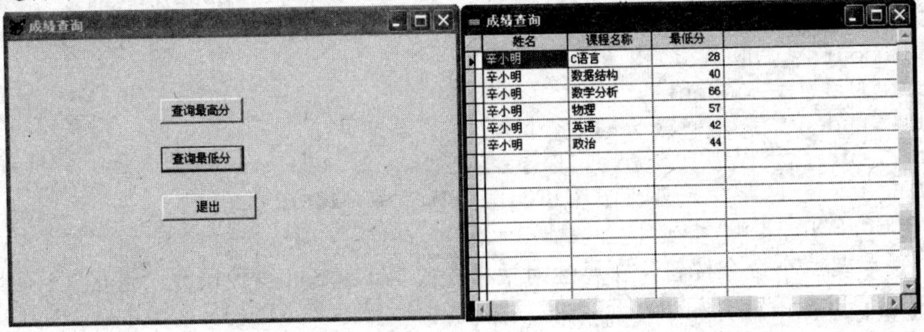

【解析】

本题考查的主要是 SQL 语句多表。本题所提供的数据库中的三个表，成绩表通过学号和课

程号分别可以和"学生"表和"课程"表关联。因此,在书写 SQL 语句时,可以使用"成绩 inner join 课程 on 成绩.课程号=课程.课程号 inner join 学生 on 成绩.学号=学生.学号"。

其次,本题还考查了在 SQL 语句中 Max()和 Min()函数的用法。

★★★★★★★★★★★★★★★★★★★★★★★★★★★★★★★★★★★★★★★★★★★★★

### 第 29 题

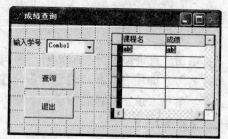

SCORE_MANAGER 数据库中含有三个数据库表:STUDENT、SCORE1 和 COURSE。

对 SCORE_MANAGER 数据库数据设计一个如图所示的表单 Myform,表单的标题为"查询成绩"。表单左侧有标签"选择学号"和用于选择"学号"的组合框,在表单中还包括"查询"和"退出"两个命令按钮以及 1 个表格控件。

表单运行时,用户在组合框中输入学号,单击"查询"按钮,在表单右侧以表格形式显示该生所选"课程名"和"成绩"。单击"退出"按钮,关闭表单。

**【答案】**

(1)在 Visual FoxPro 的命令窗口内输入命令:Create Form myform,打开表单设计器,设置其 Caption 属性值为"成绩查询";

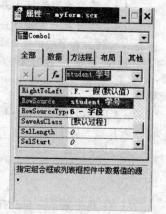

(2)单击"显示"→"数据环境",右击数据环境窗口,选择"添加"命令,在打开的对话框内选择 student 表、cource 表和 score1 表。

(3)单击表单控件工具栏上的"组合框按钮"控件图标,向表单添加一个组合框控件。将组合框的 RowSourceType 设置为"6-字段",将 RowSource 设置为"student.学号",如图所示。

(4)单击表单控件工具栏上的"命令按钮"控件图标,向表单添加两个命令按钮。

(5)选中第一个命令按钮,在属性对话框中将其 Caption 属性改为"查询"。双击该命令按钮,在 Click 事件中输入如下代码:

```
GO TOP
LOCATE FOR Student.学号 ==ALLTRIM(THISFORM.combo1.VALUE)
THISFORM.GRID1.RECORDSOURCE="SELECT Course.课程名, Score1.成绩;
 FROM  course INNER JOIN score1;
    INNER JOIN student ;
  ON  Student.学号 = Score1.学号 ;
  ON  Course.课程号 = Score1.课程号;
WHERE Student.学号 = ALLTRIM(THISFORM.combo1.VALUE);
INTO CURSOR TEMP"
```

(6)选中第二个命令按钮,在属性对话框中将其 Caption 属性改为"退出"。双击该命令按钮,在 Click 事件中输入如下代码:

```
Thisfrom.release
```

(7)单击工具栏上的"保存"图标,以 myform 为文件名保存表单。

表单运行结果如图所示。

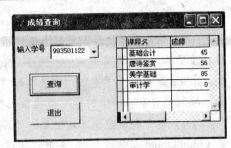

**【解析】**

本题考查的主要是表单控件的设计，利用表格显示数据表的查询内容。

表格显示数据，主要是通过 RecordSourceType 和 RecordSource 两个属性来实现的，并需要注意两个属性值之间的对应。

本题中表格的数据源属性应该设置为"4-SQL 说明"。因此，表格数据源直接等于 SQL 查询输出的表。

组合框里要显示的是 student 表中的所有"学号"字段，所以先在数据环境里添加数据库三个表，并将组合框的 RowSourceType 设置为"6-字段"，将 RowSource 设置为"student.学号"。

★★★★★★★★★★★★★★★★★★★★★★★★★★★★★★★★★★★★★★

## 第 30 题

在考生文件夹下，打开 student 数据库，完成如下综合应用（所有控件的属性必须在表单设计器的属性窗口中设置）：

设计一个名称为 myform 的表单，表单的标题为"学生住宿信息浏览"。表单上设计一个包含三个选项卡的"页框"和一个"退出"命令按钮，界面如图所示。

要求如下：

（1）为表单建立数据环境，按顺序向数据环境添加"住宿"表和"学生"表。

（2）按从左至右的顺序三个选项卡的标签（标题）的名称分别为"学生"、"宿舍"和"住宿信息"，每个选项卡上均有一个表格控件，分别显示对应表的内容，其中"住宿信息"选项卡显示如下信息："学生"表里所有学生的信息，加上所住宿舍的电话（不包括年龄信息）。

（3）单击"退出"按钮关闭表单。

**【答案】**

（1）在 Visual FoxPro 的命令窗口内输入命令：Create Form myform，打开表单设计器，设置其 Caption 属性值为"学生住宿信息浏览"；

（2）单击"显示"→"数据环境"命令，右击数据环境窗口，选择"添加"命令，在打开的对话框内选择"学生"表和"住宿"表。

（3）单击表单控件工具栏上的"页框"控件图标，向表单添加一个页框。将其 PageCount 属性设置为 3。右键单击页框，选择"编辑"，使页框进入编辑状态。依次修改页框三个选项卡的 Caption 属性为"学生"、"宿舍"和"住宿信息"。将数据环境中的"学生"表和"宿舍"表分别拖入宿舍选项卡中的第一和第二张页面。

（4）单击表单控件工具栏上的"表格"控件图标，向第三张页面添加一个"表格"。设置其 ColumCount 属性值为 6，右键单击该表格控件，选择"编辑"对表格的列标题进行修改，如图所示。

分别设置其标题为宿舍、电话、学号、姓名、性别和系。

（5）单击表单控件工具栏上的"命令按钮"控件图标，向表单添加一个命令按钮，选中该命令按钮，在属性对话框中将其 Caption 属性改为"退出"。双击该命令按钮，在 Click 事件中输入如下代码：

```
Thisform.Release
```

双击表单，在其 Init 事件中输入如下代码：

```
go Top
Thisform.pageframe1.page3.grid1.RECORDSOURCE="SELECT 宿舍.宿舍,宿舍.电话,学生.学号,学生.姓名,学生.性别,学生.系 FROM 宿舍 INNER JOIN 学生 ON 宿舍.宿舍 =学生.宿舍 Into Cursor temp"
```

（6）以 myform 为文件名保存表单。

表单运行结果如图所示。

【解析】

页框属于容器控件，通过 PageCount 的属性值设置其中的页面数，页面内还可以继续包含其他控件，本题中在页面内放置表格。对页面进行编辑，应该使页面处于编辑状态。

前两张页面中需要显示的内容可直接从数据环境中添加表到页面中。第三张页面要显示的内容需要使用 SQL 进行多表查询，在页面中添加一表格控件，设置其数据源为 SQL 查询出来的内容。

★★★★★★★★★★★★★★★★★★★★★★★★★★★★★★★★★★★★★★★★

## 第 31 题

建立满足如下要求的应用并运行，所有控件的属性必须在表单设计器的属性窗口中设置：

（1）建立一个表单 myform，标题为"定货信息浏览"。其中包含两个表格控件，第一个表格控件用于显示表 customer 中的记录，第二个表格控件用于显示与表 customer 中当前记录对应的 order 表中的记录。

要求两个表格尺寸相同、水平对齐。

（2）建立一个菜单 mymenu，该菜单只有一个菜单项"退出"，该菜单项对应于一个过程，并且含有两条语句，第一条语句是关闭表单 myform，第二条语句是将菜单恢复为默认的系统菜单。

（3）在 myform 的 Load 事件中执行生成的菜单程序 mymenu.mpr。

【答案】

（1）在 Visual FoxPro 的命令窗口内输入命令：Create Form myform，打开表单设计器，设置其 Caption 属性值为"定货信息浏览"；

（2）单击"显示"→"数据环境"命令，右击数据环境窗口，选择"添加"命令，在打开的对话框内选择 customer 表和 order 表（表间关联已经建立）。将两表从数据环境中拖入表单中，位置按照题目中的要求设置。表单运行界面如图所示。

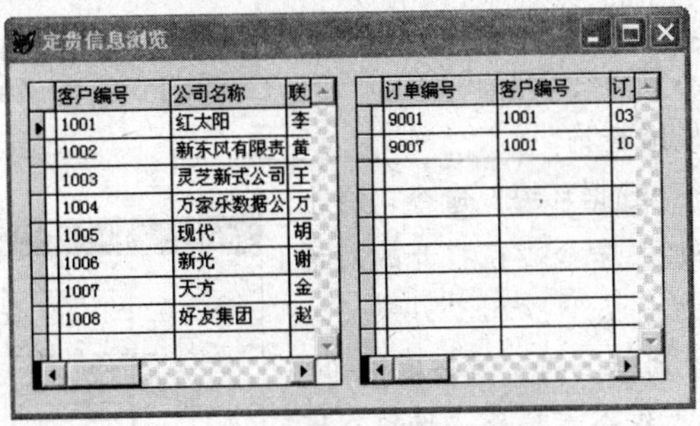

（3）双击表单，在 Load 事件中输入如下代码：

```
Do mymenu.mpr
```

（4）在命令窗口中输入 Create Menu mymune，在弹出的菜单设计器中的"菜单名称"中输入"退出"，结果为"过程"，相关代码为

```
Form1.release
Set sysmenu to default
```

（5）选择菜单命令"菜单"→"生成"，生成可以执行的菜单文件。保存菜单。

表单运行结果如图所示。

231

**【解析】**

本题考查的是在表格控件中显示数据表的内容，并实现父子表的关联显示。

当数据环境中的父子表建立永久性关联以后，将数据环境中的表拖入表单以后，运行表单时将实现两表之间的联动显示。

本题的另一个考查点是菜单的设计生成与调用。调用菜单一般在表单的 Load 事件中完成。表格的布局可通过工具栏中的"布局"工具栏来设置。

☆☆☆☆☆☆☆☆☆☆☆☆☆☆☆☆☆☆☆☆☆☆☆☆☆☆☆☆☆☆☆☆☆☆☆☆☆☆☆

# 第 32 题

对考生文件夹中的salarydb数据库完成如下综合应用。设计一个文件名和表单名均为myform的表单。表单的标题设为"工资发放额统计"。表单中有一个组合框、两个文本框和一个命令按钮"退出"。

运行表单时，组合框中有部门表中的"部门号"可供选择，选择某个"部门号"以后，第一个文本框显示出该部门的"名称"，第二个文本框显示应该发给该部门的"工资总额"。

单击"退出"按钮关闭表单。

**【答案】**

（1）在 Visual FoxPro 的命令窗口内输入命令：Create Form myform，打开表单设计器，设置其 Caption 属性值为"成绩查询"；

（2）单击"显示"→"数据环境"命令，右击数据环境窗口，选择"添加"命令，在打开的对话框内选择"部门表"和"工资表"。

（3）单击表单控件工具栏上的"组合框按钮"控件图标，向表单添加一个组合框控件。将组合框的 RowSourceType 设置为"6-字段"，将 RowSource 设置为"部门.部门号"。如图所示。

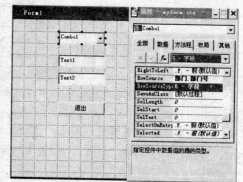

双击组合框，在其 InterActiveChange 事件中输入如下代码：

```
Select 部门
locate for allt(部门号)==allt(this.displayValue)
Thisform.text1.Value=allt(部门名)
Select sum(工资) From 工资 Where allt(部门号)==allt(this.displayValue) Into
array temp
```

Thisform.text2.Value=temp

（4）单击表单控件工具栏上的"命令按钮"控件图标，向表单中添加一个命令按钮。选中该命令按钮，在属性对话框中将其 Caption 属性改为"退出"。双击该命令按钮，在 Click 事件中输入如下代码：

Thisfrom.release

（5）保存表单。

表单运行结果如图所示。

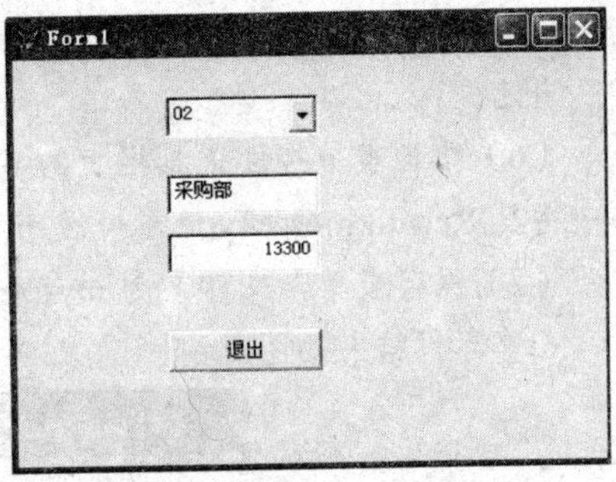

**【解析】**

本题考查的是对表单中组合框的设置方法，该控件用来显示事件的重要属性是 RowSourceType 和 RowSource。

在程序设计中，利用 SQL 语句在数据表中查找并统计符合特定条件的记录的属性值，属于简单的单表查询，可将查询结果保存到一个数组中，通过文本框显示该结果。

☆☆☆☆☆☆☆☆☆☆☆☆☆☆☆☆☆☆☆☆☆☆☆☆☆☆☆☆☆☆☆☆☆☆☆☆

## 第 33 题

设计名为myfrom的表单。表单的标题为"零件供应情况"。表单中有一个表格控件和两个命令按钮"查询"和"退出"。

运行表单时，单击"查询"命令按钮后，表格控件中显示了工程号"J1"所使用的零件的零件名、颜色、和重量。

单击"退出"按钮关闭表单。

**【答案】**

（1）在 Visual FoxPro 的命令窗口内输入命令：Create Form myform，打开表单设计器，设置其 Caption 属性值为"零件供应情况"；

（2）单击"显示"→"数据环境"命令，右击数据环境窗口，选择"添加"命令，在打开的对话框内选择"零件"表和"供应"表，如图所示。

（3）单击表单控件工具栏上的"命令按钮"控件图标，向表单添加两个命令按钮。

（4）选中第一个命令按钮，在属性对话框中将其 Caption 属性改为"查询"。双击该命令按钮，在 Click 事件中输入如下代码：

Set safety off

```
Thisform.grid1.RecordSource="Select 零件名,颜色,重量 From 零件 inner join; 供
应 on 零件.零件号=供应.零件号 Where 工程号='J1' Into Cursor temp"
Set safety on
```

（5）选中第二个命令按钮，在属性对话框中将其 Caption 属性改为"退出"。双击该命令按钮，在 Click 事件中输入如下代码：

```
Thisform.Release
```

（6）单击表单控件工具栏上的"表格"控件图标，向表单添加一个"表格"，在属性对话框中将其 RecordSourceType 属性改为"4-SQL 说明"。

（7）保存表单，文件名为 myform。

表单运行结果如图所示。

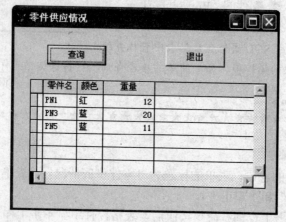

【解析】

在表格控件中显示 SQL 查询结果，主要是设置其两个主要属性 RecordSourceType 和 RecordSource。在表单数据环境中添加表，在 SQL 语句中可直接调用添加的表。

★★★★★★★★★★★★★★★★★★★★★★★★★★★★★★★★★★★★★★★★★★★★★★★★★

## 第 34 题

SCORE_MANAGER数据库中含有三个数据库表STUDENT、SCORE1和COURSE。为了对SCORE_MANAGER数据库数据进行查询，设计一个表单Myform，表单标题为"成绩查询"；表单有"查询"和"退出"两个命令按钮。

表单运行时，单击"查询"按钮，查询每门课程的最高分，查询结果中含"课程名"和"最高分"字段，结果按课程名升序保存在表mytable中。

单击"退出"按钮，关闭表单。

【答案】

（1）在 Visual FoxPro 的命令窗口内输入命令：Create Form myform，打开表单设计器，设置其 Caption 属性值为"成绩查询"；

（2）单击"显示"→"数据环境"命令，右击数据环境窗口，选择"添加"命令，在打开的对话框内选择表 STUDENT、SCORE1 和 COURSE。

（3）单击表单控件工具栏上的"命令按钮"控件图标，向表单添加两个命令按钮

（4）选中第一个命令按钮，在属性对话框中将其 Caption 属性改为"查询"，如图所示。

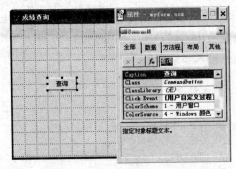

双击该命令按钮，在 Click 事件中输入如下代码：

```
SELECT Course.课程名, MAX(score1.成绩) AS 最高分;
FROM  course INNER JOIN score1;
INNER JOIN student ;
ON  Student.学号 = Score1.学号 ;
ON  Course.课程号 = Score1.课程号;
GROUP BY Course.课程名;
INTO TABLE mytable
```

（5）选中第二个命令按钮，在属性对话框中将其 Caption 属性改为"退出"。双击该命令按钮，在 Click 事件中输入如下代码：

```
Thisform.Release
```

（6）保存表单。

表单运行结果如图所示。

【解析】

本题考查表单的设计和多表关联查询。表单控件属性的设置在属性面板中进行。

将查询结果插入表中使用 into  table  tablename。

★★★★★★★★★★★★★★★★★★★★★★★★★★★★★★★★★★★★★★★★★★

## 第 35 题

设计一个文件名为myform的表单，所有控件的属性必须在表单设计器的属性窗口中设置。表单的标题设为"零件金额统计"。表单中有一个组合框（combo1）、一个文本框（text1）和一个命令按钮"退出"。

运行表单时，组合框中有"s1"、"s2"、"s3"、"s4"、"s5"、"s6"等项目信息表中的项目号可供选择，选择某个项目号以后，则文本框显示出组合框里的"项目"号对应的项目所用零件的"金额"（某种零件的金额=单价*数量）。

单击"退出"按钮关闭表单。

【答案】

（1）在 Visual FoxPro 的命令窗口内输入命令：Create Form myform，打开表单设计器，设置其 Caption 属性值为"零件金额统计"

（2）单击"显示"→"数据环境"命令，右击数据环境窗口，选择"添加"命令，在打开的对话框内选择零件信息、项目信息和使用零件三个表。

（3）单击表单控件工具栏上的"文本框"控件图标，向表单添加一个文本框控件

（4）单击表单控件工具栏上的"组合框按钮"控件图标，向表单添加一个组合框控件。将组合框的 RowSourceType 设置为"6-字段"，将 RowSource 设置为"项目.项目号"。双击组合框，在其 InterActiveChange 事件中输入如下代码：

```
SELECT SUM(零件信息.单价*使用零件.数量);
FROM  零件信息 INNER JOIN 使用零件;
INNER JOIN 项目信息 ;
ON  使用零件.项目号 = 项目信息.项目号 ;
ON  零件信息.零件号 = 使用零件.零件号;
WHERE 使用零件.项目号 =ALLTRIM(THISFORM.combo1.VALUE);
GROUP BY 项目信息.项目号;
INTO ARRAY TEMP
THISFORM.TEXT1.VALUE=TEMP
```

（5）单击表单控件工具栏上的"命令按钮"控件图标，向表单添加一个命令按钮，选中该命令按钮，在属性对话框中将其 Caption 属性改为"退出"。双击该命令按钮，在 Click 事件中输入如下代码：

```
Thisform.Release
```

表单运行界面如图所示。

（7）保存表单。

【解析】

本题考查表单的设计和多表查询。组合框控件的显示内容由其属性 RowSourceType 和 RowSource 决定，将前者设置为"字段"，后者设置为表的某个字段，则在其中可以选择该字段的所有字段值。

☆☆☆☆☆☆☆☆☆☆☆☆☆☆☆☆☆☆☆☆☆☆☆☆☆☆☆☆☆☆☆☆☆☆☆☆☆☆☆☆

# 第 36 题

将order_detail表全部内容复制到od表，对od表编写完成如下功能的程序：

（1）把"订单号"尾部字母相同并且订货相同（"器件号"相同）的订单合并为一张订单，新的"订单号"取原来的尾部字母，"单价"取最低价，"数量"取合计；

（2）生成结果先按新的"订单号"升序排序，再按"器件号"升序排序；

（3）最终记录的处理结果保存在newtable表中；

（4）最后将程序保存为prog1.prg，并执行该程序。

【答案】

在命令窗口中输入：Modify Command myproj命令，新建一个命令程序，并打开程序编辑窗口，在其中输入如下代码：

```
SET TALK OFF
SET SAFETY OFF
use order_detail
```

```
copy structure to od
use od
Append From order_detail.dbf
USE OD
COPY STRUCTURE TO NEWtable
SELECT RIGHT(订单号,1) AS 新订单号,器件名,器件号,;
RIGHT(订单号,1)+器件号 AS NEWNUM;
FROM OD;
GROUP BY NEWNUM;
ORDER BY 新订单号,器件号;
INTO CURSOR CurTable
DO WHILE NOT EOF()
    SELECT MIN(单价) AS 最低价,SUM(数量) AS 数量合计;
    FROM OD;
    WHERE RIGHT(订单号,1)=CurTable.新订单号 AND 器件号=CurTable.器件号;
    INTO ARRAY AFieldsValue
    INSERT INTO NEWtable VALUES;
    (CurTable.新订单号,CurTable.器件号,CurTable.器件名, AFieldsValue(1,1),
AFieldsValue(1,2))
    SKIP
ENDDO
CLOSE ALL
SET TALK ON
SET SAFETY ON
```
单击保存。

**【解析】**

复制表可分为两步去做，第一步复制表结构，使用的语句为 copy structure to，第二步为复制表内容，使用的语句为 Append From tablename，也可以在使用 Use 命令打开表之后，使用 Copy to tablename 命令直接复制。

☆☆☆☆☆☆☆☆☆☆☆☆☆☆☆☆☆☆☆☆☆☆☆☆☆☆☆☆☆☆☆☆☆☆☆☆☆☆

# 第37题

考生文件夹下存在数据库"书籍"，其中包含表 authors 和表 books，这两个表存在一对多的联系。

对该数据库建立文件名为 myform 的表单，其中包含两个表格控件。第一个表格控件用于显示表 authors 的记录，第二个表格控件用于显示与表 books 当前记录对应的 authors 表中的记录。

表单中还包含一个标题为"退出"的命令按钮，要求单击此按钮退出表单。

**【答案】**

（1）在 Visual FoxPro 的命令窗口内输入命令：Create Form myform，打开表单设计器。

（2）单击主菜单"显示"→"数据环境"，在数据环境窗口右击，选择"添加"命令，在打开的对话框内选择 authors 表和 books 表（数据库中的两个表的关联已经建立）。将数据环境中的 authors 表和 books 表拖入到表单中。如图所示。

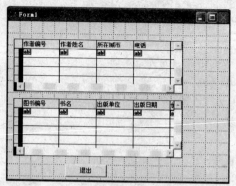

（3）单击表单控件工具栏上的"命令按钮"控件图标，向表单添加一个命令按钮，选中该命令按钮，在属性对话框中将其 Caption 属性改为"退出"。双击命令按钮 comp，在 Click 事件中输入如下程序段：

```
Thisform.Release
```

（4）保存表单。

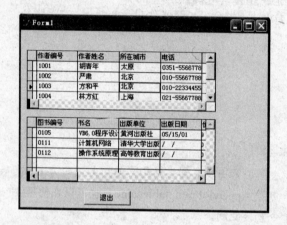

【解析】

本题考查了存在一对多关联的两个数据库表的关系。

当在表单的数据环境添加了这样的两个表后，表单运行时子表将只显示父亲的当前记录对应的子表记录。

解答本题时注意考生文件夹中是否已经对两表建立关联，如果没有，应当先建立关联再往表单的数据环境中添加两表。添加到数据环境中的两表的关联将继续保留。

★★★★★★★★★★★★★★★★★★★★★★★★★★★★★★★★★★★★★★★★★★★★★

## 第 38 题

对考生目录下的数据库"学籍"建立文件名为 myform 的表单，标题为"学籍浏览"。

表单含有一个表格控件，用于显示用户查询的信息；表单上有一个按钮选项组，含有"学生"，"课程"和"选课"三个选项按钮。表单上有一个命令按钮，标题为"退出"。当选择"学生"选项按钮时，在表格中显示"学生"表的全部字段；选择"课程"选项按钮时，表格中显示"课程"表的字段"课程号"；选择"选课"选项按钮时，表格中显示"成绩"在 60 分以上（含 60 分）的"课程号"、"课程名称"和"成绩"。

单击"退出"按钮退出表单。

**【答案】**

（1）在 Visual FoxPro 的命令窗口内输入命令：Create Form myform，打开表单设计器，设置其 Caption 属性值为"学籍浏览"。

（2）单击主菜单"显示"→"数据环境"命令，右击数据环境窗口，选择"添加"命令，在打开的对话框内选择"学生"表、"课程"表和"选课"表。如图所示。

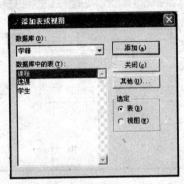

（3）单击表单控件工具栏上的"命令按钮"控件图标，向表单添加一个命令按钮，选中该命令按钮，在属性对话框中将其 Caption 属性改为"退出"。双击该命令按钮在 Click 事件中输入如下程序段：

```
Thisform.Release
```

（4）单击表单控件工具栏上的"选项按钮"控件图标，在表单里添加一个选项按钮组控件，设置其属性 ButtonCount 为 3，右键单击选项按钮组，选择"编辑"对三个按钮进行编辑。分别设置按钮的 Caption 属性为学生，课程和选课。双击选项组，在其 Click 事件里输入下列代码：

```
Do case
Case this.Value=1
    Thisform.grid1.columncount=5
    Thisform.grid1.column1.header1.Caption="学号"
    Thisform.grid1.column2.header1.Caption="姓名"
    Thisform.grid1.column3.header1.Caption="性别"
    Thisform.grid1.column4.header1.Caption="年龄"
    Thisform.grid1.column5.header1.Caption="系"
    Thisform.grid1.RecordSourceType=4
    Thisform.grid1.RecordSource="Select * From 学生 Into Cursor temp"
case this.Value=2
    Thisform.grid1.columncount=1
    Thisform.grid1.column1.header1.Caption="课程名"
    Thisform.grid1.RecordSourceType=4
    Thisform.grid1.RecordSource="Select 课程名称 From 课程 Into Cursor temp"
case this.Value=3
    Thisform.grid1.columncount=3
    Thisform.grid1.column1.header1.Caption="课程名"
    Thisform.grid1.column2.header1.Caption="课程号"
    Thisform.grid1.column3.header1.Caption="成绩"
    Thisform.grid1.RecordSourceType=4
    Thisform.grid1.RecordSource="Select 课程.课程名称,选课.课程号,选课.成绩;
```

From 课程 inner join 选课 on 课程.课程号=选课.课程号 Where 选课.成绩>=60; Into Cursor temp"

```
    endcase
    Thisform.refresh
```

（5）单击工具栏上的"保存"图标，以 myform 保存表单。

表单运行界面如图所示。

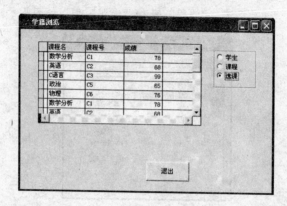

**【解析】**

本题考查简单表单的建立、表格控件的使用、选项按钮组的设置使用及使用 SQL 语句的多表查询。

要在表格内显示不同的查询内容，因此要在选项按钮组的事件里根据需要设置其显示查询内容的两个重要属性 RecordSourceType 和 RecordSource。选项按钮组子控件的设置方法是右键单击选择"编辑"后，再选中其中的子控件进行设置。

退出表单使用命令 Thisform.Release。

✫✫✫✫✫✫✫✫✫✫✫✫✫✫✫✫✫✫✫✫✫✫✫✫✫✫✫✫✫✫✫✫✫✫✫✫✫✫✫✫✫✫

## 第 39 题

对"图书借阅"数据库中的表 borrows、loans 和 book，建立文件名为 myform 的表单，标题为"图书借阅浏览"，表单上有三个命令按钮"读者借书查询"、"书籍借出查询"和"退出"。

单击"读者借书查询"按钮，查询出 02 年 3 月下旬借出的书的所有的读者的"姓名"、"借书证号"和"图书登记号"，同时将查询结果保存在表 table1 中。

单击"书籍借出查询"按钮，查询借"数据库设计"一书的所有读者的"借书证号"和"借书日期"，结果中含"书名"、"借书证号"和"日期"字段，同时保存在表 table2 中。

单击"退出"按钮关闭表单。

**【答案】**

（1）在 Visual FoxPro 的命令窗口内输入命令：Create Form myform，打开表单设计器，设置其 Caption 属性值为"图书借阅浏览"

（2）单击主菜单"显示"→"数据环境"命令，右击数据环境窗口，选择"添加"命令，在打开的对话框内选择 book 表 borrows 表 loans 表。

（3）单击表单控件工具栏上的"命令按钮"控件图标，向表单添加三个命令按钮，选中第一个命令按钮，在属性对话框中将其 Caption 属性改为"读者借书查询"，如图所示。

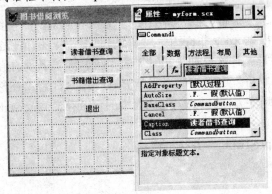

双击该命令按钮，在 Click 事件中输入如下代码：

```
Select borrows.姓名, borrows.借书证号,loans.图书登记号 From borrows inner join
loans on borrows.借书证号=loans.借书证号 Where day(loans.借书日期)>=20 Into table
table1
```

（4）选中第二个命令按钮，在属性对话框中将其 Caption 属性改为"书籍借出查询"。双击该命令按钮，在 Click 事件中输入如下代码：

```
Select book.书名, loans.借书证号,loans.借书日期 From book inner join loans on
book.图书登记号=loans.图书登记号 Where book.书名="数据库设计" Into table table2
```

（5）选中第三个命令按钮，在属性对话框中将其 Caption 属性改为"退出"。双击该命令按钮，在 Click 事件中输入如下代码：Thisform.Release。

表单运行界面如图所示。

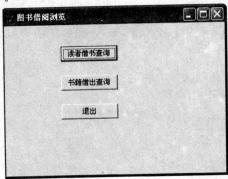

（6）保存表单。

【解析】

本题考查的主要是 SQL 语句多表及表格控件显示查询内容。

本题所提供的数据库中的三个表中，loans 表通过图书登记号和借书证号分别可以和 book 表和 borrows 表关联。因此，在书写 SQL 语句时，可以使用 book inner join loans on 和 borrows inner joinloans on。

使用 into table tablename 来将查询结果输入到表中。

★★★★★★★★★★★★★★★★★★★★★★★★★★★★★★★★★★★★★★★★★★

## 第 40 题

为order_detail表增加一个新字段"新单价"（类型与原来的"单价"字段相同），编写满足如下要求的程序：根据order_list表中的"订购日期"字段的值确定order_detail表的"新单价"字段的值，原则是：订购日期为2001年的"新单价"字段的值为原单价的90%，订购日期为2002年的"新单价"字段的值为原单价的110%（注意：在修改操作过程中不要改变order_detail表记录的顺序），将order_detail表中的记录存储到newtable表中（表结构与order_detail表完全相同）；

最后将程序保存为prog1.prg，并执行该程序。

【答案】

在命令窗口里输入：

```
use order_detail
Modify structure
```

打开表设计器后在字段数量的后面添加一个新的字段，输入字段名"新单价"，数据类型和宽度与单价字段保持一致。

在命令窗口里输入 Modify comom prog1，在程序编辑窗口里输入如下程序段：

```
SET TALK OFF
SELECT 订单号 FROM ORDER_LIST WHERE YEAR(订购日期)=2001;
INTO CURSOR CurTable
DO WHILE NOT EOF()
UPDATE ORDER_DETAIL SET 新单价=单价*0.9;
   WHERE 订单号=CurTable.订单号
   SKIP
ENDDO
SELECT 订单号 FROM ORDER_LIST WHERE YEAR(订购日期)=2002;
INTO CURSOR CurTable
DO WHILE NOT EOF()
   UPDATE ORDER_DETAIL SET 新单价=单价*1.1;
   WHERE 订单号=CurTable.订单号
   SKIP
ENDDO
SET TALK ON
```

在命令窗口里输入：

```
Use order_detail
Copy structure to newtable
Use newtable
Append From order_detail
```

【解析】

本题考查的是 SQL 语句的使用，包括数据定义，数据修改和数据查询功能。在设计过程中可利用临时表来存放查询结果，再使用 do 循环来对表中的记录逐条更新。

★★★★★★★★★★★★★★★★★★★★★★★★★★★★★★★★★★★★★★★★★

## 第 41 题

为"部门"表增加一个新字段"人数"，编写满足如下要求的程序：根据"雇员"表中的"部门号"字段的值确定"部门"表的"人数"字段的值，即对雇员表中的记录按"部门号"归类。将"部门"表中的记录存储到 dep 表中（表结构与部门表完全相同）；最后将程序保存为 myproj.prg，并执行该程序。

【答案】

在命令窗口中输入命令

```
use 部门
Modify structure
```

打开表设计器后，在字段选项卡最后增加一个新的字段，根据题意输入字段名、数据类型和宽度。在命令窗口中输入命令 Modify Command mypro，在程序编辑窗口中输入如下程序段：

```
Set talk off
Select 1
use 部门
Select 2
use 雇员
Select 部门
go Top
do while not eof()
  bumenhao=部门号
  Select count(部门号) From 雇员 Where 部门号=bumenhao Into array tempa
  replace 部门.人数 with tempa(1,1)
  Select 部门
  skip
enddo
Set talk on
```

在命令窗口中输入

```
  copy structure to dep
  use dep
Append From 部门
```

【解析】

本题考查的是 SQL 语句的应用，包括数据定义、数据修改和数据查询功能，设计过程中可以利用数组来存放查询结果，再利用 do while 循环语句来对表中的记录逐条更新。

★★★★★★★★★★★★★★★★★★★★★★★★★★★★★★★★★★★★★★★★★★★★★★

## 第 42 题

考生文件夹下有 ord 表和 cust 表，设计一个文件名为 myform 的表单，表单中有两个命令按钮，按钮的标题分别为"计算"和"退出"。

程序运行时，单击"计算"按钮应完成下列操作：

（1）计算 cust 表中每个订单的"总金额"（总金额为 ord 中订单号相同的所有记录的"单价"*"数量"的总和）。

（2）根据上面的计算结果，生成一个新的自由表 newtable，该表只包括"客户号"，"订单号"和"总金额"等项，并按"客户号"升序排序。

单击"退出"按钮，程序终止运行。

【答案】

（1）在 Visual FoxPro 的命令窗口内输入命令：Create Form myform，打开表单设计器。

（2）单击主菜单"显示"→"数据环境"命令，右击数据环境窗口，选择"添加"命令，在打开的对话框内选择 ord 表和 cust 表。

（3）单击表单控件工具栏上的"命令按钮"控件图标，在表单里添加两个命令按钮，设置其 Caption 属性分别为"计算"和"退出"。

（4）单击"计算"按钮，在其 Click 事件里输入下列代码：

```
Select cust.客户号,cust.订单号,sum(单价*数量) as 总金额 From cust inner join ord
on cust.订单号=ord.订单号 Group by cust.订单号 Order by cust.客户号 Into table
newtable
```

（5）双击"退出"按钮，在其 Click 事件里输入下列代码：Thisform.Release。

（6）保存表单，文件名为 myform。

表单运行结果如图所示。

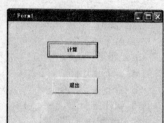

【解析】

本题考查的是表单设计。在设计表单属性时，要注意区分 Caption 属性和 Name 属性的不同，前者是一个控件的内部名称，而后者是用来显示一个标签名称的。

程序部分可以使用 inner join 来联接题目中的两个表，并对联接后的两个表进行统计操作。最后使用 SQL 语句将结果存入到新的数据表中

★★★★★★★★★★★★★★★★★★★★★★★★★★★★★★★★★★★★★★★★★★

## 第 43 题

（1）根据数据库 student 中的表"宿舍"和"学生"建立一个名为 view1 的视图，该视图包含字段"姓名"、"学号"、"系"、"宿舍"和"电话"。要求根据"学号"排序（升序）。

（2）建立一个表单，文件名为 myform，在表单上显示前面建立的视图。在表格控件下面添加一个命令按钮，标题为"退出"。单击该按钮退出表单。

【答案】

（1）打开数据库 student 设计器，单击主菜单上的"新建"图标，选择"新建视图"。

（2）将"宿舍"表和"学生"表添加到视图设计器中，在视图设计器中的"字段"选项卡中，将"可用字段"列表框中的题目中要求显示的字段添加到"选定字段"列表框中，如图所示。

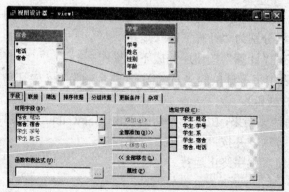

（3）在"排序依据"选项卡中将"选定字段"列表框中的学号添加到"排序条件"中，在"排序选项"中选择升序。视图以 view1 件名保存。

（4）在命令窗口内输入：Create Form myform 建立新的表单。单击主菜单"显示"→"数据环境"命令，右击数据环境窗口，选择"添加"命令，在"选定"选项内选择"视图"。如图所示。

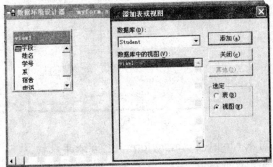

（5）在打开的对话框内 view1 视图。将视图直接拖入表单内。

（6）单击表单控件工具栏上的"命令按钮"控件图标，向表单添加一个命令按钮，选中该命令按钮，在属性对话框中将其 Caption 属性改为"退出"。双击该命令按钮，在 Click 事件中输入如下代码：Thisfrom.releas。

（7）单击工具栏上的"保存"图标，以 myform 为文件名保存表单。

表单运行结果如图所示。

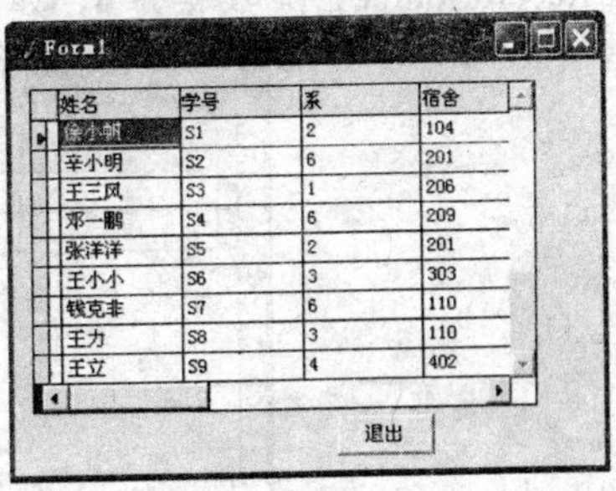

**【解析】**

本题目包括建立视图和建立表单两大步，视图的建立需在数据库设计器中进行。可使用视图向导建立视图，按照视图向导的步骤对题目中的要求进行相应设置即可。建立完毕的视图，在文件夹下并不能看到。

在表单中显示视图一个简单的方法是将视图放在数据环境中，将其从数据环境中直接拖入表单。退出表单一般使用命令 Thisform.Release。

☆☆☆☆☆☆☆☆☆☆☆☆☆☆☆☆☆☆☆☆☆☆☆☆☆☆☆☆☆☆☆☆☆☆☆☆

# 第 44 题

对考生目录下的数据库 rate 建立文件名为 myform 的表单。表单含有一个表格控件，用于显示用户查询的信息；表单上有一个按钮选项组，含有"外币"浏览，"各人持有量"和"各人资产"三个选项按钮。表单上有一个命令按钮，标题为"浏览"。

当选择"外币浏览"选项按钮并单击"浏览"按钮时，在表格中显示 hl 表的全部字段；选择"各人持有量"选项按钮并单击"浏览"按钮时，表格中显示 sl 表中的"姓名"，hl 表中的"外币名"和 sl 表中的"持有数量"；

选择"各人资产"选项按钮并单击"浏览"按钮时，表格中显示 sl 表中每个人的"总资产"（每个人拥有的所有外币中每种外币的"基准价"＊"持有数量"的总和）。

单击"退出"按钮退出表单。

界面如图所示。

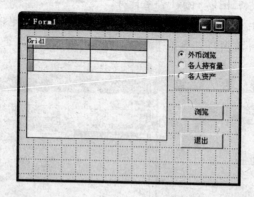

**【答案】**

（1）在命令窗口里输入 Modify Form myform，打开表单设计器。

（2）单击"显示"→"数据环境"命令，右击数据环境窗口，选择"添加"命令，在打开的对话框内选择 hl 表和 sl 表。

（3）单击表单控件工具栏上的"表格"控件图标，在表单里添加一个表格控件，设置其属性 RecordSourceType 属性为 4，如图所示。

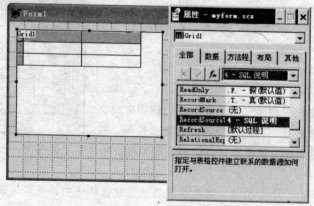

（5）单击表单控件工具栏上的"选项组按钮"控件图标，在表单里添加一个选项按钮组控件，设置其属性 ButtonCount 为 3，右键单击选项按钮组，选择"编辑"对三个按钮进行编辑。分别设置按钮的 Caption 属性为"外币浏览"，"各人持有量"和"各人资产"。

（6）单击表单控件工具栏上的"命令按钮"控件图标，向表单添加两个命令按钮。

（7）选中第一命令按钮，在属性对话框中将其 Caption 属性改为"浏览"。双击该命令按钮在 Click 事件中输入如下程序段：

```
Do case
Case Thisform.optiongroup1.Value=1
    Thisform.grid1.columncount=3
    Thisform.grid1.column1.header1.Caption="姓名"
    Thisform.grid1.column2.header1.Caption="外币代码"
    Thisform.grid1.column3.header1.Caption="持有数量"
    Thisform.grid1.RecordSourceType=4
    Thisform.grid1.RecordSource="Select * From hl Into Cursor temp"
```

```
case Thisform.optiongroup1.Value=2
     Thisform.grid1.columncount=3
     Thisform.grid1.column1.header1.Caption="姓名"
     Thisform.grid1.column2.header1.Caption="外币名称"
     Thisform.grid1.column3.header1.Caption="持有数量"
     Thisform.grid1.RecordSourceType=4
     Thisform.grid1.RecordSource="Select sl.姓名,hl.外币名称,sl.持有数量 From
hl;
     inner join sl on sl.外币代码=hl.外币代码 Order by sl.姓名 Into Cursor temp"
case Thisform.optiongroup1.Value=3
     Thisform.grid1.columncount=2
     Thisform.grid1.column1.header1.Caption="姓名"
     Thisform.grid1.column2.header1.Caption="总资产"
     Thisform.grid1.RecordSourceType=4
     Thisform.grid1.RecordSource="Select sl.姓名,sum(hl.基准价*sl.持有数量)as
总;资产 From hl inner join sl on sl.外币代码=hl.外币代码 Group by sl.姓名 order ;by
sl.姓名 Into Cursor temp"
     endcase
Thisform.refresh
```

（8）选中第二个命令按钮，在属性对话框中将其 Caption 属性改为"退出"。双击该命令按钮，在 Click 事件中输入如下程序段：

```
Thisform.Release
```

（9）单击工具栏上的"保存"图标，以 myform 保存表单。

表单运行结果如图所示。

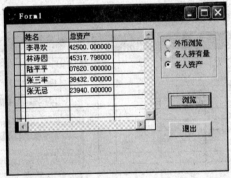

【解析】

本题考查简单表单的建立、表格控件的使用、选项按钮组的设置使用及使用 SQL 语句的多表查询。

本题中要在表格内显示不同的查询内容，因此要在选项按钮组的事件里根据需要设置其显示查询内容的两个重要属性 RecordSourceType 和 RecordSource。

选项按钮组内子控件的设置方法是右键单击选择"编辑"。

退出表单使用命令 Thisform.Release。

☆☆☆☆☆☆☆☆☆☆☆☆☆☆☆☆☆☆☆☆☆☆☆☆☆☆☆☆☆☆☆☆☆☆☆☆☆☆☆☆☆

## 第 45 题

ec 数据库中含有"购买"和"会员"两个数据库表。对 ec 数据库数据设计一个表单

myform。表单的标题为"会员购买统计"。表单左侧有标题为"请选择会员"标签和用于选择选择"会员号"的组合框以及"查询"和"退出"两个命令按钮。表单中还有 1 个表格控件。

表单运行时，用户在组合框中选择会员号，单击"查询"按钮，在表单上的表格控件显示查询该会员的"会员号"、"会员名"和所购买的商品的"总金额"。

单击"退出"按钮，关闭表单。

表单界面如图所示。

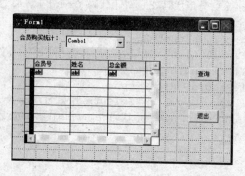

**【答案】**

（1）在 Visual FoxPro 的命令窗口内输入命令：Create Form myform，打开表单设计器。

（2）单击主菜单"显示"→"数据环境"命令，右击数据环境窗口，选择"添加"命令，在打开的对话框内选择"购买"表和"会员"表。

（3）单击表单控件工具栏上的"标签"控件图标，向表单添加一个"标签"控件，修改其 Caption 属性为"会员购买统计"，如图所示。

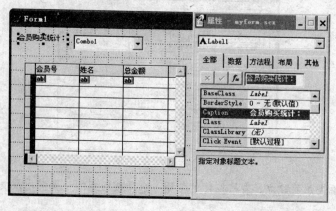

（4）单击表单控件工具栏上的"组合框按钮"控件图标，向表单添加一个组合框控件。将组合框的 RowSourceType 设置为"6-字段"，将 RowSource 设置为"会员.会员号"。

（5）单击表单控件工具栏上的"命令按钮"控件图标，向表单添加两个命令按钮。

（6）选中第一个命令按钮，在属性对话框中将其 Caption 属性改为"查询"。双击该命令按钮，在 Click 事件中输入如下代码：

```
Thisform.grid1.RecordSource="Select 会员.会员号,会员.姓名,sum(购买.单价*购;买.数量) as 总金额 From 会员 inner join 购买 on 会员.会员号=购买.会员号 Where ;会员.会员号=allt(Thisform.combo1.displayValue) Into Cursor temp"
```

（7）选中第二个命令按钮，在属性对话框中将其 Caption 属性改为"退出"。双击该命令

按钮，在 Click 事件中输入如下代码：tisfrom.release

（8）单击工具栏上的"保存"图标，以 myform 为文件名保存表单。

表单运行结果如图所示。

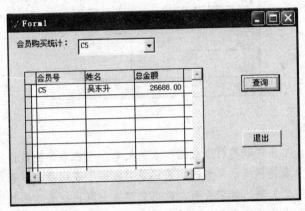

【解析】

本题考查的主要是表单控件的设计，利用表格显示数据表的查询内容。

表格显示数据，主要是通过 RecordSourceType 和 RecordSource 两个属性来实现的，并需要注意两个属性值之间的对应。本题中表格的数据源属性应该设置为"4-SQL 说明"。因此，表格数据源直接等于 SQL 查询输出的结果。

组合框要显示的是 student 表中的所有学号字段，所以先在数据环境里添加数据库三个表，并将组合框的 RowSourceType 设置为"6-字段"，将 RowSource 设置为"会员.会员号"。

★★★★★★★★★★★★★★★★★★★★★★★★★★★★★★★★★★★★★★★★

## 第 46 题

考生文件夹下存在数据库 ec，其中包含表"购买"和表"会员"，这两个表存在一对多的联系。对 ec 数据库建立文件名为 myform 的表单，其中包含两个表格控件。

第一个表格控件用于显示表"会员"的记录，第二个表格控件用于显示与表"会员"当前记录对应的"购买"表中的记录。

表单中还包含一个标题为"退出"的命令按钮，单击此按钮退出表单。

【答案】

（1）在 Visual FoxPro 的命令窗口内输入命令：Create Form myform，打开表单设计器。

（2）选择主菜单"显示"→"数据环境"命令，右击数据环境并选择"添加"命令，在打开的对话框内选择"购买"表和"会员"表（数据库中的两个表的关联已经建立）。将数据环境中的会员表和购买表依次拖入到表单中。

（3）单击表单控件工具栏上的"命令按钮"控件图标，向表单添加一个命令按钮，选中该命令按钮，在属性对话框中将其 Caption 属性改为"退出"。双击命令按钮 comp，在 Click 事件中输入如下程序段：

```
Thisform.Release
```

表单运行界面如图所示。

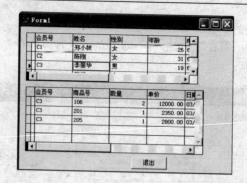

（4）保存表单。

**【解析】**

本题考查了存在一对多关联的两个数据库表的关系。当在表单的数据环境添加了这样的两个表后，表单运行时子表将只显示父亲的当前记录对应的子表记录。解答本题时注意考生文件夹中是否已经对两表建立关联，如果没有，应当先建立关联再往表单的数据环境中添加两表。添加到数据环境中的两表的关联将继续保留。

★★★★★★★★★★★★★★★★★★★★★★★★★★★★★★★★★★★★★★★★★★★★★★★★

## 第 47 题

对考生文件夹下表 kehu 和 dinghuo 完成如下操作：

（1）为表 kehu 增加一个字段，字段名为"应付款"，字段类型为"数值型"，宽度为10，小数位数为2。

（2）编写程序 myproj 统计表 dinghuo 中每个客户的费用总和，并将该值写入表 kehu 的对应客户的"应付款"字段中。

（3）运行该程序。

**【答案】**

（1）在命令窗口中输入 Modify Command myproj 建立一个程序，在程序编辑窗口中输入如下代码：

```
Select kehu.客户编号,sum(金额) as jine From dinghuo inner join kehu on dinghuo.客户编;号;kehu.客户编号 Group by kehu.客户编号 Into Cursor temp
do while not eof()
   Update kehu Set kehu.应付款=temp.jine Where kehu.客户编号=temp.客户编号
   skip
 enddo
```

单击主菜单"程序"→"运行"，运行程序。

**【解析】**

这是一类编程的题目。这种编程的题目，特别涉及到查询的题目，往往使用 SQL 语句能够很方便的处理问题。本题中需要对有关联的多个表进行查询，可使用 inner join 和 on 关键字关联多个有公共字段和公共字段值的表。

★★★★★★★★★★★★★★★★★★★★★★★★★★★★★★★★★★★★★★★★★★★★★★★☆

## 第 48 题

对考生目录下的数据库医院管理建立文件名为 myform 的表单。表单含有一个表格控件，用于显示用户查询的信息；表单上有一个按钮选项组，含有"查询药"，"查询处方"和"综合查询"三个选项按钮。表单上有两个命令按钮，标题分别为"浏览"和"退出"。

当选择"查询药"选项按钮并单击"浏览"按钮时，在表格中显示"药"表的全部字段；

选择"查询处方"选项按钮并单击"浏览"按钮，表格中显示"处方"表的字段"处方号"和"药编号"；

选择"综合查询"选项按钮并单击"浏览"按钮时，表格中显示所开处方中含有药编号为的药的处方号、药名及开此处方的医生姓名。

单击"退出"按钮退出表单。

**【答案】**

（1）在 Visual FoxPro 的命令窗口内输入命令：Create Form myform，打开表单设计器

（2）单击主菜单"显示"→"数据环境"命令，右击数据环境窗口，选择"添加"命令，在打开的对话框内选择"处方"表、"医生"表和"药"表。

（3）单击表单控件工具栏上的"选项按钮"控件图标，在表单里添加一个选项按钮组控件，设置其属性 ButtonCount 为 3，右键单击选项按钮组，选择"编辑"对三个按钮进行编辑，如图所示。

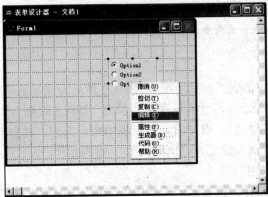

分别设置按钮的 Caption 属性为"查询药"，"查询处方"和"综合查询"。

（4）单击表单控件工具栏上的"命令按钮"控件图标，向表单添加一个"表格"控件，设置其 RecordSourceType 属性为 4-SQL 说明。

（5）单击表单控件工具栏上的"命令按钮"控件图标，向表单添加两个命令按钮。

（6）选中第一个命令按钮，在属性对话框中将其 Caption 属性改为"浏览"。双击该命令按钮在 Click 事件中输入如下程序段：

```
do case
    case Thisform.optiongroup1.Value=1
        Thisform.grid1.RecordSource="Select * From 药 Into Cursor temp"
    case Thisform.optiongroup1.Value=2
        Thisform.grid1.RecordSource="Select 处方号,药编号 From 处方 Into Cursor temp"
```

```
    case Thisform.optiongroup1.Value=3
        Thisform.grid1.RecordSource="Select 处方.处方号,药.药名,医生.姓名 From
处方 inner join 药 on 处方.药编号=药.药编号 inner join 医生 on 处方.职工号=医生.职工号
Where 药.药编号=1 Into Cursor temp"
    endcase
```

（7）选中第二个命令按钮，在属性对话框中将其 Caption 属性改为"退出"。双击该命令按钮在 Click 事件中输入如下程序段：

Thisform.Release。

（8）单击工具栏上的"保存"图标，以 myform 保存表单。

表单运行结果如图所示。

**【解析】**

本题考查简单表单的建立、表格控件的使用、选项按钮组的设置使用及使用 SQL 语句的多表查询。

本题中要在表格内显示不同的查询内容，因此要在命令按钮的 Click 事件里根据需要设置其显示查询内容的两个重要属性 RecordSourceType 和 RecordSource。

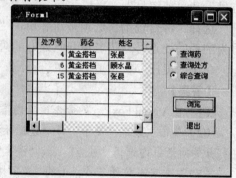

选项按钮组内子控件的设置方法是右键单击选项按钮组，然后选择"编辑"命令。

退出表单使用命令 Thisform.Release。

★★★★★★★★★★★★★★★★★★★★★★★★★★★★★★★★★★★★★★★★★★★★

# 第 49 题

对"出勤"数据库中的表"出勤情况"，建立文件名为 myform 的表单，标题为"出勤情况查看"，表单上有一个表格控件和三个命令按钮"查看未迟到"、"查看迟到"和"退出"。

单击"查看未迟到"按钮，查询出勤情况表中每个人的"姓名"、"出勤天数"和"未迟到天数"，其中"未迟到天数"为"出勤天数"减"去迟到天数"。结果在表格控件中显示，同时保存在表 table1 中。

单击"查看迟到"按钮，查询迟到天数在 1 天以上的人的所有信息，结果在表格控件中显示，同时保存在表 table2 中。

单击"退出"按钮关闭表单。

**【答案】**

（1）在 Visual FoxPro 的命令窗口内输入命令：Create Form myform，打开表单设计器，设置其 Caption 属性值为"出勤情况查看"

（2）单击主菜单"显示" → "数据环境"命令，右击数据环境窗口，选择"添加"命令，在打开的对话框内选择"出勤情况"表。

（3）单击表单控件工具栏上的"命令按钮"控件图标，向表单添加三个命令按钮

（4）选中第一个命令按钮，在属性对话框中将其 Caption 属性改为"查看未迟到"。双击该命令按钮，在 Click 事件中输入如下代码：Thisform.grid1.RecordSource="Select 姓名,出勤天数,int(val(出勤天数)-val(迟到次数)) as 未迟到天数 From 出勤情况 Into table table1"

252

（5）选中第二个命令按钮，在属性对话框中将其 Caption 属性改为"查看迟到"。双击该命令按钮，在 Click 事件中输入如下代码：Thisform.grid1.RecordSource="Select * From 出勤情况 Where int(val(迟到次数))>1into table table2"

（6）选中第三个命令按钮，在属性对对话框中将其 Caption 属性改为"退出"。双击该命令按钮，在 Click 事件中输入如下代码：Thisform.Release。

表单运行界面如图所示。

（7）保存表单。

【解析】

本题考查的主要是 SQL 语句多表及表格控件显示查询内容。表格显示查询内容主要是要设置 RecordSourceType 和 RecordSource 两个属性。

注意表中"出勤天数"和"迟到次数"两个字段的类型为字符型，所以要用 val( )函数将其转化为数值型。

★★★★★★★★★★★★★★★★★★★★★★★★★★★★★★★★★★★★★★★★★

## 第 50 题

仓库管理数据库中含有三个数据库表"订单"、"职工"和"供应商"。设计一个表单 myform，表单的标题为"仓库管理"。表单左侧有标题为"请输入订购单号"标签，和用于输入订购单号的文本框，以及"查询"和"退出"两个命令按钮和 1 个表格控件。

表单运行时，用户在组合框中选择"订购单号"（如 OR73），单击"查询"按钮，查询出对应的订购单的"供应商名"，"职工号"，"仓库号"和"订购日期"。表单的表格控件用于显示查询结果。单击"退出"按钮，关闭表单。

表单界面如图所示。

【答案】

（1）在 Visual FoxPro 的命令窗口内输入命令：Create Form myform，打开表单设计器，设置其 Caption 属性值为"仓库管理"；

（2）单击主菜单"显示"→"数据环境"命令，右击数据环境窗口，选择"添加"命令，在打开的对话框内选择"订单"、"职工"和"供应商"表。

（3）单击表单控件工具栏上的"标签"控件图标，向表单添加一个标签控件。将其 Caption 设置为"请输入订购单号"；

（4）单击表单控件工具栏上的"文本框"控件图标，向表单添加一个文本框控件。用同样的方法向表单添加一个"表格"控件，将其 RecordSourceType 设置为"4-SQL 说明"，如图所示。

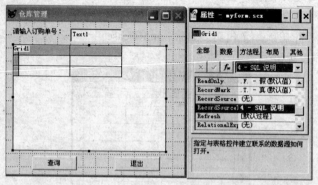

（5）单击表单控件工具栏上的"命令按钮"控件图标，向表单添加两个命令按钮。

（6）选中第一个命令按钮，在属性对话框中将其 Caption 属性改为"查询"。双击该命令按钮，在 Click 事件中输入如下代码：

Thisform.grid1.RecordSource=" Select 供应商.供应商名,职工.仓库号,订单.订购日期; From 订单 inner join 供应商 on 订单.供应商号=供应商.供应商号 inner join 职工 on; 订单.职工号=职工.职工号 Where 订购单号=allt(Thisform.text1.Value) Into Cursor; temp"

（7）选中第二个命令按钮，在属性对话框中将其 Caption 属性改为"退出"。双击该命令按钮，在 Click 事件中输入如下代码：isfrom.release

（8）单击工具栏上的"保存"图标，以 myform 为文件名保存表单。

表单运行结果如图所示。

**【解析】**

本题考查的主要是表单控件的设计，利用表格显示数据表的查询内容。

表格显示数据，主要是通过RecordSourceType 和 RecordSource 两个属性来实现的，并需要注意两个属性值之间的对应。本题中表格的数据源属性应该设置为"4-SQL 说明"。因此，表格数据源直接等于 SQL 查询输出的查询内容。

☆☆☆☆☆☆☆☆☆☆☆☆☆☆☆☆☆☆☆☆☆☆☆☆☆☆☆☆☆☆☆☆☆☆☆☆☆☆

# 第 51 题

考生文件夹下存在数据库"产品管理"，其中包含表"产品"和表"产品类型"，这两个表存在一对多的联系。建立文件名为 myform 的表单，其中包含两个表格控件。

第一个表格控件用于显示表"产品类型"的记录，第二个表格控件用于显示与"产品类型"表当前记录对应的"产品"表中的记录。

表单中还包含一个标题为"退出"的命令按钮，要求单击此按钮退出表单。

**【答案】**

（1）在 Visual FoxPro 的命令窗口内输入命令：Create Form myform，打开表单设计器，

（2）单击主菜单"显示"→"数据环境"右击，选择"添加"，在打开的对话框内选择"产品"和"产品类型"表（数据库中的两个表的关联已经建立）。如图所示。

将数据环境中的两个表拖入到表单中。

（3）单击表单控件工具栏上的"命令按钮"控件图标，向表单添加一个命令按钮，选中该命令按钮，在属性对话框中将其 Caption 属性改为"退出"。双击命令按钮 comp，在 Click 事件中输入如下程序段：

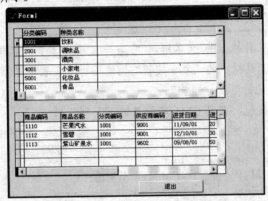

```
Thisform.Release
```

（4）保存表单。

表单运行结果如图所示。

**【解析】**

本题考查了存在一对多关联的两个数据库表的关系。当在表单的数据环境添加了这样的两个表后，表单运行时子表将只显示父亲的当前记录对应的子表记录。解答本题时注意考生文件夹中是否已经对两表建立关联，如果没有，应当先建立关联再往表单的数据环境中添加两表。添加到数据环境中的两表的关联将继续保留。

★★★★★★★★★★★★★★★★★★★★★★★★★★★★★★★★★★★

# 第 52 题

设计文件名为 myform 的表单。表单的标题设为"产品类型统计"。表单中有一个组合框、两个文本框和两个命令按钮，标题分别为"统计"和"退出"。

运行表单时，组合框中有产品类型"分类编码"可供选择，在做出选择以后，单击"统计"命令按钮，则第一个文本框显示出"产品类型"名称，第二个文本框中显示出"产品"表中拥有这种产品类型产品的记录数。

单击"退出"按钮关闭表单。

**【答案】**

（1）在命令窗口内输入：Create Form myform 建立新的表单，修改其 Caption 属性为"产品类型统计"。

（2）单击主菜单"显示"→"数据环境"，右击数据环境窗口，选择"添加"命令，在打开的对话框内选择"产品"表和"产品类型"表。

（3）单击表单控件工具栏上的"组合框"控件图标，在表单中添加一个组合框控件，设置设置组合框的 RowSourceType 属性为"字段"，设置其 SourceType 属性为"产品类型.分类编码"，如图所示。

（4）单击表单控件工具栏上的"文本框，在表单里添加 2 个文本框。

（5）单击表单控件工具栏上的"命令按钮"控件图标，在表单里添加两个命令按钮，设置其 Caption 属性分别为"统计"和"退出"。

（6）双击"统计"按钮，在其 Click 事件里输入下列代码：

```
Select 种类名称 From 产品类型 Where 分类编码
=allt(Thisform.combo1.displayValue); Into array temp
Thisform.text1.Value=temp(1,1)
Select count(商品编码) From 产品 Where 分类编;
码=allt(Thisform.combo1.displayValue) Into array temp2
Thisform.text2.Value=temp2(1,1)
```

（7）双击"退出"按钮，在其 Click 事件里输入下列代码：

```
Thisform.Release
```

（8）保存表单，文件名为 myform。

表单运行界面如图所示。

【解析】

本题考查的是简单表单的建立和 SQL 查询语句的使用。

本题的特殊之处在于查询条件与组合框的值的结合，即在 where 语句中使用表字段名与组合框值是否相等的判断。

☆☆☆☆☆☆☆☆☆☆☆☆☆☆☆☆☆☆☆☆☆☆☆☆☆☆☆☆☆☆☆☆☆☆☆☆☆☆☆☆☆☆

# 第 53 题

在考生文件夹下有"职员管理"数据库 staff，数据库中有 YUANGONG 表和 ZHICHENG 表，编写并运行符合下列要求的程序：

设计一个名为 mymenu 的菜单，菜单中有两个菜单项"计算"和"退出"。程序运行时，单击"计算"菜单项应完成下列操作：在表 yuangong 中增加一新的字段：新工资 N(10.2)。

然后计算 YUANGONG 表的"新工资"字段，方法是根据 ZHICHENG 表中相应职称的增加百分比来计算：新工资=工资*(1+增加百分比/100)。单击"退出"菜单项对应命令 SET SYSMENU TO DEFAULT，使之可以返回到系统菜单，程序终止运行。

【答案】

（1）在命令窗口中输入命令：Create Menu mymenu，单击"菜单"图标按钮。按题目要求输入主菜单名称"计算"和"退出"。

（2）在"计算"菜单项的结果下拉列表中选择"过程"，单击"编辑"按钮，在程序编辑窗口中输入：

```
SET TALK OFF
USE ZHICHENG IN 2
USE YUANGONG IN 1
ALTER TABLE YUANGONG ADD 新工资 N(7,2)
SELECT 2
DO WHILE NOT EOF()
SELECT 1
UPDATE YUANGONG SET 新工资=工资*(1+(ZHICHENG.增加百分比/100));
    WHERE YUANGONG.职称代码=ZHICHENG.职称代码
    SELECT 2
    SKIP
ENDDO
SET TALK ON
```

（3）在"退出"菜单项的结果下拉列表中选择"命令"，在命令编辑窗口中输入：Set SysMenu to Default.。

菜单界面如图所示。

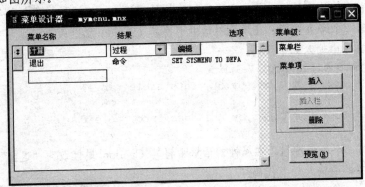

（4）选择菜单命令"菜单"→"生成"。

【解析】

本题考查了菜单的设计和功能代码的编写。注意"计算"菜单项的结果下拉框中应该选择"过程"。

在菜单命令的过程设计中，正确使用 SQL 语句进行数据定义和数据更新。利用 do while 循环语句来执行每条记录的新工资字段的内容的插入。

☆☆☆☆☆☆☆☆☆☆☆☆☆☆☆☆☆☆☆☆☆☆☆☆☆☆☆☆☆☆☆☆☆☆☆☆☆☆☆☆☆☆

## 第 54 题

设计文件名为 myform 的表单。表单的标题为"积分排序"。表单中有一个选项组控件和两个命令按钮"排序"和"退出"。其中，选项组控件有两个按钮"升序"和"降序"。

表单运行时，在选项组控件中选择"升序"或"降序"。单击"排序"命令按钮后，按照"升序"或"降序"(根据选择的选项组控件)将"积分"表按"积分"升序或降序排序后存入表 table1 或表 table2 中。单击"退出"按钮关闭表单。

【答案】

（1）在命令窗口内输入命令：Create Form myform，打开表单设计器，设置其 Caption 属性值为"积分排序"；

（2）单击主菜单"显示"→"数据环境"命令，右击数据环境窗口，选择"添加"命令，在打开的对话框内选择"积分"表。

（3）单击表单控件工具栏上的"选项按钮"控件图标，在表单里添加一个选项按钮组控件，设置其属性 ButtonCount 为 2，右键单击选项按钮组，选择"编辑"对两个按钮进行编辑。分别设置按钮的 Caption 属性为"升序"和"降序"，如图所示。

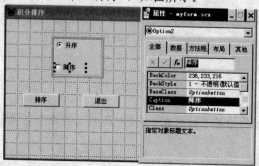

（4）单击表单控件工具栏上的"命令按钮"控件图标，向表单添加两个命令按钮

（5）选中第一个命令按钮，在属性对话框中将其 Caption 属性改为"排序"。双击该命令按钮，在 Click 事件中输入如下代码：

```
if Thisform.optiongroup1.Value=1
    Select * From 积分 Order by 积分 Into table table1
else
    Select * From 积分 Order by 积分 desc Into table table2
endif
```

（6）选中第二个命令按钮，在属性对话框中将其 Caption 属性改为"退出"。双击该命令按钮，在 Click 事件中输入如下代码：

Thisfrom.release

（7）单击工具栏上的"保存"图标，以 myform 为文件名保存表单。

表单运行结果如图所示。

【解析】

本题考查了表单的设计。在设计控件属性时，注意区分控件的 Name 属性和 Caption 属性。

程序部分因为只需判断选项按钮组中的两个按钮选择了哪个，所以可使用 if/else/endif 的判断选择语句，每个分支中包含一个相应的 SQL 查询排序语句。

降序排序要使用关键字 Desc。

☆☆☆☆☆☆☆☆☆☆☆☆☆☆☆☆☆☆☆☆☆☆☆☆☆☆☆☆☆☆☆☆☆☆☆☆☆☆☆☆☆☆

## 第 55 题

在考生文件夹下，对"支出"数据库完成如下综合应用：

（1）建立一个名称为 myview 的视图，查询结果中包括"工资"字段和"日常支出"表中的全部字段。

（2）设计一个名称为 myform 的表单，表单上设计一个页框，页框有"视图"和"表"两个选项卡，在表单的右下角有一个"退出"命令按钮。要求如下：

1) 表单的标题为"支出浏览"；
2) 单击选项卡"视图""时，在选项卡中使用表"方式显示 myview 视图中的记录
3) 单击选项卡"表"时，在选项卡中使用"表格"方式显示表日常支出的记录
4) 单击"退出"命令按钮时，关闭表单。

**【答案】**

（1）打开数据库"支出"设计器，单击主菜单上的"新建"图标，选择"新建视图"。

（2）将"日常支出"和"基本情况"表添加到视图设计器中，

（3）在视图设计器中的"字段"选项卡中，将"可用字段"列表框中题目要求显示的字段全部添加到"选定字段"列表框中。

（4）将视图以 myview 件名保存。

（5）在命令窗口内输入：Create Form myform 建立新的表单。

（6）单击主菜单"显示"→"数据环境"命令，右击数据环境窗口，选择"添加"命令，在打开的对话框内选择日常支出表和 myview 视图，如图所示。

（7）在表单里添加一个页框控件，设置其属性 PageCount 为 2，右键单击页框，选择"编辑"对两个页面进行编辑。分别设置页面的 Caption 属性为"视图"和"表"。将数据环境里的一个表和一个视图分别拖入对应页面中。

（8）单击表单控件工具栏上的"命令按钮"控件图标，向表单添加一个命令按钮，选中该命令按钮，在属性对话框中将其 Caption 属性改为"退出"。双击该命令按钮，在其 Click 事件中添加如下代码：

```
Thisform.Release
```

（8）保存表单。

表单运行结果如图所示。

**【解析】**

本题考查的主要是简单视图的建立和页框控件的使用。

表单的数据环境中不但可以添加数据表，还可以添加视图。

在页面中显示视图和表的一个简单的方法是将表和视图直接从数据环境拖入页面中。

☆☆☆☆☆☆☆☆☆☆☆☆☆☆☆☆☆☆☆☆☆☆☆☆☆☆☆☆☆☆☆☆☆☆☆☆☆☆

## 第 56 题

设计名为mystock的表单（控件名，文件名均为mystock）。表单的标题为"股票持有情况"。表单中有两个文本框（text1和text2）和两个命令按钮"查询"和"退出"。

运行表单时，在文本框text1中输入某一股票的汉语拼音，单击"查询"，则text2中会显示出相应股票的持有数量。

单击"退出"按钮关闭表单。

**【答案】**

（1）在 Visual FoxPro 的命令窗口内输入命令：Create Form mystock，打开表单设计器，在属性面板中设置其 Caption 属性为"外币市值情况"，Name 属性为 mystock。

（2）单击主菜单"显示"→"数据环境"命令，右击数据环境窗口，选择"添加"命令，选择 name 表和 sl 表。

（3）单击表单件工具栏上的"命令按钮"控件图标，在表单里添加两个命令按钮，设置其 Caption 属性分别为"查询"和"退出"。

（4）双击查询按钮，在其 Click 事件里输入下列代码：

```
SELECT sl.持有数量 ;
FROM  name INNER JOIN sl ;
ON  name.股票代码 = sl.股票代码 ;
WHERE name.汉语拼音 = alltrim(Thisform.text1.Value);
INTO ARRAY TEMP
THISFORM.TEXT2.VALUE=TEMP
```

（5）双击"关闭"按钮，在其 Click 事件里输入下列代码：

```
Thisform.Release
```

（6）保存表单。表单运行界面如图所示。

**【解析】**

本题考查了表单的建立及表单控件的属性设置。

在设计控件属性时，注意区分控件的标题（Caption）和名称（Name），前者是用来显示的一个标签名称，而后者是该控件的一个内部名称。

在程序设计部分，可将查询结果存放到一个数组中，通过文本框的 Value 属性显示查询结果。

★★★★★★★★★★★★★★★★★★★★★★★★★★★★★★★★★★★★★★★★★★★★★★★

## 第 57 题

对数据库 salarydb 设计一个文件名为 myform 的表单，上面有"调整"和"退出"两个命令按钮。

单击"调整"命令按钮时，利用"工资调整"表 c_salary1 的"工资"，对 salarys 表的"工资"进行调整（请注意：按"雇员号"相同进行调整，并且只是部分雇员的工资进行了调整，其他雇员的工资不动）。最后将 salarys 表中的记录存储到 od_new 表中（表结构与 salarys 表完全相同）。

单击"退出"命令按钮时，关闭表单。

**【答案】**

（1）在 Visual FoxPro 的命令窗口内输入命令：Create Form myform，打开表单设计器，单击主菜单"显示"→"数据环境"命令，右击数据环境窗口，选择"添加"命令，选择 c_salary1 表和 salarys 表，如图所示。

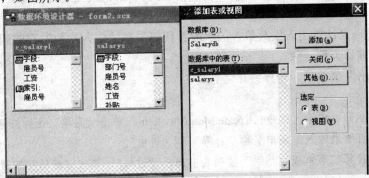

（2）单击表单件工具栏上的"命令按钮"控件图标，在表单里添加两个命令按钮，设置其 Caption 属性分别为"调整"和"退出"。

（3）双击"调整"按钮，在其 Click 事件里输入下列代码：

```
SET TALK OFF
SET SAFETY OFF
Select C_SALARY1
DO WHILE NOT EOF()
    UPDATE SALARYS SET 工资=C_SALARY1.工资;
    WHERE 雇员号=C_SALARY1.雇员号
    SKIP
ENDDO
SELECT * FROM SALARYS INTO TABLE OD_NEW
CLOSE ALL
SET TALK ON
SET SAFETY ON
```

（4）双击"退出"按钮，在其 Click 事件里输入下列代码：Thisform.Release

261

（5）保存表单，文件名为 myform。

表单运行结果如图所示。

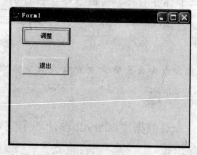

**【解析】**

将表添加到表单是数据环境中，在表单的控件的事件中可直接调用表，而不必关心表的存储位置。

在编写调整按钮的 Click 事件时，可用 do while 循环语句遍历 c_salary1 表，根据表中的每一条记录的雇员号更新 salarys 表中相同雇员号的记录的工资值。

将表 salarys 中的值输入到新表中可使用 select * From salarys Into table newtablename。

★★★★★★★★★★★★★★★★★★★★★★★★★★★★★★★★★★★★★★★★★★★

## 第 58 题

在考生文件夹下有股票管理数据库stock，数据库中有mm表，mm表中一只股票对应多个记录，请编写并运行符合下列要求的程序：

（1）设计一个名为stock_m菜单，菜单中有两个菜单项"计算"和"退出"。程序运行时，单击"计算"菜单项应完成的操作是计算每支股票的买入次数和(买入时的)最高价，存入cs表中，买卖标记.T.（表示买进）（注意：cs表中的记录按股票代码从小到大的物理顺序存放）。

（2）根据cs表计算买入次数最多的"股票代码"和"买入次数"存储到的x表中(与cs表对应字段名称和类型一致)。

单击"退出"菜单项，程序终止运行。

**【答案】**

（1）在命令窗口中输入命令：Create Menu stock_m，单击"菜单"图标按钮。

（2）按题目要求输入主菜单名称"计算"和"退出"。

（3）在"计算"菜单项的结果下拉列表中选择"过程"，单击"编辑"按钮，在程序编辑窗口中输入：

```
SET TALK OFF
SET SAFETY OFF
OPEN DATABASE STOCK
SELECT 股票代码,COUNT(*) AS 买入次数,MAX(单价) AS 最高价;
FROM MM;
WHERE 买卖标记;
GROUP BY 股票代码;
ORDER BY 股票代码;
INTO table cs
SELECT * TOP 1 FROM cs ORDER BY 买入次数 DESC INTO TABLE X
SET SAFETY ON
SET TALK ON
```

（4）在"退出"菜单项的结果下拉列表中选择"命令"，在命令编辑窗口中输入：Set SysMenu to Default.。

菜单界面如图所示。

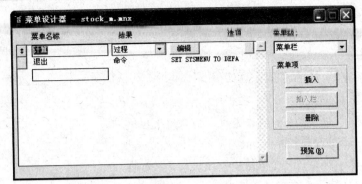

（5）选择菜单命令"菜单"→"生成"。

**【解析】**

在设计"计算"菜单的过程中代码时，使用 Group by 股票代码语句实现对 mm 表中各类股票分类操作。

使用 count 函数统计股票买卖次数，max（单价）函数求单价的最大值。

按股票代码排序使用关键字 Order by 股票代码，

将查询结果存入表中使用语句 into table tablename。

查询 Cs 表中按买入次数降序排序后的第一条记录可使用语句：Select * Top 1 。

☆☆☆☆☆☆☆☆☆☆☆☆☆☆☆☆☆☆☆☆☆☆☆☆☆☆☆☆☆☆☆☆☆☆☆

## 第 59 题

设计一个表单名和文件名均为myform的表单，表单的标题为"外币市值情况"。表单中有两个文本框（text1和text2）和两个命令按钮"查询"和"退出"。

运行表单时，在文本框 text1 中输入某人的姓名，单击"查询"，则 text2 中会显示出他所持有的全部外币相当于人民币的价值数量。注意：某种外币相当于人民币数量的计算公式：人民币价值数量=该种外币的"现钞买入价"×该种外币"持有数量"。

单击"退出"按钮时关闭表单。

**【答案】**

（1）在 Visual FoxPro 的命令窗口内输入命令：Create Form myform，打开表单设计器，在属性面板中设置其 Caption 属性为"外币市值情况"。

（2）单击主菜单"显示"→"数据环境"命令，右击数据环境窗口，选择"添加"命令，选择 hl 表和 sl 表。

（3）单击表单件工具栏上的"命令按钮"控件图标，在表单里添加两个命令按钮，设置其 Caption 属性分别为"查询"和"退出"。

（4）双击"查询"按钮，在其 Click 事件里输入下列代码：

```
SELECT hl.现钞买入价 * sl.持有数量;
    FROM  sl INNER JOIN hl;
    ON  sl.外币代码 = hl.外币代码;
    WHERE sl.姓名 =ALLTRIM(THISFORM.text1.VALUE);
    GROUP BY sl.姓名;
    INTO  ARRAY shuliang
THISFORM.text2.VALUE=shuliang
```

263

（5）双击"退出"按钮，在其 Click 事件里输入下列代码：Thisform.Release。

表单运行界面如图所示。

（6）保存表单。

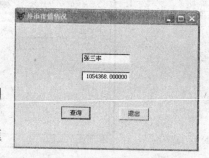

【解析】

本题考查的是表单设计。

程序设计部分是一个简单的联接查询，注意用来控制文本框中数据的一个重要属性是 Value。

SQL 查询结果可存放到一个数组中，通过设置文本框的 Value 属性将查询结果显示到文本框中。

★★★★★★★★★★★★★★★★★★★★★★★★★★★★★★★★★★★★★★★★★★★

# 第 60 题

考生文件夹下有学生管理数据库student,数据库中有score表。表的前五个字段已有数据。

请编写并运行符合下列要求的程序：

设计一个名为form_stu的表单，表单中有两个命令按钮，按钮的名称分别为cmdYes和cmdNo，标题分别为"计算"和"关闭"。

程序运行时，单击"计算"按钮应完成下列操作

（1）计算每一个学生的总成绩。总成绩的计算方法是：考试成绩+加分，加分的规则是：如果该生是少数民族(相应数据字段为.T.)加分5分，优秀干部加分10分，三好生加分20分，加分不累计，取最高的 。例如,如果该生既是少数民族又是三好生，加分为20分。如果都不是，总成绩=考试成绩

（2）根据上面的计算结果，生成一个新的自由表ZCJ，该表只包括"学号"和"总成绩"两项，并按"总成绩"的升序排序，如果"总成"绩相等，则按"学号"的升序排序。

单击"关闭"按钮，程序终止运行。

【答案】

（1）在 Visual FoxPro 的命令窗口内输入命令：Create Form myform，打开表单设计器，右击表单，选择"数据环境"，如图所示。

选择 score 表。

（2）单击表单件工具栏上的"命令按钮"控件图标，在表单里添加两个命令按钮，设置其 Caption 属性分别为"计算"和"关闭"。

（3）双击"计算"按钮，在其 Click 事件里输入下列代码：

```
SET TALK OFF
    Select SCORE
    go Top
    DO WHILE NOT EOF()
        STORE 0 TO JF
        DO CASE
            CASE 三好生
```

```
            JF=20
    CASE 优秀干部
            JF=10
    CASE 少数民族
            JF=5
    OTHERWISE
            JF=0
    ENDCASE
    REPLACE 总成绩 WITH 考试成绩+JF
    SKIP
ENDDO
SELECT 学号,总成绩 FROM SCORE ORDER BY 总成绩,学号;
INTO TABLE ZCJ
SET TALK ON
```

（4）双击"关闭"按钮，在其 Click 事件里输入下列代码：Thisform.Release。

（5）保存表单，文件名为 myform。

【解析】

本题考查表单的设计。

在表单的数据环境中添加表，在表单的控件中可以使用 select tablename 直接调用表，而无须也不能再使用 use tablename 打开表。

程序部分可使用一个 do 循环来依次浏览表中的记录，再使用分支语句对每条记录进行判断加分统计。

最后使用 SQL 语句的 into table tablename 等查询去向语句将查询结果存入到新的数据表中。

☆☆☆☆☆☆☆☆☆☆☆☆☆☆☆☆☆☆☆☆☆☆☆☆☆☆☆☆☆☆☆☆☆☆☆☆☆☆☆☆☆☆☆

## 第 61 题

考生文件夹下存在数据库 spxs，其中包含表 bm 和表 xs，这两个表存在一对多的联系。对数据库建立文件名为 myform 的表单，其中包含两个表格控件。

第一个表格控件用于显示表 bm 的记录，第二个表格控件用于显示与表 bm 当前记录对应的 xs 表中的记录。

表单中还包含一个标题为"退出"的命令按钮，要求单击此按钮退出表单

【答案】

（1）在 Visual FoxPro 的命令窗口内输入命令：Create Form myform，打开表单设计器，设置其 Caption 属性值为"部门销售"；

（2）单击主菜单"显示"→"数据环境"右击，选择"添加"，在打开的对话框内选择 bm 表和 xs 表（数据库中的两个表的关联已经建立）。将数据环境中的两个表依次拖入到表单中。

（3）单击表单控件工具栏上的"命令按钮"控件图标，向表单添加一个命令按钮，选中该命令按钮，在属性对话框中将其 Caption 属性改为"退出"。

（4）双击命令按钮"退出"，在 Click 事件中输入如下程序段：

```
Thisform.Release
```

表单运行界面如图所示。

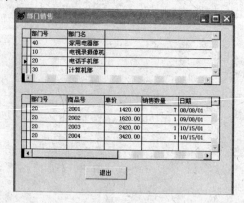

（5）保存表单。

**【解析】**

本题考查了存在一对多关联的两个数据库表的关系。当在表单的数据环境添加了这样的两个表后，表单运行时子表将只显示父亲的当前记录对应的子表记录。解答本题时注意考生文件夹中是否已经对两表建立关联，如果没有，应当先建立关联再往表单的数据环境中添加两表。添加到数据环境中的两表的关联将继续保留。

✮✮✮✮✮✮✮✮✮✮✮✮✮✮✮✮✮✮✮✮✮✮✮✮✮✮✮✮✮✮✮✮✮✮✮✮✮✮✮✮✮✮✮✮✮✮✮✮✮✮✮

## 第 62 题

对考生文件夹下的数据库"图书借阅"中的表完成如下操作：

（1）为表 loans 增加一个字段"姓名"，字段类型为"字符型"，宽度为 8。

编写程序 myprog 完成以下两小题：

（2）根据 borrows 表的内容填写表 loans 中"姓名"的字段值。

（3）查询表 loans 中 02 年 3 月 20 日的借书记录,并将查询结果输入表 newtable 中。

（4）运行该程序。

**【答案】**

在表结构设计器中为表添加一个新的字段。在命令窗口中输入：Modify Command myprog 建立一个程序，在程序编辑窗口中输入

```
Set talk off
Select 借书证号,姓名 From borrows Into Cursor temp
do while not eof()
   Update loans Set loans.姓名=temp.姓名 Where loans.借书证号=temp.借书证号
   skip
enddo
Select * From loans Where 借书日期={^2002-03-20} Into table newtable
Set talk on
```

单击主菜单"程序" → "运行"，运行程序。

**【解析】**

这是一类编程的题目。这种编程的题目，特别涉及到查询的题目，往往使用 SQL 语句能够过程方便的处理问题。本题可先使用 SQL 语句查询出 borrows 中的图书证号和姓名,并将结果保

存在临时表中。使用 do while 循环遍历临时表，用临时表中的字段值更新 loans 表。

★★★★★★★★★★★★★★★★★★★★★★★★★★★★★★★★★★★★★★★★★★★

### 第 63 题

对考生目录下的数据库"学籍"建立文件名为 myform 的表单。表单含有一个表格控件，用于显示用户查询的信息；表单上有一个按钮选项组，含有"课程"、"学生"和"综合"三个选项按钮。表单上有两个命令按钮，标题为"浏览"和"退出"。

选择"课程"选项按钮并单击"浏览"按钮时，在表格中显示"课程"表的全部字段；

选择"学生"选项按钮并单击"浏览"按钮时，表格中显示"学生"表的字段"学号"和"姓名"；

选择"综合"选项按钮并单击"浏览"按钮时，表格中显示"姓名"、"课程号"及该生该门课的"成绩"。

单击"退出"按钮退出表单。表单界面如图所示。

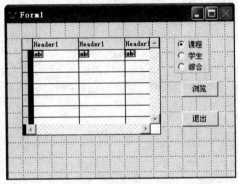

【答案】

（1）在 Visual FoxPro 的命令窗口内输入命令：Create Form myform 打开表单设计器。

（2）单击主菜单"显示"→"数据环境"命令，右击数据环境窗口，选择"添加"命令，在打开的对话框内选择课程表、学生表和选课表。

（3）单击表单控件工具栏上的"表格"控件图标，向表单添加一个"表格"控件，在属性面板里修改其 RecordSourceType 属性为"4-SQL 说明"。

（4）单击表单控件工具栏上的"选项按钮"控件图标，在表单里添加一个选项按钮组控件，设置其属性 ButtonCount 为 3，右键单击选项按钮组，选择"编辑"对三个按钮进行编辑。分别设置按钮的 Caption 属性为"课程"，"学生"和"综合"，如图所示。

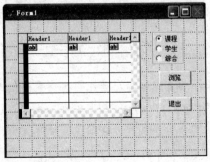

（5）单击表单控件工具栏上的"命令按钮"控件图标，向表单添加两个命令按钮。

（6）选中第一个命令按钮，在属性对话框中将其 Caption 属性改为"浏览"。双击该命令按钮在 Click 事件中输入如下程序段：

```
do case
    case Thisform.optiongroup1.Value=1
        Thisform.grid1.columncount=2
        Thisform.grid1.column1.header1.Caption="课程号"
        Thisform.grid1.column2.header1.Caption="课程名称"
        Thisform.grid1.RecordSource="Select * From 课程 Into Cursor temp"
    case Thisform.optiongroup1.Value=2
        Thisform.grid1.columncount=2
        Thisform.grid1.column1.header1.Caption="学号"
        Thisform.grid1.column2.header1.Caption="姓名"
        Thisform.grid1.RecordSource="Select 学号,姓名 From 学生 Into Cursor
temp"
    case Thisform.optiongroup1.Value=3
        Thisform.grid1.columncount=3
        Thisform.grid1.column1.header1.Caption="姓名"
        Thisform.grid1.column2.header1.Caption="课程名称"
        Thisform.grid1.column3.header1.Caption="成绩"
        Thisform.grid1.RecordSource="Select 学生.姓名,课程.课程名称,选课.成绩
From 选课 inner join 学生 on 选课.学号=学生.学号 inner join 课程 on 选课.课程号=课程.课
程号 Into Cursor temp"
    endcase
```

（7）选中第二个命令按钮，在属性对话框中将其 Caption 属性改为"退出"。双击该命令按钮在 Click 事件中输入如下程序段：

```
Thisform.Release
```

（8）单击工具栏上的"保存"图标，以 myform 保存表单。

表单运行结果如图所示。

【解析】

本题考查简单表单的建立、表格控件的使用、选项按钮组的设置使用及使用 SQL 语句的多表查询。

本题中要在表格内显示不同的查询内容，因此要在选项按钮组的事件里根据需要设置其显示查询内容的两个重要属性 RecordSourceType 和 RecordSource。

选项按钮组内子控件的设置方法是右键单击选择"编辑"。退出表单使用命令
Thisform.Release

☆★☆★☆★☆★☆★☆★☆★☆★☆★☆★☆★☆★☆★☆★☆★☆★☆★☆★

## 第 64 题

对学籍数据库中的表课程、学生和成绩，建立文件名为 myform 的表单，标题为"学籍浏览"，表单上有三个命令按钮"查询成绩"、"平均成绩"和"退出"。

单击"查询成绩"按钮，查询"建筑系"所有学生的"考试成绩"，结果中含"学号"、"课程编号"和"成绩"等字段，查询结果保存在表 table1 中。

单击"平均成绩"按钮，查询"成绩"表中各人的"平均成绩"，结果中包括字段"姓名"、"课程名称"和"平均成绩"，查询结果保存在表 table2 中。。

单击"退出"按钮关闭表单。

【答案】

（1）在 Visual FoxPro 的命令窗口内输入命令：Create Form myform，打开表单设计器，设置其 Caption 属性值为"学籍浏览"

（2）单击主菜单"显示"→"数据环境"命令，右击数据环境窗口，选择"添加"命令，在打开的对话框内选择"课程"表、"学生"表和"成绩"表。

（3）单击表单控件工具栏上的"命令按钮"控件图标，向表单添加三个命令按钮

（4）选中第一个命令按钮，在属性对话框中将其 Caption 属性改为"查询成绩"。双击该命令按钮，在 Click 事件中输入如下代码：

```
Select 成绩.* From 成绩 inner join 学生 on 成绩.学号=学生.学号 Where 学生.院系=;"
建筑" Into table table1
```

（5）选中第二个命令按钮，在属性对话框中将其 Caption 属性改为"平均成绩"。双击该命令按钮，在 Click 事件中输入如下代码：

```
Select 学生.姓名,课程.课程名称,avg(成绩.成绩) as 平均成绩 From 成绩 inner join; 学
生 on 成绩.学号=学生.学号 inner join 课程 on 成绩.课程编号=课程.课程编号 group; by 成绩.
学号 Into table table2
```

（6）选中第三个命令按钮，在属性对话框中将其 Caption 属性改为"退出"。双击该命令按钮，在 Click 事件中输入如下代码：Thisform.Release。

（7）保存表单。

表单运行结果如图所示。

【解析】

本题考查的主要是 SQL 语句多表及表格控件显示查询内容。在书写 SQL 语句时，可以使用 table1 inner join table2 on table1.column = table2.column inner join table3 on * table1.column = table3.column。

表格的 RecordSourceType 设置为"4--SQL 说明"。

☆★☆★☆★☆★☆★☆★☆★☆★☆★☆★☆★☆★☆★☆★☆★☆★☆★☆★

## 第 65 题

在考生文件夹下，对"学籍"数据库完成如下综合应用。

（1）建立一个名称为视图 1 的视图，查询成绩表中每个人的"姓名"、"学号"、"课程号"和"成绩"，并按"学号"升序排序。

（2）设计一个名称为 myform 的表单，表单上设计一个页框，页框有"视图"和"表"两个选项卡，在表单的右下角有一个"退出"命令按钮。要求如下：

1）表单的标题名称为"成绩查看"。

2）单击选项卡"视图"时，在选项卡中使用表格方式显示"视图 1"中的记录。

3）单击选项卡"表"选项卡时，在选项卡中使用表格方式显示"成绩"表中的记录。

4）单击"退出"命令按钮时，关闭表单。

**【答案】**

（1）打开数据库学籍设计器，单击主菜单上的"新建"图标，选择"新建视图"。

（2）将"课程"表、"学生"表和"成绩"表添加到视图设计器中。

（3）在视图设计器中的"字段"选项卡中，将"可用字段"列表框中题目要求显示的字段全部添加到"选定字段"列表框中。

（4）在"排序依据"选项卡中将"选定字段"列表框中的"学生.学号"添加到"排序条件"中，在"排序选项"中选择升序，如图所示。

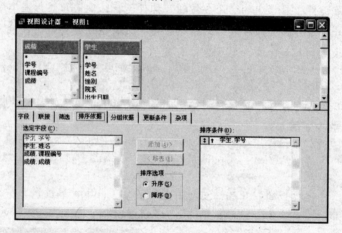

（5）视图以"视图 1"为文件名保存。

（6）在命令窗口内输入：Create Form myform 建立新的表单。

（7）单击主菜单"显示"→"数据环境"命令，右击数据环境窗口，选择"添加"命令，在打开的对话框内选择"学生"表"和"视图 1"视图。

（8）在表单里添加一个页框控件，设置其属性 PageCount 为 2，右键单击页框，选择"编辑"对两个页面进行编辑。分别设置页面的 Caption 属性为"视图"和"表"。将数据环境里的一个表和一个视图分别拖入对应页面中。

（9）单击表单控件工具栏上的"命令按钮"控件图标，向表单添加一个命令按钮，选中该命令按钮，在属性对话框中将其 Caption 属性改为"退出"。双击该命令按钮，在其 Click 事件中输入：Thisform.Release。

（10）保存表单。

表单运行结果如图所示。

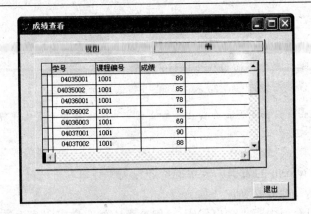

**【解析】**

本题考查的主要是视图和表单控件的设计，页框属于容器控件，一个页框中可以继续包含其他控件，使页框处于编辑状态下才可以对页框中包含的控件进行编辑。

✦✦✦✦✦✦✦✦✦✦✦✦✦✦✦✦✦✦✦✦✦✦✦✦✦✦✦✦✦✦✦✦✦✦✦✦✦✦✦✦✦✦✦✦✦✦✦✦

# 第 66 题

在考生文件夹下有 rate 数据库，数据库中有 hl 表和 sl 表。设计一个名为 mymenu 的菜单，菜单中有两个菜单项"计算"和"退出"。

程序运行时，单击"计算"菜单项应完成下列操作：查询出 sl 表中每个人拥有的外币的"代码"，"名称"，"数量"，"现价"，"买入价"，"基准价"，"净赚"（净赚等于现价减去买入价乘以数量）和"现值"（现值等于基准价乘以数量），查询结果按姓名升序排列，并将查询结果存入表 mytable 中。

单击"退出"菜单项，程序终止运行，退出菜单。

**【答案】**

（1）在命令窗口中输入 Create Menu mymenu，新建菜单。

（2）在菜单设计器中输入菜单项"计算"和"退出"。

（3）选择"计算"菜单项的结构类型为过程，单击"编辑"按钮，在过程编辑窗口中输入：

```
Select sl.姓名,sl.外币代码,hl.外币名称,sl.持有数量,hl.现钞买入价,hl.现钞卖出;价,hl.
基准价,(hl.现钞卖出价-hl.现钞买入价)*sl.持有数量 as 净赚,hl.基准价*sl.持;有数量 as 现值
From hl inner join sl on hl.外币代码=sl.外币代码 Order by sl.姓名。
```

（4）选择"退出"菜单项的结果类型为"命令"，在命令编辑框中输入：Set SysMenu to Default。

菜单界面如图所示。

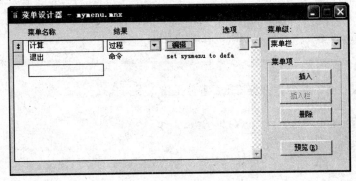

**【解析】**

本题考查了菜单的设计和多表查询。注意菜单设计器中菜单项结果的选择：命令与过程的区别在于命令是输入单行命令，而过程可以输入多行代码。

程序设计中，可以使用程序控制结果，如循环和选择分支等等。

☆☆☆☆☆☆☆☆☆☆☆☆☆☆☆☆☆☆☆☆☆☆☆☆☆☆☆☆☆☆☆☆☆☆☆☆☆☆☆☆☆

## 第 67 题

设计文件名为 myform 的表单。表单的标题设为"订单客户统计"。表单中有一个组合框、一个文本框和两个命令按钮。

运行表单时，组合框中有"客户代码"（组合框中的客户代码不重复）可供选择，在组合框中选择"客户代码"后，如果单击"统计"命令按钮，则文本框显示出该客户的定货记录数。

单击"退出"按钮关闭表单。

**【答案】**

（1）在命令窗口内输入：Create Form myform 建立新的表单。

（2）单击"显示"→"数据环境"命令，右击数据环境窗口，选择"添加"命令，在打开的对话框内选择 list 表。

（3）单击表单控件工具栏上的"组合框"控件图标，在表单中添加一个组合框控件。

（4）单击表单控件工具栏上的"文本框"图标按钮，在表单里添加一个文本框。

（5）单击表单控件工具栏上的"命令按钮"控件图标，在表单里添加两个命令按钮，设置其 Caption 属性分别为"统计"和"退出"。如图所示。

（6）双击表单，在其 init 事件中添加如下代码：

```
Select 客户号 distinct From list Into Cursor temp
do while not eof()
    Thisform.combo1.additem(temp.客户号)
    skip
enddo
```

（7）双击"统计"按钮，在其 Click 事件里输入下列代码：

```
Select count(订单号) From list Where 客户号
==allt(Thisform.combo1.displayValue);
    Into array temp
Thisform.text1.Value=temp(1,1)
```

（8）双击"退出"按钮，在其 Click 事件里输入下列代码：Thisform.Release。

（9）保存表单，文件名为 myform。

表单运行结果如图所示。

**【解析】**

本题的一个难点是在表单运行时组合框中显示不重复的客户代码。可在表单的 init 事件中使用 distinct 关键字查询 list 表中的客户代码字段，这样查询结果中的客户代码将不重复。

将查询结果放入临时表中，对临时表使用 do while 遍历，并对每条记录使用 additem 函数将客户代码放入组合框中。

统计记录数量使用 SQL 函数 count。

★★★★★★★★★★★★★★★★★★★★★★★★★★★★★★★★★★★★★★★

## 第 68 题

（1）根据数据库书籍中的表 authors 和 books 建立一个名为"视图1"的视图，该视图包含 books 表中的所有字段和每本图书的"作者"。要求根据"作者姓名"升序排序。

（2）建立一个表单，文件名为 myform，表单标题为"图书与作者"。表单中包含一个表格控件，该表格控件的数据源是前面建立的视图。

在表格控件下面添加一个命令按钮，单击该按钮退出表单。

**【答案】**

（1）打开数据库书籍设计器，单击主菜单上的"新建"图标，选择"新建视图"。

（2）将 books 表和 authors 表添加到视图设计器中，在视图设计器中的"字段"选项卡中，将"可用字段"列表框中题目中要求显示的字段添加到"选定字段"列表框中，如图所示。

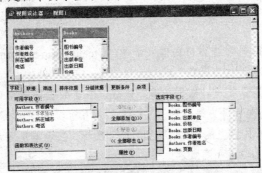

（3）在"排序依据"选项卡中将"选定字段"列表框中的作者姓名添加到"排序条件"中，在"排序选项"中选择升序。

（4）视图以"视图1"文件名保存。

（5）在命令窗口内输入：Create Form myform 命令建立新的表单。

（6）单击主菜单"显示"→"数据环境"命令，右击数据环境窗口，选择"添加"命令，在选定项内选择视图，在打开的对话框内双击"视图1"将其加入到表单数据环境中。

（7）将视图从数据环境中直接拖入表单内。

（8）单击表单控件工具栏上的"命令按钮"控件图标，向表单添加一个命令按钮，选中该命令按钮，在属性对话框中将其 Caption 属性改为"退出"。双击该命令按钮，在 Click 事件中输入如下代码：

```
Thisfrom.release
```

（9）单击工具栏上的"保存"图标，以 myform 为文件名保存表单。

表单运行结果如图所示。

**【解析】**

本题目包括建立视图和建立表单两大步，视图的建立需在数据库设计器中进行。可使用视图向导建立视图，按照视图向导的步骤对题目中的要求进行相应设置即可。建立完毕的视图，在文件夹下并不能看到。

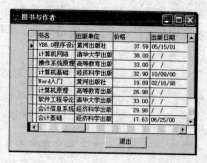

在表单中显示视图一个简单的方法是将视图放在数据环境中，将其从数据环境中直接拖入表单。

退出表单一般使用命令 Thisform.Release。

☆☆☆☆☆☆☆☆☆☆☆☆☆☆☆☆☆☆☆☆☆☆☆☆☆☆☆☆☆☆☆☆☆☆☆☆☆☆☆☆

## 第 69 题

设计文件名为 myform 的表单。表单的标题为"统计处方药价"。表单中有一个选项组控件和两个命令按钮"排序"和"退出"。其中，选项组控件有两个按钮"升序"和"降序"。

运行表单时，在选项组控件中选择"升序"或"降序"，单击"排序"命令按钮，查询"处方"表中每个处方的药物总价（用药数量乘以药表中药物单价），查询结果中包括"处方号"，"总药价"和"职工号"，并按"药物总价"升序或降序（根据选项组控件）将查询结果分别存入表 table1 或表 table2 中。

单击"退出"按钮关闭表单

**【答案】**

（1）在 Visual FoxPro 的命令窗口内输入命令：Create Form myform，打开表单设计器，设置其 Caption 属性值为"统计处方药价"

（2）单击主菜单"显示"→"数据环境"命令，右击数据环境窗口，选择"添加"命令，在打开的对话框内选择药表和处方表。

（3）单击表单控件工具栏上的"选项按钮"控件图标，在表单里添加一个选项按钮组控件，设置其属性 ButtonCount 为 2，如图所示。

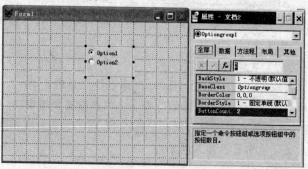

右键单击选项按钮组，选择"编辑"对两个按钮进行编辑。分别设置按钮的 Caption 属性为"升序"和"降序"。

（4）单击表单控件工具栏上的"命令按钮"控件图标，向表单添加两个命令按钮。

（5）选中第一个命令按钮，在属性对话框中将其 Caption 属性改为"排序"。双击该命令按钮，在 Click 事件中输入如下代码：

```
do case
    case Thisform.optiongroup1.Value=1
            Select 处方.处方号,处方.数量*药.价格 as 总药价,处方.职工号 From 药; inner
join 处方 on 药.药编号=处方.药编号 Order by 总药价 Into table; table1
    case Thisform.optiongroup1.Value=2
            Select 处方.处方号,处方.数量*药.价格 as 总药价,处方.职工号 From 药; inner
join 处方 on 药.药编号=处方.药编号 Order by 总药价 desc Into table; table2
    endcase
    Thisform.refresh
```

（6）选中第二个命令按钮，在属性对话框中将其 Caption 属性改为"退出"。双击该命令按钮，在 Click 事件中输入如下代码：

```
Thisfrom.release
```

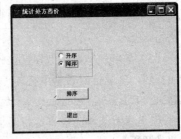

（7）单击工具栏上的"保存"图标，以 myform 为文件名保存表单。

表单运行结果如图所示。

【解析】

本题考查了表单的设计。在设计控件属性时，注意区分控件的 Name 属性和 Caption 属性。

程序部分可使用 do case 的分支选择语句，每个分支中包含一个相应的 SQL 查询语句。根据选项按钮组中的单选项的内容，查找相应的数据记录并使用 into table tablename 命令存入新表中。

★★★★★★★★★★★★★★★★★★★★★★★★★★★★★★★★★★★★★★★★★★★★★

# 第 70 题

在考生文件夹下，对"医院管理"数据库完成如下综合应用。设计一个名称为 myform 的表单，表单上设计一个页框和一个选项按钮组。页框有"药"、"医生"和"处方"三个选项卡，选项按钮组内有三个按钮，标题分别为"药"、"医生"和"处方"，分别放置数据库中对应的表。在表单的右下角有一个"退出"命令按钮。要求如下：

（1）表单的标题名称为"医院数据表查看"，界面如图所示。

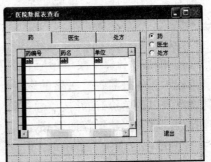

（2）单击选项按钮组的某个按钮时，页框当前页为含有对应表的那一页。如单击"药"按钮时，页框当前页为"药"选项卡。

（3）单击"退出"命令按钮时，关闭表单。

【答案】

（1）在命令窗口内输入：Create Form myform 命

275

令建立新的表单。

（2）单击主菜单"显示"→"数据环境"命令，右击数据环境窗口，选择"添加"命令，在打开的对话框内选择表"药"、"医生"和"处方"。

（3）在表单里添加一个页框控件，设置其属性 PageCount 为 3，右键单击页框，选择"编辑"命令对三个页面进行编辑。分别设置页面的 Caption 属性为"药"、"医生"和"处方"。将数据环境里的三个表分别拖入对应的页面中。

（4）单击表单控件工具栏上的"选项按钮"控件图标，在表单里添加一个选项按钮组控件，设置其属性 ButtonCount 为 3，右键单击选项按钮组，选择"编辑"命令对三个按钮进行编辑。分别设置按钮的 Caption 属性为"药"、"医生"和"处方"。双击选项按钮组，在其 Click 事件中输入：

```
do case
  case this.Value=1
    Thisform.pageframe1.ActivePage=1
  case this.Value=2
    Thisform.pageframe1.ActivePage=2
  case this.Value=3
    Thisform.pageframe1.ActivePage=3
endcase
```

（5）单击表单控件工具栏上的"命令按钮"控件图标，向表单添加一个命令按钮，选中该命令按钮，在属性对话框中将其 Caption 属性改为"退出"。双击该命令按钮，在其 Click 事件中输入：Thisform.Release。

（6）保存表单。表单运行界面如图所示。

【解析】

本题难点在于根据选项按钮组的选择不同而激活不同的页面，使用 do case 结构的程序来判断选项按钮组中被选择选项值，从而激活页框的不同页面。使用页框的 ActivePage 属性将其设置为当前页。

将数据环境中的表直接拖入页框中，可在表单运行时直接在页框中查看表记录。

★★★★★★★★★★★★★★★★★★★★★★★★★★★★★★★★★★★★★★★★★★★★★★★★★

# 第 71 题

在考生文件夹下有"医院管理"数据库。设计一个名为"菜单 1"的菜单，菜单中有两个菜单项"计算"和"退出"。

程序运行时：

（1）单击"计算"菜单项应完成下列操作：查询"处方"表中，每个处方的所有信息和开方的"医生姓名"、"医生的职工号"、所用的"药编号"、"药名"和"总药价"（等于用药数量乘以药单价），并按"总药价"降序排列，如果"总药价"相等，则按"职工号"升序排列。将查询结果存如表 mytable 中。

（2）单击"退出"菜单项，程序终止运行。

【答案】

（1）在命令窗口中输入命令：Create Menu 菜单 1，单击"菜单"图标按钮。

（2）在菜单设计器中按题目要求输入主菜单名称"计算"和"退出"。

（3）在"计算"菜单项的结果下拉列表中选择"过程"，在命令编辑窗口中输入：

Select 处方.处方号,处方.职工号,医生.姓名,处方.药编号,药.药名,处方.数量,药.价格,处方.数量*药.价格 as 总价格,处方.日期 From 处方 inner join 药 on 处方.药编号=药.药编号 inner join 医生 on 处方.职工号=医生.职工号 Order by 总价格 desc,医生.职工号 Into table mytable

（4）在"退出"菜单项的结果下拉列表中选择"命令"，在命令编辑窗口中输入：

Set sysmenu to default.

设置菜单界面窗口如图所示。

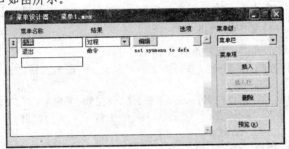

（5）选择 Visual FoxPro 主窗口中的"菜单"→"生成"菜单命令。

【解析】

本题考查菜单的建立与多表查询。使用命令 Create Menu menuname 新建菜单，并打开菜单设计器。在菜单设计器中输入菜单项的名称，并选择菜单项的结果。

在设计过程中注意菜单项"结果"列的选择，一般可以选择"过程"、"命令"或"子菜单"等。

● "过程"用于输入多行命令。

● "命令"用于输入单行命令。"过程"用于输入多行命令。

● "子菜单"用来建立下级菜单。

✮✮✮✮✮✮✮✮✮✮✮✮✮✮✮✮✮✮✮✮✮✮✮✮✮✮✮✮✮✮✮✮✮✮✮✮✮✮✮✮✮✮✮✮✮✮✮

# 第 72 题

考生文件夹下有学生管理数据库 salarydb，数据库中有"职工"表和"部门"表，请编写并运行符合下列要求的程序：设计一个文件名为 myform 的表单，表单中有两个命令按钮，按钮的标题分别为"计算"和"退出"。

程序运行时，单击"计算"按钮应完成下列操作：

1）计算"工资"表中每个人的应得工资，其中"应得工资"等于"工资+补贴+奖励-医疗统筹-失业保险"，计算结果包含"工资"表的所有字段和"应得工资"字段。

2）计算每个部门的应发工资总额，结果包括"部门号"，"部门名"和"应发工资总额"。

3）将以上两个计算结果分别存如表 table1 和 table2 中。

单击"退出"按钮，程序终止运行。

【答案】

（1）在 Visual FoxPro 的命令窗口内输入命令：Create Form myform，打开表单设计器

（2）单击主菜单"显示"→"数据环境"命令，右击数据环境窗口，选择"添加"命令，在打开的对话框内选择"工资"表和"部门"表，如图所示。

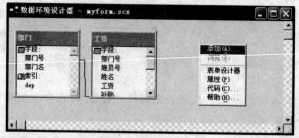

（3）单击表单控件工具栏上的"命令按钮"控件图标，在表单里添加两个命令按钮，设置其 Caption 属性分别为"计算"和"退出"。

（4）双击计算按钮，在其 Click 事件里输入下列代码：

Select *,（工资+补贴+奖励-医疗统筹-失业保险）as 应得工资 From 工资 Into table; table1

Select 部门.部门号,部门.部门名,sum(工资.工资+工资.补贴+工资.奖励-工资.医疗;统筹-工资.失业保险) as 应发金额 From 部门 inner join 工资 on 部门.部门号=工资.;部门号 Group by 部门.部门号 Into table table2。

（5）双击"退出"按钮，在其 Click 事件里输入下列代码：
Thisform.Release 保存表单，文件名为 myform。

表单运行结果如图所示。

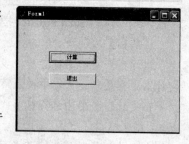

**【解析】**

本题考查的是表单设计和多表查询。在设计表单属性时，要注意区分 Caption 属性和 Name 属性的不同，前者是一个控件的内部名称，而后者是用来显示一个标签名称的。

程序部分可以使用 SQL 的 select 语句和多表查询关键字 inner join tablename on 来实现多表联接。

最后使用 SQL 语句 into table 将结果存入到新的数据表中。

★★★★★★★★★★★★★★★★★★★★★★★★★★★★★★★★★★★★★★★★★

## 第 73 题

（1）根据数据库 salarydb 中的表"工资"和"部门"建立一个名为 myview 的视图，该视图包含字段"部门号"、"部门名"、"雇员号"、"姓名"和"应发工资"。其中"应发工资"等于"工资+补贴+奖励-医疗统筹-失业保险"。要求根据部门号升序排序，同一部门内根据雇员号升序排序。

（2）建立一个表单，文件名为 myform，表单中包含一个表格控件，该表格控件的数据源是前面建立的视图。在表格控件下面添加一个命令按钮，单击该按钮退出表单

**【答案】**

（1）打开数据库 salarydb 设计器，单击主菜单上的"新建"图标，选择"新建视图"。

（2）将职工和工资表添加到视图设计器中，在视图设计器中的"字段"选项卡中，将"可

用字段"列表框中题目要求显示的字段添加到"选定字段"列表框中。

（3）单击函数与表达式边的按钮，生成表达式"工资+补贴+奖励-医疗统筹-失业保险 as 应发工资"，如图所示。

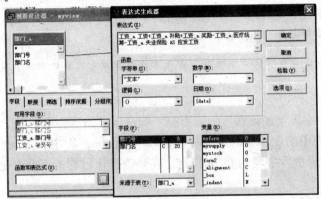

并将该表达式添加到选定字段列表框中。

（4）在"排序依据"选项卡中将"选定字段"列表框中的部门号和雇员号添加到"排序条件"中。

（5）视图以 myview 为文件名保存。

（5）在命令窗口内输入：Create Form myform 建立新的表单。

（6）单击主菜单"显示"→"数据环境"命令，右击数据环境窗口，选择"添加"命令，在打开的对话框内选择 myvie 视图，如图所示。

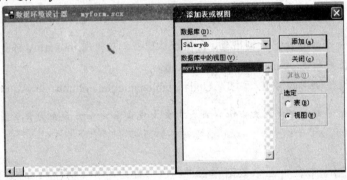

将视图直接拖入表单内。

（7）单击表单控件工具栏上的"命令按钮"控件图标，向表单添加一个命令按钮，选中该命令按钮，在属性对话框中将其 Caption 属性改为"退出"。双击该命令按钮，在 Click 事件中输入如下代码：

```
Thisfrom.release
```

（8）单击工具栏上的"保存"图标，以 myform 为文件名保存表单。

表单运行结果如图所示。

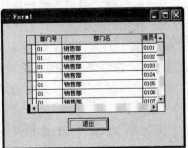

【解析】

本题目包括建立视图和建立表单两大步，视图的建立需在数据库设计器中进行。可使用视图向导建立视图，按照视图向导的步骤对题目中的要求进行相应设置即可。建立完毕的视图，在文件夹下并不能看到。

在表单中显示视图一个简单的方法是将视图放在数据环境中，将其从数据环境中直接拖入表单。

退出表单一般使用命令 Thisform.Release。

★★★★★★★★★★★★★★★★★★★★★★★★★★★★★★★★★★★★★★★★★

## 第 74 题

表 yuangong 中字段"加班费"的值为空，编写满足如下要求的程序：

根据 zhiban 表中的夜和昼的加班费的值和 yuangong 表中各人昼夜值班的次数确定 yuangong 表的"加班费"字段的值，（注意：在修改操作过程中不要改变 yuangong 表记录的顺序）。

最后将程序保存为 prog1.prg，并执行该程序。

**【答案】**

在命令窗口中输入命令 Modify Command prog1，在程序编辑窗口中输入如下程序段：

```
Set talk off
Select 每天加班费 From zhiban Where 值班时间="昼" Into array array1
Select 每天加班费 From zhiban Where 值班时间="夜" Into array array2
Update yuangong Set 加班费=夜值班天数*array2(1,1)+昼值班天数*array1(1,1)
Set talk on
```

保存程序。

**【解析】**

本题需要先从 zhiban 表中查询出昼、夜值班加班费，并使用 into array 将查询结果保存在临时数组中，以便在更新表 yuangong 时调用这些值。

更新表字段的值使用的 SQL 语句为 Update tablename Set column=newValue.

★★★★★★★★★★★★★★★★★★★★★★★★★★★★★★★★★★★★★★★★★

## 第 75 题

医院管理数据库中含有三个数据库表"药"、"处方"和"医生"。对数据库数据设计一个表单 myform，表单的标题为"查询处方"。表单左侧有标签"请选择处方号"和用于选择"处方号"的组合框以及"查询"和"退出"两个命令按钮，表单中还有一个表格控件，表单布局如图所示。

表单运行时，用户在组合框中选择处方号，单击"查询"按钮，查询所选择的"处方号"对应的处方的"处方号"、开方"医生姓名"、所开药品的"药名"和"数量"。在表单右侧的表格控件中显示查询结果。

单击"退出"按钮，关闭表单。

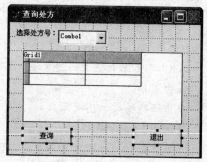

**【答案】**

（1）在 Visual FoxPro 的命令窗口内输入命令：

Create Form myform，打开表单设计器，设置其 Caption 属性值为"查询处方"。

（2）单击主菜单"显示"→"数据环境"命令，右击数据环境窗口，选择"添加"命令，在打开的对话框内选择"药"、"医生"和"处方"表。

（3）单击表单控件工具栏上的"组合框按钮"控件图标，向表单添加一个组合框控件。将组合框的 RowSourceType 设置为"6-字段"，将 RowSource 设置为"处方.处方号"，如图所示。

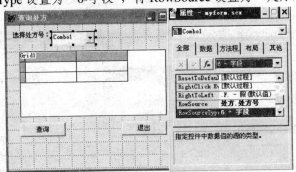

（4）单击表单控件工具栏上的"命令按钮"控件图标，向表单添加两个命令按钮。

（5）选中第一个命令按钮，在属性对话框中将其 Caption 属性改为"查询"。双击该命令按钮，在 Click 事件中输入如下代码：

```
Thisform.grid1.RecordSource="Select 处方.处方号,医生.姓名,药.药名,处方.数量
From 处方 inner join 医生 on 处方.职工号=医生.职工号 inner join 药 on 处方.药编号
=药.药编号 Into Cursor temp Where 处方.处方号
=val(allt(Thisform.combo1.displayValue))"
```

（6）选中第二个命令按钮，在属性对话框中将其 Caption 属性改为"退出"。双击该命令按钮，在 Click 事件中输入如下代码：isfrom.release。

（7）单击表单控件工具栏上的"表格"控件图标，向表单添加一个"表格"控件，在属性面板上设置其 RecordSourceType 属性为"4-SQL 说明"。

（8）单击工具栏上的"保存"图标，以 myform 为文件名保存表单。表单运行界面单如图所示。

**【解析】**

本题考查的主要是表单控件的设计，利用表格显示数据表的查询内容。表格显示数据，主要是通过 RecordSourceType 和 RecordSource 两个属性来实现的，并需要注意两个属性值之间的对应。本题中表格的数据源属性应该设置为"4-SQL 说明"。

★★★★★★★★★★★★★★★★★★★★★★★★★★★★★★★★★★★★★★★★★

## 第 76 题

考生文件夹下存在数据库学籍，其中包含表"课程"和表"成绩"，这两个表存在一对多的联系。

对学籍数据库建立文件名为 myform 的表单，表单标题为"课程成绩查看"，其中包含两个表格控件。第一个表格控件用于显示表"课程"的记录，第二个表格控件用于显示与"课程"表当前记录对应的"成绩"表中的记录。

表单中还包含一个标题为"退出"的命令按钮，要求单击此按钮退出表单。

**【答案】**

（1）在 Visual FoxPro 的命令窗口内输入命令：Create Form myform，打开表单设计器，设置其 Caption 属性值为"课程成绩查看"

（2）单击主菜单"显示"→"数据环境"右击，选择"添加"，在打开的对话框内选择"课程"表和"成绩"表（数据库中的两个表的关联已经建立）。如图所示。

将数据环境中的两个表拖入到表单中。

（3）单击表单控件工具栏上的"命令按钮"控件图标，向表单添加一个命令按钮，选中该命令按钮，在属性对话框中将其 Caption 属性改为"退出"。双击命令按钮 comp，在 Click 事件中输入如下程序段：Thisform.Release。

（4）保存表单。

表单运行结果如图所示。

**【解析】**

本题考查了存在一对多关联的两个数据库表的关系。当在表单的数据环境添加了这样的两个表后，表单运行时子表将只显示父亲的当前记录对应的子表记录。解答本题时注意考生文件夹中是否已经对两表建立关联，如果没有，应当先建立关联再往表单的数据环境中添加两表。添加到数据环境中的两表的关联将继续保留。

★★★★★★★★★★★★★★★★★★★★★★★★★★★★★★★★★★★★★★★★★★★

# 第 77 题

对考生文件夹下的数据库 student 中的表"宿舍"和"学生"完成如下设计：

（1）为表"宿舍"增加一个字段"楼层"，字段类型为"字符型"，宽度为 2；

（2）编写程序 myproj，将表宿舍的"楼层"字段更新为"宿舍"字段值的第一位，并查询住在个楼层的学生的"学号"和"姓名"，查询结果中包括"楼层"、"学号"和"姓名"三个字段，并按"楼层"升序排序，同一楼层按"学号"升序排序，查询结果存入表 newtable 中。

（3）运行该程序。

【答案】

（1）在数据库 student 设计器中，右击宿舍表，在"字段"选项卡的最后加入一个新的字段，字段名为"楼层"，数据类型为"字符型"，宽度为"2"，如图所示。

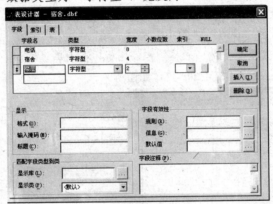

（2）选择"确定"按钮，并在弹出的对话框中选择"是"，保存对表结构的修改。

（3）在命令窗口中输入 Modify Command myprog 建立一个程序，在程序编辑窗口中输入：

```
Update 宿舍 Set 楼层=subs(宿舍,1,1)
Select 宿舍.楼层,学生.学号,学生.姓名 From 宿舍 inner join 学生 on 宿舍.宿舍=学生.;
宿舍 Order by 宿舍.楼层,学生.学号 Into table newtable
```

（4）单击主菜单"程序"→"运行"，运行程序。

【解析】

这是一类编程的题目。这种编程的题目，特别涉及到查询的题目，往往使用 SQL 语句能够过程方便的处理问题。本题中需要对有关联的多个表进行查询，可使用 inner join 和 on 关键字关联多个有公共字段和公共字段值的表。

☆☆☆☆☆☆☆☆☆☆☆☆☆☆☆☆☆☆☆☆☆☆☆☆☆☆☆☆☆☆☆☆☆☆☆☆☆☆☆☆☆

# 第78题

对考生目录下的数据库"学籍"完成如下应用：

建立文件名为 myform 的表单，表单标题为"学籍查看"。表单含有一个表格控件，用于显示用户查询的信息；一个按钮选项组，含有"课程"、"学生"和"成绩"三个选项按钮及两个命令按钮，标题分别为"浏览"和"退出"。

在表单运行时：

（1）选择"课程"选项按钮并单击"浏览"按钮时，在表格中显示"课程"表的记录。

（2）选择"学生"选项按钮并单击"浏览"按钮时，表格中显示"学生"表的记录。

（3）选择"成绩"选项按钮并单击"浏览"按钮时，表格中显示"成绩"表的记录。

（4）单击"退出"按钮退出表单。

要求："浏览"按钮的事件使用 SQL 语句编写。

【答案】

（1）在 Visual FoxPro 的命令窗口内输入命令：Create Form myform，打开表单设计器，设置其 Caption 属性值为"学籍查看"；

（2）单击主菜单"显示"→"数据环境"命令，右击数据环境窗口，选择"添加"命令，在打开的对话框内选择"学生"表、"课程"表和"成绩"表。

（3）单击表单控件工具栏上的"选项按钮"控件图标，在表单里添加一个选项按钮组控件，设置其属性 ButtonCount 为 3，右键单击选项按钮组，选择"编辑"对三个按钮进行编辑。分别设置按钮的 Caption 属性为"课程"，"学生"和"成绩"。

（4）单击表单控件工具栏上的"表格"控件图标，在表单里添加一个"表格"控件，设置其属性 RecordSourceType 为"4-SQL 说明"，如图所示。

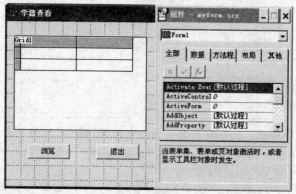

（5）单击表单控件工具栏上的"命令按钮"控件图标，向表单添加两个命令按钮。

（6）选中第一个命令按钮，在属性对话框中将其 Caption 属性改为"浏览"。双击该命令按钮在 Click 事件中输入如下程序段：

```
do case
    case Thisform.optiongroup1.Value=1
      Thisform.grid1.RecordSource="Select * From 课程 Into Cursor temp"
    case Thisform.optiongroup1.Value=2
      Thisform.grid1.RecordSource="Select * From 学生 Into Cursor temp"
    case Thisform.optiongroup1.Value=3
      Thisform.grid1.RecordSource="Select * From 成绩 Into Cursor temp"
endcase
Thisform.refresh
```

（7）选中第二个命令按钮，在属性对话框中将其 Caption 属性改为"退出"。双击该命令按钮在 Click 事件中输入如下程序段：Thisform.Release。

（8）单击工具栏上的"保存"图标，以 myform 保存表单。

表单运行结果如图所示。

【解析】

本题考查简单表单的建立、表格控件的使用、选项按钮组的设置使用及使用 SQL 语句查询功能。本题中要在表格内显示不同的查询内容，因此要在命令按钮的事件里根据需要设置其显示查询内容的两个重要属性 RecordSourceType 和 RecordSource。考虑到题目中要求"浏览"按钮里使用 SQL 语句，则表格的 RecordSourceType 属性应设置为"SQL 说明"。

选项按钮组内子控件的设置方法是右键单击选择"编辑"。

退出表单使用 Thisform.Release 命令。

☆☆☆☆☆☆☆☆☆☆☆☆☆☆☆☆☆☆☆☆☆☆☆☆☆☆☆☆☆☆☆☆☆☆

## 第 79 题

对员工管理数据库中的表"员工"和"职称"，建立文件名为"表单 1"的表单，标题为"员工管理"，表单上有一个表格控件和三个命令按钮，标题分别为"按职称查看"、"人数统计"和"退出"。

当表单运行时：

（1）单击"按职称查看"按钮，以"职称代码"排序查询员工表中的记录，结果在表格控件中显示。

（2）单击"人数统计"按钮，查询职工表中今年的各职称的人数，结果中含"职称代码"和"今年人数"两个字段，结果在表格控件中显示。

（3）单击"退出"按钮关闭表单。

【答案】

（1）在 Visual FoxPro 的命令窗口内输入命令：Create Form myform，打开表单设计器，设置其 Caption 属性值为"员工管理"；

（2）单击主菜单"显示"→"数据环境"命令，右击数据环境窗口，选择"添加"命令，在打开的对话框内选择"员工"表和"职称"表。

（3）单击表单控件工具栏上的"命令按钮"控件图标，向表单添加三个命令按钮

（4）选中第一个命令按钮，在属性对话框中将其 Caption 属性改为"按职称查看"。双击该命令按钮，在 Click 事件中输入如下代码：

```
Thisform.grid1.RecordSource="Select * From 员工 Order by 职称代码 Into Cursor;
temp"
Thisform.refresh
```

（5）选中第二个命令按钮，在属性对话框中将其 Caption 属性改为"人数统计"。双击该命令按钮，在 Click 事件中输入如下代码：

Thisform.grid1.RecordSource="Select 员工.职称代码,count(职称代码) as 今年人数；From 员工 Group by 职称代码 Into Cursor temp"

（6）选中第三个命令按钮，在属性对对话框中将其 Caption 属性改为"退出"。双击该命令按钮，在 Click 事件中输入如下代码：Thisform.Release。表单运行结果如图所示。

（7）保存表单。

285

**【解析】**

本题考查的主要是 SQL 语句多表及表格控件显示查询内容。本题所提供的数据库中的两个表，可以通过职称代码关联。因此，在书写 SQL 语句时，可以使用"职称 inner join 员工 on 职称.职称代码=员工.职称代码。

表格的 RecordSourceType 设置为"4--SQL 说明"，RecordSource 设置为 select 查询语句。在统计各职称代码人数时，需要使用到 count 函数和 Group by 关键字。

★★★★★★★★★★★★★★★★★★★★★★★★★★★★★★★★★★★★★★★★★

## 第 80 题

在考生文件夹下，对 ec 数据库完成如下综合应用。

（1）建立一个名称为 myview 的视图，查询购买表中各购买项的"会员名"、"商品号"、"购买数量"和"单价"。

（2）设计一个名称为 myform 的表单，表单上设计一个页框，页框有"综合"和"购买"两个选项卡，在表单的右下角有一个"退出"命令按钮。要求如下：

1）表单的标题为"查询购买细节"；

2）单击选项卡"综合"时，在选项卡中显示 myview 视图中的记录

3）单击选项卡"购买"时，在选项卡"购买"表中的记录

4）单击"退出"命令按钮时，关闭表单。

**【答案】**

（1）打开数据库 ec 设计器，单击主菜单上的"新建"图标，选择"新建视图"。

（2）将会员表和购买表添加到视图设计器中。

（3）在视图设计器中的"字段"选项卡中，将"可用字段"列表框中题目中要求显示的字段添加到"选定字段"列表框中，如图所示。

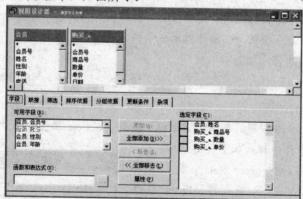

（4）视图以 myview 为文件名保存。

（5）在命令窗口内输入：Create Form myform 建立新的表单。

（6）单击主菜单"显示"→"数据环境"命令，右击数据环境窗口，选择"添加"命令，在打开的对话框内选择"购买"表和 myview 视图。

（7）在表单里添加一个页框控件，设置其属性 PageCount 为 2，右键单击页框，选择"编辑"对两个页面进行编辑。分别设置页面的 Caption 属性为"综合"和"购买"。将数据环境里

的一个表和一个视图分别拖入对应页面中。

（8）单击表单控件工具栏上的"命令按钮"控件图标，向表单添加一个命令按钮，选中该命令按钮，在属性对话框中将其 Caption 属性改为"退出"。

（9）双击该命令按钮，在其 Click 事件里输入：Thisform.Release。

（10）保存表单。

表单运行结果如图所示。

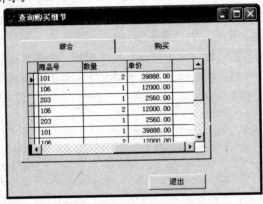

**【解析】**

本题考查的主要是表单控件的设计，页框属于容器控件，一个页框中可以继续包含其他控件，使页框处于编辑状态下才可以对页框中包含的控件进行编辑。

在表单上显示视图的表的简单的方法是将表和视图从数据环境里直接拖到表单上。在数据环境里添加视图的方法是右击数据环境设计器选择添加，在选定选项里选择视图。

☆☆☆☆☆☆☆☆☆☆☆☆☆☆☆☆☆☆☆☆☆☆☆☆☆☆☆☆☆☆☆☆☆☆☆☆

## 第 81 题

设计文件名为"表单 9"的表单。表单的标题为"对表排序"。表单中有一个选项组控件和两个命令按钮"操作"和"退出"。其中，选项组控件有两个按钮"升序"和"降序"。

运行表单时，在选项组控件中选择"升序"或"降序"，单击"操作"命令按钮后，对考生文件夹下的数据库"考试成绩"中的"成绩"表统计每个学生的平均成绩，统计结果中包括"学号"、"姓名"和"平均"成绩，并对"平均成绩"按照升序或降序（根据所选的选项组控件）排序，并将查询结果分别存入表 table1 或表 table2 中。

单击"退出"按钮关闭表单。

表单界面如图所示。

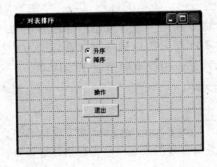

287

**【答案】**

（1）在 Visual FoxPro 的命令窗口内输入命令：Create Form 表单9，打开表单设计器，设置其 Caption 属性值为"对表排序"；

（2）单击主菜单"显示"→"数据环境"命令，右击数据环境窗口，选择"添加"命令，在打开的对话框内选择 sc 表和 student 表。

（3）单击表单控件工具栏上的"选项按钮"控件图标，在表单里添加一个选项按钮组控件，设置其属性 ButtonCount 为 2，右键单击选项按钮组，选择"编辑"对两个按钮进行编辑。分别设置按钮的 Caption 属性为"升序"和"降序"。

（4）单击表单控件工具栏上的"命令按钮"控件图标，向表单添加两个命令按钮

（5）选中第一个命令按钮，在属性对话框中将其 Caption 属性改为"操作"。双击该命令按钮，在 Click 事件中输入如下代码：

```
do case
   case Thisform.optiongroup1.Value=1
       Select sc.学号,student.姓名,avg(sc.成绩) as 平均成绩 From student; inner
join sc on student.学号=sc.学号 Group by student.学号 Order by; 平均成绩 Into table
table1
   case Thisform.optiongroup1.Value=2
   Select sc.学号,student.姓名,avg(sc.成绩) as 平均成绩 From student; inner join sc
on student.学号=sc.学号 Group by student.学号 Order by;平均成绩 desc Into table table2
   endcase
   Thisform.refresh
```

（6）选中第二个命令按钮，在属性对话框中将其 Caption 属性改为"退出"。双击该命令按钮，在 Click 事件中输入如下代码：Thisfrom.release

（7）单击工具栏上的"保存"图标，以表单9为文件名保存表单。

**【解析】**

本题考查了表单的设计和表的查询。在设计控件属性时，注意区分控件的 Name 属性和 Caption 属性。

程序部分可使用 do case 的分支选择语句，根据选项按钮组中所选项目，判断选项组控件的返回值(OptionGroup1.Value)进行分支，每个分支中包含一个相应的 SQL 查询语句，查找相应的数据记录，使用 into table tablename 语句存入新表中。

☆☆☆☆☆☆☆☆☆☆☆☆☆☆☆☆☆☆☆☆☆☆☆☆☆☆☆☆☆☆☆☆☆☆☆☆☆☆☆☆☆☆

## 第 82 题

设计文件名为 myform 的表单。表单的标题设为"学生平均成绩查询"。表单中有一个组合框、一个组合框和两个命令按钮，命令按钮的标题分别为"统计"和"退出"。

运行表单时，组合框中有"学号"可供选择，在组合框中选择"学号"后，如果单击"统计"命令按钮，则文本框显示出该生的考试平均成绩。

单击"退出"按钮关闭表单。

**【答案】**

（1）在命令窗口内输入：Create Form myform 建立新的表单。

（2）单击"显示"→"数据环境"命令，右击数据环境窗口，选择"添加"命令，在打开

的对话框内选择 sc 表和 student 表。

（3）单击表单控件工具栏上的"组合框"控件图标，在表单中添加一个组合框控件，设置设置组合框的 RowSourceType 属性为"字段"，设置其 SourceType 属性为"student.学号"。

（4）单击表单控件工具栏上的"文本框，在表单里添加 1 个文本框。"控件图标，单击表单控件工具栏上的"命令按钮"控件图标，在表单里添加两个命令按钮，设置其 Caption 属性分别为"统计"和"退出"。

（5）双击"统计"按钮，在其 Click 事件里输入下列代码：

```
Thisform.text1.Value=""
Select   avg(sc.成绩)   From   sc   Where   allt(sc.学 ;
号)=allt(Thisform.combo1.displayValue) Into array array1
Thisform.text1.Value=array1(1,1)
```

（6）双击"退出"按钮，在其 Click 事件里输入下列代码：Thisform.Release。

（7）保存表单，文件名为 myform。

表单运行界面如图所示。

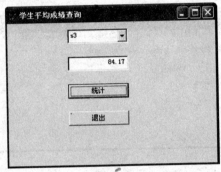

【解析】

本题主要考查的是表单设计和 SQL 语句的统计功能。在设计表单时注意组合框的设置。该控件用来显示数据的重要属性是 RowSourceType 和 RowSource。

在程序设计中，利用 SQL 语句在数据表中查找与选中的条件相符的字段值属于简单查询，正确掌握 SQL 语句的语法结构和关键字即可完成本题。

在编写命令按钮的 Click 事件时，注意先把文本框中清空再输入新的值。

★★★★★★★★★★★★★★★★★★★★★★★★★★★★★★★★★★★★★★

## 第 83 题

在考生文件夹下有表"定货"和"客户"。设计一个名为 mymenu 的菜单，菜单中有两个菜单项"运行"和"退出"。

程序运行时，单击"运行"菜单项完成下列操作：（1）根据"定货"表中数据，更新客户表中的"总金额"字段的值。即将"定货"表中定单号相同的订单号的订货项的"单价"与"数量"的乘积相加，添入客户表中对应"订单号"的"总金额"字段。

单击"退出"菜单项，程序终止运行。

【答案】

（1）在命令窗口中输入命令：Create Menu mymenu，单击"菜单"图标按钮。

（2）按题目要求输入主菜单名称"运行"和"退出"。

（3）在"运行"菜单项的结果下拉列表中选择"过程"，在命令编辑窗口中输入：

```
Select 订单号,sum(单价*数量) as 总价格 From 定货 Group by 订单号 Into Cursor; temp
do while not eof()
    Update 客户 Set 总金额=temp.总价格 Where 客户.订单号=temp.订单号
    skip
enddo
```

（4）在"退出"菜单项的结果下拉列表中选择"命令"，在命令编辑窗口中输入：

```
Set sysmenu to default
```

（5）选择 Visual FoxPro 主窗口中的"菜单"→"生成"菜单命令。

菜单界面如图所示。

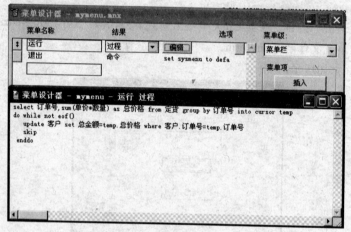

**【解析】**

本题的难点在于要先统计定货表中的总金额，并把统计结果放在一个临时表中。统计结果中要至少包括订单号和总金额。

使用 do while 循环控制语句遍历临时表，使用临时表中的每一个记录更新客户表中有相同订单号的记录的总金额值。

★★★★★★★★★★★★★★★★★★★★★★★★★★★★★★★★★★★★★★★★★★★

## 第 84 题

在考生文件夹下，对"客户"数据库完成如下综合应用：

（1）建立一个名称为"视图 1"的视图，查询"定货"表中的全部字段和每条定货记录对应的"客户名称"。

（2）设计一个名称为 myform 的表单，表单上设计一个页框，页框有"定货"和"客户联系"两个选项卡，在表单的右下角有一个"退出"命令按钮。要求如下：

1）表单的标题名称为"客户定货"。

2）单击选项卡"定货"时，在选项卡中使用表格方式显示"视图 1"中的记录。

3）单击选项卡"客户联系"时，在选项卡中使用表格方式显示"客户联系"表中的记录。

4）单击"退出"命令按钮时，关闭表单。

【答案】

（1）打开数据库客户设计器，单击主菜单上的"新建"图标，选择"新建视图"。

（2）将"客户联系"表和"定货"表添加到视图设计器中

（3）在视图设计器中的"字段"选项卡中，将"可用字段"列表框题目中要求显示的字段添加到"选定字段"列表框中。

（4）将视图以视图1为文件名保存。

（5）在命令窗口内输入：Create Form myform 建立新的表单。

（6）单击主菜单"显示"→"数据环境"命令，右击数据环境窗口，选择"添加"命令，在打开的对话框内选择"购买"表和新建立的视图，如图所示。

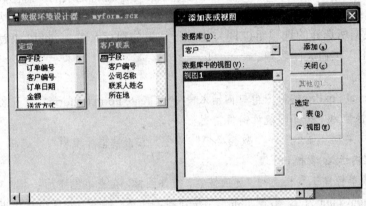

（7）在表单里添加一个页框控件，设置其属性 PageCount 为 2，右键单击页框，选择"编辑"对两个页面进行编辑。分别设置页面的 Caption 属性为"定货"和"客户联系"。将数据环境里的表和视图分别拖入对应页面中。

（8）单击表单控件工具栏上的"命令按钮"控件图标，向表单添加一个命令按钮，选中该命令按钮，在属性对话框中将其 Caption 属性改为"退出"。双击该命令按钮，在 Click 事件中输入：Thisform.Release。

（9）保存表单。

表单运行结果如图所示。

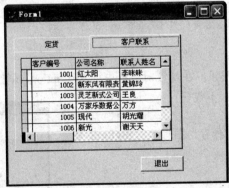

【解析】

本题考查的主要是表单控件的设计，页框属于容器控件，一个页框中可以继续包含其他控件，使页框处于编辑状态下才可以对页框中包含的控件进行编辑。将数据环境中的表或视图直接拖入页框即可实现表或视图在表单上的显示。

★★★★★★★★★★★★★★★★★★★★★★★★★★★★★★★★★★★★★★★★★★

## 第 85 题

设计文件名为 myform 的表单。表单的标题为"按部门统计销售情况"。表单中有一个选项组控件和两个命令按钮"统计"和"退出"。其中,选项组控件有两个按钮"升序"和"降序"。

运行表单时,在选项组控件中选择"升序"或"降序",单击"统计"命令按钮后,对 xs 表中的销售数据按"部门"分组汇总,汇总对象为每条销售记录的"销售数量"乘以"销售单价",汇总结果中包括"部门号"、"部门名"和"汇总"三个字段,并按"汇总结果"升序或降序(根据所选择的选项组控件),将统计结果分别存入表 mytable 或表 mytable2 中。

单击"退出"按钮关闭表单。

【答案】

(1) 在 Visual FoxPro 的命令窗口内输入命令: Create Form myform,打开表单设计器,设置其 Caption 属性值为"按部门统计销售情况"。

(2) 单击主菜单"显示"→"数据环境"命令,右击数据环境窗口,选择"添加"命令,在打开的对话框内选 xs 表和 bm 表。

(3) 单击表单控件工具栏上的"选项按钮"控件图标,在表单里添加一个选项按钮组控件,设置其属性 ButtonCount 为 2,右键单击选项按钮组,选择"编辑"对两个按钮进行编辑。分别设置按钮的 Caption 属性为"升序"和"降序"。

(4) 单击表单控件工具栏上的"命令按钮"控件图标,向表单添加两个命令按钮

(5) 选中第一个命令按钮,在属性对话框中将其 Caption 属性改为"统计"。双击该命令按钮,在 Click 事件中输入如下代码:

```
do case
    case Thisform.optiongroup1.Value=1
        Select bm.*,sum(xs.单价*xs.销售数量) as 汇总 From bm inner join xs on bm.部门号=xs.部门号 Group by xs.部门号 Order by 汇总 Into table mytable
    case Thisform.optiongroup1.Value=2
        Select bm.*,sum(xs.单价*xs.销售数量) as 汇总 From bm inner join xs on bm.部门号=xs.部门号 Group by xs.部门号 Order by 汇总 desc Into table mytable2
endcase
Thisform.refresh
```

(6) 选中第二个命令按钮,在属性对话框中将其 Caption 属性改为"退出"。双击该命令按钮,在 Click 事件中输入如下代码:

```
Thisfrom.release
```

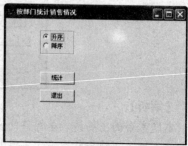

(7) 单击工具栏上的"保存"图标,以 myform 为文件名保存表单。

表单运行结果如图所示。

【解析】

本题考查了表单的设计。在设计控件属性时,注意区分控件的 Name 属性和 Caption 属性。

程序部分可使用 do case 的分支选择语句，每个分支中包含一个相应的 SQL 查询语句。根据选项按钮组中的单选项的内容，查找相应的数据并使用 into table tablename 存入新表中。

★★★★★★★★★★★★★★★★★★★★★★★★★★★★★★★★★★★★★★★★

## 第 86 题

在考生文件夹下有"股票管理"数据库stock，数据库中有表sl。请编写并运行符合下列要求的程序：

设计一个名为mymenu的菜单，菜单中有两个菜单项"计算"和"退出"。程序运行时，单击"计算"菜单项应完成下列操作：

（1）将"现价"比"买入价"低的股票信息存入fk表，其中：浮亏金额=(买入价-现价)*持有数量（注意要先把表的fk内容清空）。

（2）根据fk表计算总浮亏金额，存入一个新表zje中，其字段名为"浮亏总金额"，该表最终只有一条记录。

单击"退出"菜单项，程序终止运行。

【答案】

（1）在命令窗口中输入命令：Create Menu mymenu，单击"菜单"图标按钮。

（2）按题目要求输入主菜单名称"计算"和"退出"。

（3）在"查询"菜单项的结果下拉列表中选择"过程"，单击"编辑"按钮，在程序编辑窗口中输入：

```
SET TALK OFF
SET SAFETY OFF
SELECT 股票代码,(买入价-现价)*持有数量 AS 浮亏金额;
FROM SL;
WHERE 买入价>现价;
INTO table fk
SELECT SUM(浮亏金额) as 浮亏总金额 FROM FK INTO table zje
SET SAFETY ON
SET TALK ON
```

（4）在"退出"菜单项的结果下拉列表中选择"命令"，在命令编辑窗口中输入：Set SysMenu to Default。

（5）选择 Visual FoxPro 主窗口中的"菜单"→"生成"菜单命令。菜单界面如图所示。

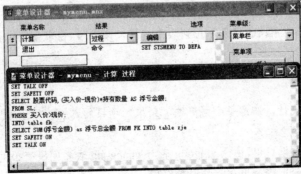

【解析】

本题考查菜单的设计，注意菜单项结果项的选择，用于编写程序段的菜单命令应该选择过程。

在菜单命令过程的设计中，将查询内容插入表中可使用语句 into table tablename。

新表中的字段的名称设置可在统计公式后使用 as newcolumnname 生成。

☆☆☆☆☆☆☆☆☆☆☆☆☆☆☆☆☆☆☆☆☆☆☆☆☆☆☆☆☆☆☆☆☆☆☆☆☆

## 第 87 题

在考生文件夹中对"职员管理"数据库 staff_10 完成如下综合应用：

数据库中有 YUANGONG 表和 ZHIBAN 表。ZHIBAN 表中只有两条记录，分别记载了白天和夜里的每天加班费标准。请编写运行符合下列要求的程序：

设计一个名为 staff_m 的菜单，菜单中有两个菜单项"计算"和"退出"。程序运行时，单击"计算"菜单项应完成下列操作：

（1）计算 YUANGONG 表的加班费字段值，计算方法是：加班费=夜值班天数*夜每天加班费+昼值班天数*昼每天加班费。

（2）根据上面的结果，将员工的"职工编码"、"姓名"和"加班费"存储到的自由表 staff_d 中，并按"加班费"降序排序，如果"加班费"相等，则按"职工编码"升序排序。

单击"退出"菜单项，程序终止运行。

**【答案】**

（1）在命令窗口中输入命令：Create Menu mymenu，单击"菜单"图标按钮。

（2）按题目要求输入主菜单名称"计算"和"退出"。

（3）在"查询"菜单项的结果下拉列表中选择"过程"，单击"编辑"按钮，在程序编辑窗口中输入：

```
SET TALK OFF
SET SAFETY OFF
SELECT 每天加班费 FROM ZHIBAN WHERE 值班时间="昼" INTO ARRAY zhou
SELECT 每天加班费 FROM ZHIBAN WHERE 值班时间="夜" INTO ARRAY; ye
UPDATE YUANGONG SET 加班费=夜值班天数*ye+昼值班天数*zhou
SELECT 职工编码,姓名,加班费 FROM YUANGONG ORDER BY 加班费 DESC,职工;编码 INTO
TABLE STAFF_D
SET SAFETY ON
SET TALK ON
```

（4）在"退出"菜单项的结果下拉列表中选择"命令"，在命令编辑窗口中输入：

```
Set SysMenu to Default.
```

（5）选择 Visual FoxPro 主窗口中的"菜单"→"生成"菜单命令。

**【解析】**

本题考查菜单的设计，注意每个菜单项"结果"项目的选择，用于编写程序段的菜单命令应该选择过程。

在菜单命令过程的设计中，由于 zhigong 表与 yuangong 表之间没有公共字段，可先将 zhiban 表中的昼夜的加班费分别查询出存入临时数组中。

★★★★★★★★★★★★★★★★★★★★★★★★★★★★★★★★★★★★★★★★★

### 第 88 题

使用报表设计器建立一个报表，具体要求如下：

（1）报表的内容（细节带区）是order_list表的订单号、订购日期和总金额。

（2）增加数据分组，分组表达式是"order_list.客户号"，组标头带区的内容是"客户号"，组注脚带区的内容是该组订单的"总金额"合计。

（3）增加标题带区，标题是"订单分组汇总表（按客户）"，要求是3号字、黑体，括号是全角符号。

（4）增加总结带区，该带区的内容是所有订单的总金额合计。

最后将建立的报表文件保存为report1.frx文件。

**【答案】**

（1）打开表设计器，为 order_list 表"客户"字段建立一个普通索引，如图所示。

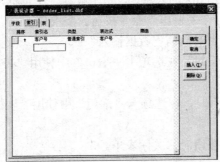

（2）在 Visual FoxPro 命令窗口里输入 cteate Report report1，打开报表设计器。

（3）右击报表空白区，选择快捷菜单命令"数据环境"，在数据环境设计器中，将数据表 order_list 添加到数据环境中。将数据表中的"订单号"、"订购日期"和"总金额"等字段拖入到报表的细节带区。

（4）选择菜单命令"报表"→"数据分组"，输入分组表达式"order_list.客户号"，在数据环境中将 order_list 表的字段"客户号"拖入到组标头带区。

（5）在报表控件栏中单击标签按钮，添加一个标签"客户号"，以同样的方法为组注脚带区添加一个"总金额"标签，并将"总金额"拖放到该带区。

（6）双击域控件"总金额"，在对话框中单击命令按钮"计算"，在弹出的对话框中选择"总和"单选项。

（7）选择菜单命令"报表"→"标题/总结"，在对话框中勾选"标题带区"和"总结带区"复选框。

（8）选择菜单"报表"→"默认字体"命令，根据题意在其中设置字体。通过"报表控件"工具栏为标题带区添加一个标签："订单分组汇总表（按客户）"

（9）在总结带区添加一个标签"总金额"，再添加一个域控件，在报表"表达式对话框"中为域控件设置表达式为"order_list.总金额"，在格式对话框中选择"数值型"。

（10）单击命令按钮"计算"，在弹出的对话框中选择"总和"单选框。

（11）保存报表，使用常用工具栏中的"预览"按钮预览报表。

**【解析】**

本题考查利用报表设计器完成报表的设计，涉及到报表分组、标题/总结的设计，以及字体的设计，这些都可以通过报表菜单中的命令来相应完成。

需要注意的是，最初打开的报表并没有组标头、组注脚、标题及总结带区，只有选择了"报表"→"数据分组"和"报表"→"标题/总结"命令，并选定相应的选项之后这些区域才会出现，用户可以上下拖动分区标志来改变各区的大小。

★★★★★★★★★★★★★★★★★★★★★★★★★★★★★★★★★★★★★★★★★★★

**第 89 题**

在考生文件夹下，对"雇员管理"数据库完成如下综合应用：

（1）建立一个名称为 VIEW1 的视图，查询每个雇员的部门号、部门名、雇员号、姓名、性别、年龄和 EMAIL。

（2）设计一个名称为 form2 的表单，表单上设计一个页框，页框有"部门"和"雇员"两个选项卡，在表单上有一个"退出"命令按钮。要求如下：

1）表单的标题名称为"商品销售数据输入"；

2）单击选项卡"雇员"时，在选项卡"雇员"中使用"表格"方式显示 VIEW1 视图中的记录；

3）单击选项卡"部门"时，在选项卡"部门"中使用"表格"方式显示"部门"表中的记录；

4）单击"退出"命令按钮时，关闭表单。

**【答案】**

（1）打开数据库设计器，单击主菜单上的"新建"图标，选择"新建视图"。

（2）将"部门"表和"雇员"表添加到视图设计器中。

（3）在视图设计器中的"字段"选项卡中，将"可用字段"列表框中题目中要求显示的字段全部添加到"选定字段"列表框中。

（4）将视图以 view1 为文件名保存。

（5）在命令窗口内输入 Create Form form2 建立新的表单。

（6）单击"显示"→"数据环境"命令，右击数据环境窗口，选择"添加"命令，在打开的对话框内选择部门表，将"选定"选项设置为"视图"，选择视图"view1"。

（7）通过表单工具栏在表单里添加一个页框控件，设置其属性 PageCount 为 2，右键单击页框，选择"编辑"对两个页面进行编辑。分别设置页面的 Caption 属性为"部门"和"雇员"，如图所示。

将数据环境里的表和视图分别拖入对应页面中。

（8）单击表单控件工具栏上的"命令按钮"控件图标，向表单添加一个命令按钮，选中该命令按钮，在属性对话框中将其 Caption 属性改为"退出"。双击该命令按钮，在其 Click 事件中输入：

```
Thisform.Release
```

（9）保存表单。

表单运行结果如图所示。

**【解析】**

本题主要考查表单控件的设计。页框属于容器控件，使其处于编辑状态下才可以对其所包含的控件进行编辑。

在页面上显示视图或表的内容，可先将表和视图添加到表单的数据环境中，再将表和视图从数据环境中直接拖入页面即可。

★★★★★★★★★★★★★★★★★★★★★★★★★★★★★★★★★★★★★★★

## 第 90 题

设计一个文件名和表单名均为 myform 的表单。表单的标题设为"使用零件情况统计"。表单中有一个组合框、一个文本框和两个命令按钮："统计"和"退出"。

运行表单时，组合框中有三个条目"s1"、"s2"、"s3"可供选择，单击"统计"命令按钮以后，则文本框显示出该项目所用零件的金额（某种零件的金额=单价*数量）。

单击"退出"按钮关闭表单。

**【答案】**

（1）在命令窗口内输入 Create Form myform 建立新的表单，在属性面板中将其 Caption 修改为"使用零件情况统计"，将其 Name 属性修改为 myform，如图所示。

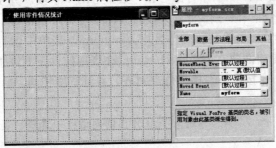

（2）双击表单，在其 init 事件中输入如下代码：

```
Thisform.combo1.additem("s1")
Thisform.combo1.additem("s2")
Thisform.combo1.additem("s3")
```

（3）单击"显示"→"数据环境"命令，右击数据环境窗口，选择"添加"命令，在打开的对话框内选择"零件信息"表、"项目信息"表和"使用零件"表。

（4）通过表单工具栏在表单里添加一个组合框控件、一个文本框控件和两个命令按钮。

（5）选中第一个命令按钮，在属性对话框中将其 Caption 属性改为"统计"。双击该命令按钮，在其 Click 事件中输入：

```
SELECT SUM(零件信息.单价*使用零件.数量);
    FROM  零件信息 INNER JOIN 使用零件;
    INNER JOIN 项目信息 ;
    ON  使用零件.项目号 = 项目信息.项目号 ;
    ON  零件信息.零件号 = 使用零件.零件号;
    WHERE 使用零件.项目号 =ALLTRIM(THISFORM.combo1.VALUE);
    GROUP BY 项目信息.项目号;
    INTO ARRAY TEMP
THISFORM.TEXT1.VALUE=TEMP
```

（6）选中第二个命令按钮，在属性对话框中将其 Caption 属性改为"退出"。双击该命令按钮，在其 Click 事件中输入：Thisform.Release。

（7）保存表单。

表单运行结果如图所示。

【解析】

设置组合框的选项，可在表单的 Init 事件中使用 additem 函数在表单运行时为组合框添加 3 个备选项。

在程序设计中，利用 SQL 语句在数据表中查找与选中条目相符的字段值进行统计。

可将查询结果保存到一个数组中，通过文本框的 Value 属性将结果在文本框中显示。

★★★★★★★★★★★★★★★★★★★★★★★★★★★★★★★★★★★★★★★★★★☆

# 第 91 题

按如下要求完成综合应用。

（1）根据"项目信息"、"零件信息"和"使用零件"三个表建立查询，该查询包含"项目号"、"项目名"、"零件名称"和"数量"四个字段，并要求先按"项目号"升序排序、再按"零件名称"降序排序，保存的查询文件名为 chaxun。

（2）建立一个表单，表单名和文件名均为 myform，表单中含有一个表格控件 Grid1，该表格控件的数据源是前面建立的查询 chaxun；在表格控件下面添加一个"退出"命令按钮 Command1，要求命令按钮与表格控件左对齐、并且宽度相同，单击该按钮时关闭表单。

【答案】

（1）选择"文件"→"新建"命令，并在弹出的对话框中选择"查询"选项后，单击"新建文件"按钮。

（2）将"项目信息"、"零件信息"和"使用零件"三个表添加到查询设计器中。在弹出的联接条件对话框中单击"确定"。

（3）在查询设计器中的"字段"选项卡中，将"可用字段"列表框中的题目要求的字段全部添加到"选定字段"列表框中。

（4）在"排序依据"选项卡中将"选定字段"列表框中的"项目号"和"零件名"依次添加到"排序条件"中，"项目号"选择升序，"零件名称"选择降序，如图所示。

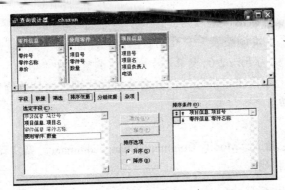

（5）将查询以"chaxun"为文件名保存。

（6）在 Visual FoxPro 的命令窗口内输入命令：Create Form myform。

（7）单击表单控件工具栏上的"表格"控件图标，在表单里添加一个"表格"，设置其属性 RecordSourceType 为 3，RecordSource 属性设置为"chaxun"，如图所示。

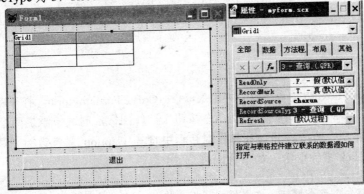

（8）单击表单控件工具栏上的"命令按钮"控件图标，向表单添加一个命令按钮，选中该命令按钮，在属性对话框中将其 Caption 属性改为"退出"。双击该命令按钮，在 Click 事件中输入如下代码：Thisform.Release。

（9）保存表单。

表单运行结果如图所示。

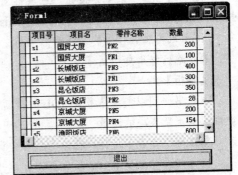

【解析】

本题考查了查询文件的建立及通过表格控件显示查询记录的方法。建立查询文件，关键是在每个表中的字段的选取。通过表格显示查询结果时，将表格的 RecordSourceType 属性设置为"3-查询"，将 RecordSource 属性设置为新建立的查询文件。退出表单使用命令 release。

★★★★★★★★★★★★★★★★★★★★★★★★★★★★★★★★★★★★★★★★★★★★★

## 第 92 题

在考生文件夹下，对"商品销售"数据库完成如下综合应用。

（1）请编写名称为 changecommand 的命令程序并执行，该程序实现下面的功能：将

"商品表"中"商品号"前两位编号为"10"的商品的"单价"修改为"出厂单价"的基础上提高10%；使用"单价调整表"对商品表的部分商品出厂单价进行修改。

（2）设计一个名称为 form2 的表单，上面有"调整"和"退出"两个命令按钮。单击"调整"命令按钮时，调用 changecommand 命令程序实现"商品单价"调整；单击"退出"命令按钮时，关闭表单。

**【答案】**

（1）在命令窗口中输入：Modify Command Changecommand，新建程序同时打开程序编辑窗口，在其中输入如下代码：

```
SET TALK OFF
SET SAFETY OFF
UPDATE 商品表 SET 单价=出厂单价*1.1 WHERE LEFT(商品号,2)="10"
USE 单价调整表
DO WHILE NOT EOF()
    UPDATE 商品表 SET 出厂单价=单价调整表.出厂单价;
    WHERE 商品号=单价调整表.商品号
SKIP
ENDDO
SET TALK ON
SET SAFETY ON
```

（2）在 Visual FoxPro 的命令窗口内输入命令：Create Form myform，打开表单设计器

（3）单击表单控件工具栏上的"命令按钮"控件图标，向表单添加两个命令按钮。

（4）选中第一个命令按钮，在属性对话框中将其 Caption 属性改为"调整"。双击该命令按钮，在 Click 事件中输入如下代码：

```
DO changecommand.prg
```

（5）选中第二个命令按钮，在属性对话框中将其 Caption 属性改为"退出"。双击该命令按钮，在 Click 事件中输入如下代码：Thisfrom.release。

（6）单击工具栏上的"保存"图标。

表单运行结果如图所示。

**【解析】**

本题第一问中主要是考查 SQL 的更新语句，注意正确的使用 update 语句以及使用 do while 循环语句更新表中的记录。

第二问中为表单设计，在命令按钮中调用程序，可直接通过 do programename 来调用。

★★★★★★★★★★★★★★★★★★★★★★★★★★★★★★★★★★★★★★

# 第 93 题

设计一个表单，表单文件名为myform，表单界面如下所示。

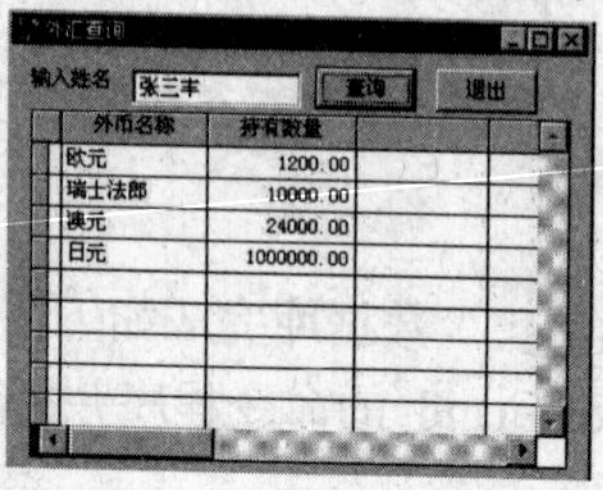

其中：

（1）"输入姓名"为标签控件Label1；

（2）表单标题为"外汇查询"；

（3）文本框的名称为Text1，用于输入要查询的姓名，如张三丰；

（4）表格控件的名称为Grid1，用于显示所查询人持有的外币名称和持有数量，RecordSourceType的属性为"0—表"；

（5）"查询"命令按钮的名称为Command1，单击该按钮时在表格控件Grid1中按"持有数量"升序显示所查询人持有的"外币名称"和"数量"（如上图所示），并将结果存储在以"姓名"命名的DBF表文件中，如"张三丰.DBF"；

（6）"退出"命令按钮的名称为Command2，单击该按钮时关闭表单。

完成以上表单设计后运行该表单，并分别查询"林诗因"、"张三丰"和"李寻欢"所持有的外币名称和持有数量

【答案】

（1）在 Visual FoxPro 的命令窗口内输入命令：Create Form myform。

（2）单击主菜单"显示"→"数据环境"命令，右击数据环境窗口，选择"添加"命令，在打开的对话框内选择 currency_sl 表和 rate_exchange 表。

（3）通过表单控件工具栏在表单上添加一个标签控件和一个文本框控件。设置标签控件的 Caption 属性为"输入姓名"。

（4）单击表单控件工具栏上的"表格"控件图标，在表单里添加一个"表格"，设置其属性 RecordSourceType 为 0，如图所示。

（5）单击表单控件工具栏上的"命令按钮"控件图标，向表单添加两个命令按钮。

（6）选中第一个命令按钮，在属性对话框中将其 Caption 属性改为"查询"。双击该命令按钮，在 Click 事件中输入如下代码：

```
SET TALK OFF
SET SAFETY OFF
a=ALLTRIM(THISFORM.text1.VALUE)
SELECT Rate_exchange.外币名称, Currency_sl.持有数量;
FROM  rate_exchange INNER JOIN currency_sl;
ON  Rate_exchange.外币代码 = Currency_sl.外币代码;
ORDER BY Currency_sl.持有数量;
WHERE Currency_sl.姓名=a;
INTO TABLE (a)
```

```
THISFORM.Grid1.RECORDSOURCE="(a)"
SET TALK ON
SET SAFETY ON
```

（7）选中第二个命令按钮，在属性对话框中将其 Caption 属性改为"退出"。双击该命令按钮，在 Click 事件中输入如下代码：Thisfrom.release

（8）单击工具栏上的"保存"图标，以 myform 为文件名保存表单。

表单运行结果如图所示。

**【解析】**

利用表格显示数据表的查询内容，表格显示数据主要是通过 RecordSourceType 和 RecordSource 两个属性来实现的。需要注意两个属性值的对应。本题中设置前者的属性为表，则后者的属性应该是表名。

本题中可先将文本框中的值赋予一个变量，在 SQL 语句中将此变量作为"输出查询到表"的表名，再设置表格的数据源的属性值为该表名即可。

★★★★★★★★★★★★★★★★★★★★★★★★★★★★★★★★★★★★★★★★★★

# 第 94 题

根据考生文件夹下的表"学生"、"课程"和"选课"。设计名为 myform 的表单。表单的标题为"学生学习情况统计"。表单中有一个选项组控件和两个命令按钮"计算"和"退出"。其中，选项组控件有两个按钮："升序"和"降序"。

运行表单时，在选项组控件中选择"升序"或"降序"，单击"计算"命令按钮后，按照成绩"升序"或"降序"（根据选项组控件）将选修了"英语"的学生学号和成绩分别存入 sort1.dbf 和 sort2.dbf 文件中。

单击"退出"按钮关闭表单。

**【答案】**

（1）在 Visual FoxPro 的命令窗口内输入命令：Create Form myform，打开表单设计器。

（2）单击主菜单"显示"→"数据环境"命令，右击数据环境窗口，选择"添加"命令，在打开的对话框内选择表"学生"、"课程"和"选课"。

（3）单击表单控件工具栏上的"选项按钮"控件图标，在表单里添加一个选项按钮组控件，设置其属性 ButtonCount 为 2，右键单击选项按钮组，选择"编辑"对三个按钮进行编辑。分别设置按钮的 Caption 属性为"升序"和"降序"。

（4）单击表单控件工具栏上的"命令按钮"控件图标，向表单添加两个命令按钮。

（5）选中第一个命令按钮，在属性对话框中将其 Caption 属性改为 "计算"，双击该命令按钮，在 Click 事件中输入如下代码：

```
DO CASE
    CASE THISFORM.myOption.VALUE=1
        SELECT 学生.学号, 选课.成绩;
        FROM  选课 INNER JOIN 学生;
        ON  选课.学号 = 学生.学号 ;
        INNER JOIN 课程;
        ON  选课.课程号 = 课程.课程号;
        WHERE AT("英语",课程.课程名称) > 0;
        ORDER BY 选课.成绩;
        INTO TABLE sort1
    CASE THISFORM.myOption.VALUE=2
        SELECT 学生.学号, 选课.成绩;
        FROM  选课 INNER JOIN 学生;
        ON  选课.学号 = 学生.学号 ;
        INNER JOIN 课程;
        ON  选课.课程号 = 课程.课程号;
        WHERE AT("英语",课程.课程名称) > 0;
        ORDER BY 选课.成绩 DESC;
    INTO TABLE sort2
ENDCASE
```

（6）选中第二个命令按钮，在属性对话框中将其 Caption 属性改为 "退出"。双击该命令按钮，在 Click 事件中输入如下代码：Thisfrom.release

（7）单击工具栏上的 "保存" 图标，以 myform 为文件名保存表单。

表单运行结果如图所示。

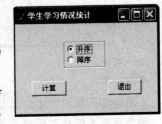

**【解析】**

本题考查表单的设计，在设计控件属性时，要区分 Name 属性和 Caption 属性。

程序设计部分可以使用 do case 的分支语句来判断用户选择了哪个选项按钮，每个分支语句中都包含一个相应的 SQL 语句，根据选择的选项按钮，查找相应的数据记录存入新表中。

☆☆☆☆☆☆☆☆☆☆☆☆☆☆☆☆☆☆☆☆☆☆☆☆☆☆☆☆☆☆☆☆☆☆☆☆

## 第 95 题

（1）打开基本操作中建立的数据库 sdb，在数据库中已经建立了一个视图，要求利用报表向导制作一个报表，选择 SVIEW 视图中所有字段；记录不分组；报表样式为 "随意式"；排序字段为 "学号"（升序）；报表标题为 "学生成绩统计一览表"；报表文件名为 pstudent。

（2）设计一个名称为 form2 的表单，表单上有 "浏览" 和 "打印" 两个命令按钮。单击 "浏览" 命令按钮时，执行 SELECT 语句查询前面定义的 SVIEW 视图中的记录，单击 "打印" 命令按钮时，调用报表文件 pstudent 浏览报表的内容。

**【答案】**

（1）依次单击"开始"菜单→"新建"命令→"报表"选项→"向导"按钮→"报表向导"选项。

（2）根据题意，选择视图文件 sview，在"可用字段"选择全部字段；

（3）分组记录选择"无"；

（4）报表样式选择"随意式"；

（5）在定义报表布局中，列数、字段布局选择和方向选择默认值，选择索引标志为"学号"；

（6）设置报表标题为"学生成绩统计一览表"；

（7）单击完成按钮，保存报表名为"pstudent"。

（8）在 Visual FoxPro 命令窗口中输入：Modify Form form2，打开表单设计器。

（9）单击表单工具栏上的命令按钮图标，在表单上添加两个命令按钮，在属性面板里修改其 Caption 属性分别为"浏览"和"打印"。表单界面如图所示。

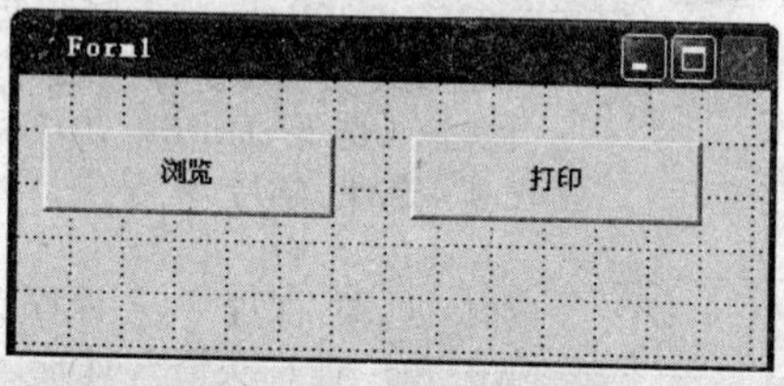

（10）双击"浏览"按钮，在其 Click 事件中输入如下代码：

```
open database sdb
Select * From sview
```

（11）双击"打印"按钮，在其 Click 事件中输入如下代码：

```
Report Form pstudent.frx preview
```

表单运行结果如图所示。

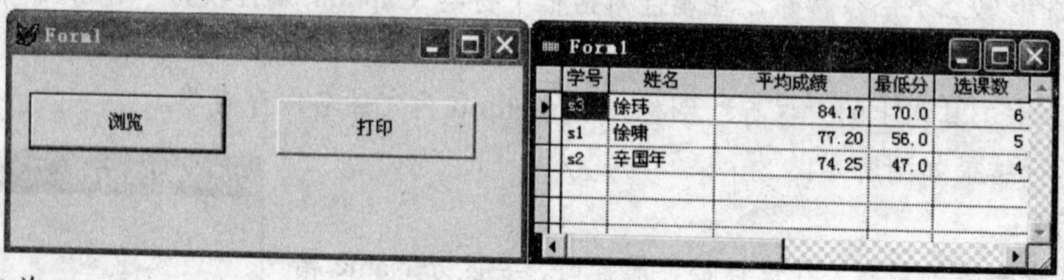

保存表单。

【解析】

本题考查了视图的建立以及视图在报表和表单中的使用。建立视图需要先打开数据库设计器，因为视图是保存在数据库中的。

报表的设计只需按照向导的提示一步步对题目中的要求设置即可。

表单的命令按钮事件中浏览报表的内容可使用 report Form reportname preview。

☆☆☆☆☆☆☆☆☆☆☆☆☆☆☆☆☆☆☆☆☆☆☆☆☆☆☆☆☆☆☆☆☆☆☆☆☆☆☆☆☆☆

## 第 96 题

利用菜单设计器建立一个菜单 mymenu，要求如下：

（1）主菜单的菜单项包括"统计"和"退出"两项；

（2）"统计"菜单下只有一个菜单项"平均"，该菜单项的功能是统计各门课程的平均成绩，统计结果包含"课程名"和"平均成绩"两个字段，并将统计结果按课程名升序保存在表 NEWTABLE 中。

（3）"退出"菜单项的功能是返回默认的系统菜单（Set SysMenu to Default）。

菜单建立后，运行该菜单中各个菜单项。

**【答案】**

（1）在命令窗口中输入命令：Create Menu mymenu，单击"菜单"图标按钮。

（2）按题目要求输入主菜单名称"统计"和"退出"。

（3）在"退出"菜单项的结果下拉列表中选择"命令"，在命令编辑框中输入 Set SysMenu to Default。

（4）在"查询"菜单项的结果下拉列表中选择"子菜单"，单击创建按钮，输入子菜单名"平均"，在其结果下拉列表中选择"过程"，在程序编辑窗口中输入：

```
SET TALK OFF
OPEN DATABASE SCORE
SELECT Course.课程名, AVG(Score1.成绩) as 平均成绩;
FROM score!course INNER JOIN score!score1 ;
ON Course.课程号 = Score1.课程号;
GROUP BY Course.课程名;
ORDER BY Course.课程名;
INTO TABLE NEWTABLE
SET TALK ON
```

（5）选择 Visual FoxPro 主窗口中的"菜单"→"生成"菜单命令。菜单运行界面如图所示。

**【解析】**

在选择平均菜单项的结果项是应选择"过程"。在编写过程中的程序时，注意 SQL 语句多表联接查询的每两个表之间的联接的字段。

将查询结果输入新表可使用的语句为 into table tablename。

★★★★★★★★★★★★★★★★★★★★★★★★★★★★★★★★★★★★★★★

## 第 97 题

在考生文件夹下，打开 Ecommerce 数据库，完成如下综合应用。

设计一个名称为 myform 的表单（文件名和表单名均为 myform），表单的标题为"客户商品订单基本信息浏览"。表单上设计一个包含三个选项卡的页框和一个"退出"命令按钮。要求如下：

（1）为表单建立数据环境，按顺序向数据环境添加 Article 表、Customer 表和 OrderItem 表。

（2）按从左至右的顺序三个选项卡的标题的分别为"客户表"、"商品表"和"订单表"，每个选项卡上均有一个表格控件，分别显示对应表的内容（从数据环境中添加，客户表为 Customer、商品表为 Article、订单表为 OrderItem）。

（3）单击"退出"按钮关闭表单。

**【答案】**

（1）在 Visual FoxPro 的命令窗口内输入命令：Create Form myform

（2）单击"显示"→"数据环境"，右击选择"添加"，在打开的对话框内选择 Article 表、Customer 表和 OrderItem 表。

（3）单击表单控件工具栏上的"页框"控件图标，在表单里添加一个页框控件，设置其属性 ButtonCount 为 3，右键单击页框，选择"编辑"对三个按钮进行编辑。分别设置页面的 Caption 属性为"客户表"、"商品表"和"订单表"，如图所示。

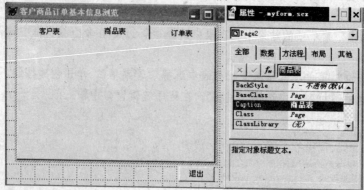

将表单的数据环境中的三个表分别拖到相应的页面中。

（4）单击表单控件工具栏上的"命令按钮"控件图标，向表单添加一个命令按钮，在属性对话框中将其 Caption 属性改为"退出"。双击该命令按钮，在 Click 事件中输入如下代码：Thisform.Release。

（5）保存表单。

表单运行结果如图所示。

**【解析】**

页框属于容器控件，通过 PageCount 属性指定页框中页面数。对页框中的单个页面进行编辑设计时，应使页框处于编辑状态。

将表从数据环境中直接拖如表单的页面上，即可实现在页面上显示对应表的内容。

☆☆☆☆☆☆☆☆☆☆☆☆☆☆☆☆☆☆☆☆☆☆☆☆☆☆☆☆☆☆☆☆☆☆☆☆☆☆☆

## 第 98 题

在考生文件夹下，对数据库 salary_db 完成如下综合应用。

设计一个名称为 form2 的表单，在表单上设计一个选项组及两个命令按钮"生成"和"退出"；其中选项按钮组有"雇员工资表"、"部门表"和"部门工资汇总表"三个选项按钮。为表单建立数据环境，并向数据环境添加 dept 表和 salarys 表。

各选项按钮功能如下：

（1）当用户选择"雇员工资表"选项按钮后，单击"生成"命令按钮，查询显示数据库 sview 视图中的所有信息，并把结果存入表 gz1.dbf 中。

（2）当用户选择"部门表"选项按钮后，单击"生成"命令按钮，查询显示 dept 表中每个部门的"部门号"和"部门名称"，并把结果存入表 bm1.dbf 中。

（3）当用户选择"部门工资汇总表"选项按钮后，单击"生成"命令按钮，则按"部门汇总"将该公司的"部门号"、"部门名"、"工资"、"补贴"、"奖励"、"失业保险"和"医疗统筹"的支出汇总合计结果存入表 hz1.dbf 中，并按"部门号"的升序排序。

（4）单击"退出"按钮，退出表单。

表单运行结果如图所示。

【答案】

（1）在 Visual FoxPro 的命令窗口内输入命令：Create Form form2，打开表单设计器

（2）单击主菜单"显示"→"数据环境"命令，右击数据环境窗口，选择"添加"命令，在打开的对话框内选 dept 表和 salarys 表，如图所示。

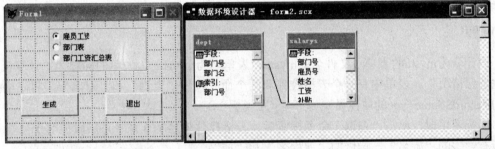

（3）单击表单控件工具栏上的"选项按钮"控件图标，在表单里添加一个选项按钮组控件，设置其属性 ButtonCount 为 3，右键单击选项按钮组，选择"编辑"对三个按钮进行编辑。分别设置按钮的 Caption 属性为"雇员工资表"、"部门表"和"部门工资汇总表"。

（4）单击表单控件工具栏上的"命令按钮"控件图标，向表单添加两个命令按钮。

（5）选中第一个命令按钮，在属性对话框中将其 Caption 属性改为"生成"。双击该命令按钮，在 Click 事件中输入如下代码：

```
open database salarydb
DO CASE
   CASE THISFORM.OPTIONGROUP1.VALUE=1
      use SVIEW
      brow
      SELECT * FROM SVIEW INTO TABLE GZ1.DBF
   CASE THISFORM.OPTIONGROUP1.VALUE=2
      use dept
      brow
      SELECT * FROM DEPT INTO TABLE BM1.DBF
   CASE THISFORM.OPTIONGROUP1.VALUE=3
      SELECT DEPT.部门号,dept.部门名,;
      SUM(工资) AS 工资,SUM(补贴) AS 补贴,SUM(奖励) AS 奖励,;
      SUM(失业保险) AS 失业保险,SUM(医疗统筹) AS 医疗统筹;
```

```
        FROM DEPT,SALARYS;
        WHERE DEPT.部门号=SALARYS.部门号;
        GROUP BY DEPT.部门号;
        ORDER BY DEPT.部门号;
        INTO TABLE HZ1.DBF
ENDCASE
```

（6）选中第二个命令按钮，在属性对话框中将其 Caption 属性改为"退出"。双击该命令按钮，在 Click 事件中输入如下代码：

```
Thisfrom.release
```

（7）单击工具栏上的"保存"图标，以 myform 为文件名保存表单。

【解析】

本题中设置选项按钮组的按钮个数的属性为 ButtonCount，修改其中按钮的属性可右击选项按钮组选择"编辑"命令。

程序设计中，可使用分支语句 do case 语句进行判断选项按钮组哪个按钮被选择，并执行相应的命令。选项按钮组中当前选定的单选按钮，可通过 case Thisform.optiongroup1. Value =<1,2,3>来判断。

☆☆☆☆☆☆☆☆☆☆☆☆☆☆☆☆☆☆☆☆☆☆☆☆☆☆☆☆☆☆☆☆☆☆☆☆

# 第 99 题

设计名为mystu的表单（文件名为mystu，表单名为form1），表单的标题为"计算机系学生选课情况"。表单中有一个表格控件和两个命令按钮"查询"和"退出"，将表格控件的RecordSourceType的属性设置为"4-SQL说明"）。

运行表单时，单击"查询"命令按钮后，表格控件中显示 6 系（系字段值等于字符 6）的所有学生的"姓名"、选修的"课程名"和"成绩"。

单击"退出"按钮关闭表单。

【答案】

（1）在 Visual FoxPro 的命令窗口内输入命令：Create Form mystu，打开表单设计器，在属性面板中设置其 Name 属性为 mystu

（2）单击主菜单"显示"→"数据环境"命令，右击数据环境窗口，选择"添加"命令，在打开的对话框内选"学生"、"课程"和"选课"表。

（3）单击表单控件工具栏上的"表格"控件图标，在表单里添加一个"表格"，设置其属性 RecordSourceType 为 4，如图所示。

（4）表单控件工具栏上的"命令按钮"控件图标，向表单添加两个命令按钮

（5）选中第一个命令按钮，在属性对话框中将其 Caption 属性改为"查询"。双击该命令按钮，在 Click 事件中输入如下代码：

```
THISFORM.GRID1.RECORDSOURCE="SELECT 学生.姓名, 课程.课程名称, 选课.成绩;
FROM 选课 INNER JOIN 学生;
ON 选课.学号 = 学生.学号 ;
INNER JOIN 课程;
ON 选课.课程号 = 课程.课程号;
WHERE 学生.系 = '6';
INTO CURSOR temp"
```

（6）选中第二个命令按钮，在属性对话框中将其 Caption 属性改为"退出"。双击该命令按钮，在 Click 事件中输入如下代码：

```
Thisfrom.release
```

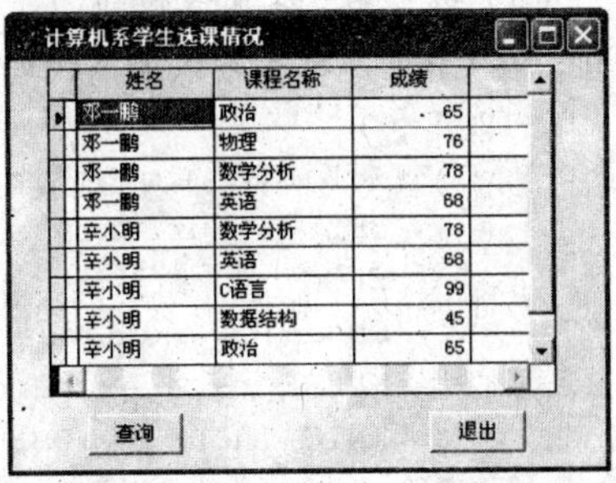

（7）单击工具栏上的"保存"图标，以 myform 为文件名保存表单。表单运行界面如图所示。

**【解析】**

表格的数据源有其属性 RecordSourceType 和 RecordSource 来控制。设置前一属性为 SQL 说明，则后一属性应为 SQL 语句。另外需要在 SQL 语句前加上 "Thisform.grid1.RecordSource=" 加一说明。SQL 语句部分为三表联接查询，查询输出到一个临时表中，通过表格显示。

✮✮✮✮✮✮✮✮✮✮✮✮✮✮✮✮✮✮✮✮✮✮✮✮✮✮✮✮✮✮✮✮✮✮✮✮✮✮

# 第 100 题

设计一个文件名和表单名均为 myform 的表单。表单的标题为"外汇持有情况"。表单中有一个选项组控件和两个命令按钮"统计"和"退出"。其中，选项组控件有三个按钮"日元"、"美元"和"欧元"。

运行表单时，在选项组控件中选择"日元"、"美元"或"欧元"，单击"统计"命令按钮后，根据选项组控件的选择将持有相应外币的人的"姓名"和"持有数量"分别存入 ry.dbf（日元）或 my.dbf（美元）或 oy.dbf（欧元）中。

单击"退出"按钮时关闭表单。

表单建成后，要求运行表单，并分别统计"日元"、"美元"和"欧元"的持有数量。

**【答案】**

（1）在 Visual FoxPro 的命令窗口内输入命令：Create Form myform，打开表单设计器，在属性面板中设置其 Caption 属性为"外汇持有情况"。

（2）单击"显示"→"数据环境"命令，右击数据环境窗口，选择"添加"命令，在打开的对话框内选 currency_sl 表和 rate_exchange 表。

（3）单击表单控件工具栏上的"选项按钮"控件图标，在表单里添加一个选项按钮组控件，设置其属性 ButtonCount 为 3，右键单击选项按钮组，选择"编辑"对三个按钮进行编辑。分别设置按钮的 Caption 属性为"日元"、"美元"和"欧元"。如图所示。

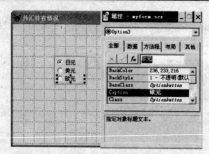

（4）表单控件工具栏上的"命令按钮"控件图标，向表单添加两个命令按钮。

（5）选中第一个命令按钮，在属性对话框中将其 Caption 属性改为"统计"。双击该命令按钮，在 Click 事件中输入如下代码：

```
DO CASE
    CASE Thisform.myOption.option1.Value=1
        SELECT Currency_sl.姓名, Currency_sl.持有数量;
        FROM  外汇数据!rate_exchange INNER JOIN 外汇数据!Currency_sl ;
        ON  rate_exchange.外币代码 = Currency_sl.外币代码;
        WHERE rate_exchange.外币名称 = "日元";
        INTO TABLE ry.DBF
    CASE Thisform.myOption.option2.Value=1
        SELECT Currency_sl.姓名, Currency_sl.持有数量;
        FROM  外汇数据!rate_exchange INNER JOIN 外汇数据!Currency_sl ;
        ON  rate_exchange.外币代码 = Currency_sl.外币代码;
        WHERE rate_exchange.外币名称 = "美元";
        INTO TABLE my.DBF
    CASE Thisform.myOption.option3.Value=1
        SELECT Currency_sl.姓名, Currency_sl.持有数量;
        FROM  外汇数据!rate_exchange INNER JOIN 外汇数据!Currency_sl ;
        ON  rate_exchange.外币代码 = Currency_sl.外币代码;
        WHERE rate_exchange.外币名称 = "欧元";
        INTO TABLE oy.DBF
    ENDCASE
```

（5）选中第二个命令按钮，在属性对话框中将其 Caption 属性改为"退出"。双击该命令按钮，在 Click 事件中输入如下代码：

```
Thisfrom.release
```

（6）单击工具栏上的"保存"图标，以 myform 为文件名保存表单。

表单运行结果如图所示。

【解析】

本题考查的是表单设计，在设计控件属性时，控件标题属性为 Caption，不是 Name。设置选项按钮组中的按钮个数的属性为 ButtonCount。

程序部分可使用 do case 分支选择语句来判断用户选择了哪个选项按钮。

将查询内容输入到新表中使用的语句为 into table tablename。

# 第四部分　上机考试必备知识

Visual FoxPro 是一种面向对象的程序设计软件，能方便地对数据库进行管理，又具有开发成本低、简单易学等优点，颇受广大考生的青睐。实践证明，掌握了良好的应试方法：充分的考前准备和沉着冷静的考试，往往能够起到事半功倍的效果，非常有利于考生顺利通过或考出优秀的成绩。

## 备考知识

在解答 VFP 上机部分考题时，应对主要考试知识点做到心中有数，VFP 上机部分考题共有 3 大题：基本操作题、简单应用、综合应用。

各题型的考查对象是：

① "基本操作题"部分主要考：项目管理器的应用、表的建立和修改、各种索引文件的建立、数据库的一些有效性规则和默认值的设定、关联的建立等。

② "简单应用"部分主要考：查询设计器、视图设计器的应用、程序文件的建立、程序改错、SQL 语句、菜单的建立、简单表单的设计等。

③ "综合应用"部分主要考：应用程序对数据库进行操作。

（2）上机考试的知识点主要有：

① 数据库与数据表的基本操作，主要包括：创建和修改数据表结构，设置库表字段的高级属性，记录的输入和维护，建立结构式复合索引，建立多表之间的关系并设置参照完整性。

② 用查询设计器设计查询和视图。

③ 常用命令，主要有：数据库的打开、修改和删除，记录的浏览、定位、筛选、统计、查找、复制、追加、替换和删除，程序和表单的执行，系统环境的设置等。

④ 常用函数，特别是部分常用的数据转换函数、日期和时间函数、字符函数、数值函数、数据库操作函数。

⑤ SQL 命令，特别是 SELECT-SQL、UPDATE-SQL 、CREATE TABLE-SQL.

⑥ 常用控件的关键性事件、属性和方法。

⑦ 用表单向导和表单设计器设计与数据绑定型的表单。

⑧ 用菜单设计器设计各种菜单。

⑨ 设置数据库表中字段的有效性规则。

⑩ 设置多个表之间的参照完整性。

⑪ 构造多字段索引表达式。

⑫ 设计含有表达式和分组条件的多表查询与参数化视图。

⑬ 为对象编写事件代码和方法程序。

⑭ 程序设计。

# 考试指南

### 1. 针对性训练

VFP 是一门理论和实践结合比较紧的课程，应通过读书和上机，积累运用电脑的技巧。通过读书很难一下获得很多技巧，动手上机，主动地提出实验任务，并付诸实施，方能有收效。不可以仅以书本为中心，当然也不能丢开书本一味盲目上机，中心任务是要根据考试大纲的要求把理论体系及知识点与上机运用相结合，要多做些上机模拟题，熟悉上机考试的题型和环境。

应较熟练地掌握 30～50 个左右的程序例子，并且还要掌握一定的解题技巧：

（1）认真研究表结构

拿到题目先要看一下所用表的结构，要记住字段名和字段类型，浏览一下记录，为的是让自己对操作对象有所了解，因为在程序中要求所应用的字段名必须与表中字段名完全相同、条件表达式中常量的类型必须与相应的字段类型一致，否则，在运行程序时就容易弹出"找不到变量"或"操作符/操作数类型不匹配"等出错对话框。

（2）深刻领会"要素评分法"的意思

考试系统对考生编的程序进行评分，满分是 30 分，但并不是要么全对，要么全错。而是根据程序题的要求，提取一些要素进行评分，如要求建的库建了，给几分，建对了，再给几分；要求输出的结果在目的库里有没有，有给几分，结果正确，再给几分；表单对象的属性设定好了、菜单设定了，都会得分的。这就给我们一个启示:要吃透题目，在可能的情况下，把自己能做的事情都做完。

（3）学会程序调试的一些技能

① 可在有疑问的地方设置一些临时检查变量，在检查变量的下面让程序暂停(WAIT)，这样才不至于犯一些"想当然"的错误，完成后再删除检查变量。

② 一定要在运行中调试和编写程序，这样可使你很快找到错误，不必走弯路，并能很好地控制每一条语句，做到心中有数，充分利用电脑本身的资源。

③ 在平时要多积累调试经验，应该熟悉一些常见的出错信息，要大体知道可能是什么原因引起的，相应地采用什么方法去解决。

### 2. 良好考试心态

成功是实力和心态共同作用的，因而考生考前要注意以下几点：

① 不要因临近考试而胆战心惊。

② 不要因某些题不会而顾虑彷徨。

③ 不要因题目容易而掉以轻心，不要盲目乐观。

④ 保持良好心态，珍惜复习时间！

### 3. 考试分数计算

上机考试以等第分数通知考生成绩。等第分数分为"不及格"、"及格"、"良好"、"优秀"四等。

① 100～90 分为"优秀"。

② 89～80 分为"良好"。

③ 79～60 分为"及格"。

④ 59～0 分为"不及格"。

在证书上，只印"优秀"或"及格"两种，"良好"在最后证书上按"及格"对待。

笔试和上机考试成绩均在及格以上者，由教育部考试中心发合格证书。笔试和上机考试成绩均为优秀的，合格证书上会注明优秀字样，良好按及格对待。

**4. 等待评分结果**

上机考试结束后，考生将被安排到考场外的某个休息场所等待评分结果，考生切忌提早离开，因为考点将马上检查考试结果，如果有数据丢失等原因引起的评分结果为 0 的情况，考点将酌情处理。说不定需要重考一次。如果这时找不到考生，考点只能将其机试成绩记为 0 分。

**5. 考试过程中的注意事项**

① 几乎每次考试都有难题、简单题，遇到难题不要心慌，不要轻易放弃；遇到简单的题目不要得意忘形，因为计算机等级考试的合格线是一个水涨船高的标准，你会别人也会，你不会别人也不会，所以一定要保持正常的心态。

② 不要故意提前交卷以示自己高人一筹，这其实是一种虚荣心在作怪！记住：阅卷人绝不会因你提前交卷而加分，还是仔细多检查一遍为好！

③ 不要在某一道难题目上花过多的时间，特别是上机操作时，实在不会就跳过去，先操作完其他会的内容，最后有时间再来试。

④ 若遇到机器故障自己无法排除时，应及时报告监考老师协助解决或更换机器接着考试。

⑤ 理解题意很重要。考生应对编程题目认真分析研究，不要匆忙开始编程，一般一些题目都有一点小弯。稍不注意，就会理解错误，那将会影响成绩。

② 要有输出结果，再好的程序不运行不会得满分。

③ 按要求存盘。一定要按考试要求的各种文件名调用和处置文件，千万不可搞错。如要求建立一个表单 STOCK_ FORM，可考生却随手写成了 STOCK_FROM，结果就会前功尽弃。

**6. 不同考场可能有的区别**

有些考场要求考生输入准考证号并进行验证以后，进入要求单击按钮开始考试的界面。有些考场给每个考生固定了考试机器，考生无需输入准考证号，直接便可以按提示单击按钮，开始考试并计时。

正是因为有这些区别，所以各个考场在考试之前都会为考生安排一次模拟考试，模拟考试所使用的考试环境与该考场正式考试所使用的一样，因此，建议考生参加各个考场正式考试之前的模拟考试。

**7. 考试无法正常进行怎么办**

在上机考试期间，若遇到死机等意外情况（即无法正常进行考试），可进行二次登录，当系统接受考生的准考证号，并显示出姓名和身份证号，考生确认是否相符，一旦考生确认，则系统给出提示。

此时，要由考场的老师来输入密码，然后才能重新进入考试系统，进行答题。如果考试过程中出现故障，如死机等，则可以对考试进行延时，让考场老师输入延时密码即可延时 5 分钟。

### 8. 考生文件夹的重要性

当考生登录成功后，上机考试系统将会自动产生一个考生考试文件夹，该文件夹将存放该考生所有上机考试的考试内容以及答题过程，因此考生不能随意删除该文件夹以及该文件夹下与考试内容无关的文件及文件夹，避免在考试和评分时产生错误，从而导致影响考生的考试成绩。

假设考生登录的准考证号为 777799990001，如果在单机上考试，则上机考试系统生成考生文件夹将存放在 C 盘根目录下的 WEXAM 文件夹下，即考生文件夹为 C:\WEXAM\777799990001；如果在网络上考试，则上机考试系统生成的文件夹将存放到 K 盘根目录下的用户目录文件夹下，即考生文件夹为 K:\用户目录文件夹为 777799990001。考生在考试过程中所有操作都不能脱离上机系统生成的考生文件夹，否则将会直接影响考生的考试成绩。在考试界面的菜单栏下，左边的区域可显示出考生文件夹路径。考生一定要按照要求将文件存入指定的文件夹，并按照指定的文件名保存文件，一定不要存入别的文件夹和自己为文件另起新的名称。

# 上机考试过程

全国计算机等级考试上机考试使用教育部考试中心研制开发的专用考试系统，该系统提供了开放式的考试环境，具有自动计时、断点保护、自动阅卷和回收等功能。这里以本书配套光盘的上机模拟环境为例说明上机考试的过程。实际考试过程与此类似。

## 登录

（1）启动考试系统，出现的第 1 个界面是欢迎界面。如图所示。

（2）单击"开始登录"或回车后，如图所示，需要在窗口中的"准考证号"处输入正确的准考证号。

（3）如果准考证号不正确，软件将自动提示正确的准考证号码。如果准考证号码输入正确，则进入验证身份证号和姓名的界面，如图所示。

（4）验证无误后，单击"是"，进入如图所示的界面。在此输入 123 重新抽题，输入 abc 会重复进行上一题的考试。

（5）单击"密码验证"按钮后，将直接选题界面，考生可以抽取指定的题目也可以随机抽题（真实环境没有此步骤）。

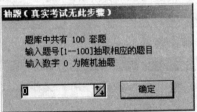

（6）密码验证通过后（输入正确的密码后回车），显示如图所示的考生须知界面。

（8）单击"开始考试并计时"按钮开始计时考试。

## 考试

（1）软件成功启动后将进入试题显示窗口，如图所示。

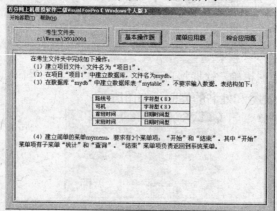

（2）准备答题时，选择"开始答题"|"启动 Visual FoxPro"，系统将启动 Visual FoxPro 程序。考生根据题意作题，如图所示。

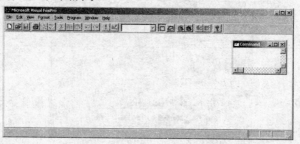

## 交卷

（1）全部试题回答结束后，单击控制菜单的"交卷"按钮，如图所示。

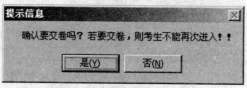

（2）系统询问是否要交卷。参见下图。

（3）选择"是"，出现如图所示的对话框。

注意：当倒计时只有 5 分钟时，将弹出提示框，在看到提示框后一定保存程序。为了更好地进行考试，需注意在上机考试过程中，考生不能离开自己的目录。系统需要读取存放在考生目录下的数据文件，而程序运行后的生成数据文件也要存放到考生目录下。一旦当前目录不正确，就会影响这些文件操作。为此，考生在考试中尽量不要使用切换磁盘或当前目录等命令（如d: 和 cd 等），否则很可能影响自己的成绩。

（4）单击"是"按钮，即进入题目分析和评分细则界面。这是真实考试环境所没有的。如图所示。在这里，单击"评分"按钮可以查看得分；单击"生成答案"按钮，则查看该题的答案；单击"退出"按钮，则退出本对话框。

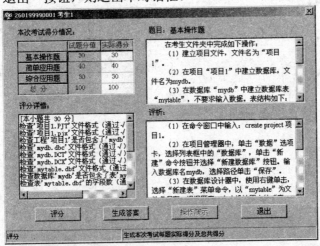

上机题目中很多极为相似，题目要求上仅相差一个词如大于和小于、整数和小数的差别，每一类题都有十几道题，这些题在程序当中体现也就是一个大于号小于号、多一个字母和少一个字母的差别，但细微的差别会引起结果文件的极大变化，而上机考试只按结果文件与标准文件的吻合程度给分。每年都有很多考生背题，却无法通过考试，而且即使自己编错了也不知道自己错在何处，有的连自己出错了都不知道。所以考生还是要努力掌握每一道题的做法，切勿投机取巧。再有，考生编完程序后一定要运行一遍程序。